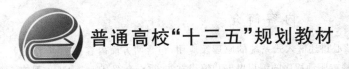

普通高校"十三五"规划教材

ARM 嵌入式系统原理
与应用教程

（第 2 版）

主　编　赵常松　吴显义

副主编　李传娣　李广伟

　　　　王慧莹　魏　娜

U0245597

北京航空航天大学出版社

内 容 简 介

本书以 S3C6410 处理器为核心讲述嵌入式系统的原理及应用,包含两方面内容:一是介绍通用 ARM 微处理器的基本架构、基本驱动程序的编程思想和编程方法,重点介绍基于 ARM11 架构的硬件接口电路的开发流程;二是以北京中芯优电 TOP-SEN 嵌入式开发实验系统为硬件平台,结合多个综合应用开发实例,详细分析了几个案例的系统设计,从而使读者加快掌握 S3C6410 处理器开发的流程。相比第 1 版,本书对读者反馈问题进行了修正,并增加了习题。

本书侧重于实践应用,以典型案例为基础,注重基础理论与实践应用的结合,可作为应用类本科院校的教材,适用于培养应用型电子技术人才,同时也可以作为嵌入式开发人员的参考书。

图书在版编目(CIP)数据

ARM 嵌入式系统原理与应用教程 / 赵常松,吴显义主编. -- 2 版. -- 北京 : 北京航空航天大学出版社,2016.8

ISBN 978-7-5124-2232-2

Ⅰ. ①A… Ⅱ. ①赵… ②吴… Ⅲ. ①微处理器-系统设计-教材 Ⅳ. ①TP332

中国版本图书馆 CIP 数据核字(2016)第 205803 号

ARM 嵌入式系统原理与应用教程(第 2 版)

主 编 赵常松 吴显义

副主编 李传娣 李广伟 王慧莹 魏 娜

责任编辑 胡晓柏 张 楠

*

北京航空航天大学出版社出版发行

北京市海淀区学院路 37 号(邮编 100191)　http://www.buaapress.com.cn

发行部电话:(010)82317024　传真:(010)82328026

读者信箱:emsbook@buaacm.com.cn　邮购电话:(010)82316936

艺堂印刷(天津)有限公司印装　各地书店经销

*

开本:710×1 000　1/16　印张:20.75　字数:442 千字

2016 年 9 月第 2 版　2019 年 2 月第 2 次印刷　印数:3 001~4 500 册

ISBN 978-7-5124-2232-2　定价:49.00 元

第 2 版前言

近年来,随着采用嵌入式处理器电子产品的增多,社会对嵌入式技术人才的需求也越来越多,学习嵌入式技术的人员数量也在迅速增加。ARM 嵌入式处理器型号的多样性,增加了对嵌入式裸机学习和开发的难度。本书为适应应用型本科发展新形势的需要,在内容上更加偏重实用性,增加了多个嵌入式裸机系统设计案例,使学生在掌握基本原理知识的前提下,注重提高学生应用能力。

全书共分 10 章。

第 1 章讲述 ARM 微处理器概述,重点对 ARM 微处理器、ARM 技术的基本概念做了一些简单的介绍。

第 2 章讲述 ARM 微处理器的编程模型,主要讲述 ARM 微处理器编程模型的一些基本概念,包括工作状态切换、数据的存储格式、处理器异常等,让读者对 ARM 微处理器硬件平台有一个全面的认识。

第 3 章讲述 ARM 微处理器的指令系统,介绍 ARM 指令集、Thumb 指令集以及各类指令对应的寻址方式。通过对本章的阅读,希望读者能了解 ARM 微处理器所支持的指令集及具体的使用方法,为以后的 ARM 嵌入式驱动开发打下基础。

第 4 章讲述 ARM 程序设计基础,介绍 ARM 程序设计的一些基本概念,如 ARM 汇编语言的伪指令、汇编语言的语句格式和汇编语言的程序结构等。

第 5 章讲述 ARM C 语言编程基础,介绍 ARM 微处理器应用 C 语言开发的总体流程以及在开发过程中所涉及的关于 C 语言调试、程序编写方面的问题。

第 6 章讲述 S3C6410 ARM 系统设计与调试,重点介绍最小系统的实现步骤、实现细节以及硬件系统的调试方法等。

第 7 章讲述通用 GPIO 编程。

第 8 章讲述部件工作原理与编程示例,重点以 S3C6410 的几个常用功能部件为编程对象,介绍基于 S3C6410 的程序设计与调试,同时简介 BootLoader 的基本原理和编程方法。

第 9 章讲述 S3C6410 综合应用设计实例,重点突出应用性和实用性。

第 10 章讲述 RealView MDK 集成开发环境的使用。

本书由黑龙江工商学院赵常松、李传娣、李广伟、王慧莹、魏娜老师和黑龙江大学吴显义工程师共同编写。其中,第 1、9、10 章由赵常松编写,第 6 章由吴显义编写,第

3、4章由李传娣编写，第2、5章由李广伟编写，第7章由王慧莹编写，第8章由李广伟、王慧莹、魏娜共同完成。全书由赵常松统稿，吴树鹏教授主审。感谢杨兴全、郝传永、栾兵、宋威和董宏伟在本书编写过程中给予的支持和帮助。

在编写本书的过程中，得到了北京中芯优电科技有限公司和北京航空航天大学蒙洋老师的支持和帮助，在此表示衷心感谢。

本书在第1版基础上对相关读者提出的问题和错误进行了反馈和改正，增加相关章节的习题。鉴于编者水平有限，加之时间仓促，教材的内容及文字难免有不妥之处，望请读者批评指正。

编　者

2016 年 7 月

本书还配有教学课件，需要用于教学的教师，请与北京航空航天大学出版社联系。

通信地址：北京海淀区学院路 37 号北京航空航天大学出版社嵌入式系统图书分社

邮编：100191

电话：010-82317035

传真：010-82328026

E-mail：emsbook@buaacm.com.cn

目　录

ARM嵌入式系统原理与应用教程（第2版）

2

ARM嵌入式系统原理与应用教程(第2版)

5

第 1 章

ARM 微处理器概述

本章简介 ARM 微处理器的一些基本概念、应用领域及特点,引导读者进入 ARM 技术的殿堂。

本章的主要内容:

➢ ARM 及相关技术简介;

➢ ARM 微处理器的应用领域及特点;

➢ ARM 微处理器系列;

➢ ARM 微处理器结构;

➢ ARM 微处理器的应用选型。

1.1 ARM 及相关技术简介

ARM(Advanced RISC Machines),既可以认为是一个公司的名字,也可以认为是对一类微处理器的通称,还可以认为是一种技术的名字。

1991 年 ARM 公司成立于英国剑桥,主要出售芯片设计技术的授权。目前,采用 ARM 技术知识产权(IP)核的微处理器,即通常所说的 ARM 微处理器,已遍及工业控制、消费类电子产品、通信系统、网络系统、无线系统等各类产品市场,基于 ARM 技术的微处理器应用约占据了 32 位 RISC 微处理器 75% 以上的市场份额,ARM 技术正在逐步渗入到人们生活的各个方面。

ARM 公司是专门从事基于 RISC 技术芯片设计开发的公司,作为知识产权供应商,本身不直接从事芯片生产,靠转让设计许可由合作公司生产各具特色的芯片。世界各大半导体生产商从 ARM 公司购买其设计的 ARM 微处理器核,根据各自不同的应用领域,加入适当的外围电路,从而形成自己的 ARM 微处理器芯片进入市场。目前,全世界有几十家大的半导体公司都使用 ARM 公司的授权,因此,既使得 ARM 技术获得更多的第三方工具、制造、软件的支持,又使整个系统成本降低,使产品更容易进入市场被消费者所接受,更具有竞争力。

1.2　ARM 微处理器的应用领域及特点

1. 应用领域

到目前为止，ARM 微处理器及技术的应用几乎已经深入到各个领域。

① 工业控制领域：作为 32 位的 RISC 架构，基于 ARM 核的微控制器芯片不但占据了高端微控制器市场的大部分市场份额，同时也逐渐向低端微控制器应用领域扩展，ARM 微控制器的低功耗、高性价比，向传统的 8 位/16 位微控制器提出了挑战。

② 无线通信领域：目前已有超过 85％的无线通信设备采用了 ARM 技术，ARM 以其高性能和低成本，在该领域的地位日益巩固。

③ 网络应用：随着宽带技术的推广，采用 ARM 技术的 ADSL 芯片正逐步占据竞争优势。此外，ARM 在语音及视频处理上行了优化，并获得广泛支持，也对 DSP 的应用领域提出了挑战。

④ 消费类电子产品：ARM 技术在目前流行的数字音频播放器、数字机顶盒和游戏机中被广泛采用。

⑤ 成像和安全产品：现在流行的数码相机和打印机中绝大部分采用 ARM 技术。手机中的 32 位 SIM 智能卡也采用了 ARM 技术。

除此以外，ARM 微处理器及技术还应用到许多不同的领域，并会在将来取得更加广泛的应用。

2. 特　点

采用 RISC 架构的 ARM 微处理器一般具有如下特点：

① 小体积、低功耗、低成本、高性能；

② 支持 Thumb（16 位）/ARM（32 位）双指令集，能很好地兼容 8 位/16 位器件；

③ 大量使用寄存器，指令执行速度更快；

④ 大多数数据操作都在寄存器中完成；

⑤ 寻址方式灵活简单，执行效率高；

⑥ 指令长度固定。

1.3　ARM 微处理器系列

ARM 微处理器目前包括以下几个系列：ARM7、ARM9、ARM9E、ARM10E、ARM11、SecurCore、StrongARM、XScale、MPCore、ARM Cortex 等。它们除了具有 ARM 体系结构的共同特点以外，每一个系列的 ARM 微处理器都有各自的特点和应用领域。

1. ARM7 微处理器系列

ARM7 系列微处理器为低功耗的 32 位 RISC 处理器，最适合用于对价位和功耗要求较高的消费类应用，具有如下特点：

➢ 具有嵌入式 ICE - RT 逻辑，调试开发方便。

➢ 极低的功耗，适合对功耗要求较高的应用，如便携式产品。

➢ 能够提供 0.9 MIPS/MHz 的 3 级流水线结构。

➢ 代码密度高并兼容 16 位的 Thumb 指令集。

➢ 对操作系统的支持广泛，包括 Windows CE、Linux、Palm OS 等。

➢ 指令系统与 ARM9、ARM9E 和 ARM10E 系列兼容，便于用户的产品升级换代。

➢ 主频最高可达 130 MIPS，高速的运算处理能力能胜任绝大多数的复杂应用。

ARM7 系列微处理器的主要应用领域为：工业控制、Internet 设备、网络和调制解调器设备、移动电话等多种多媒体和嵌入式应用，包含 ARM7TDMI、ARM7TDMI - S、ARM720T、ARM7EJ 几种类型。其中，ARM7TMDI 是目前使用最广泛的 32 位嵌入式 RISC 处理器，属低端 ARM 处理器核。TDMI 的基本含义为：T 指支持 16 位压缩指令集 Thumb；D 指支持片上 Debug；M 指内嵌硬件乘法器（Multiplier）；I 指嵌入式 ICE，支持片上断点和调试点。

2. ARM9 微处理器系列

ARM9 系列微处理器在高性能和低功耗方面性能优越，具有以下特点：

➢ 5 级整数流水线，指令执行效率更高。

➢ 提供 1.1 MIPS/MHz 的哈佛结构。

➢ 支持 32 位 ARM 指令集和 16 位 Thumb 指令集。

➢ 支持 32 位的高速 AMBA 总线接口。

➢ 全性能的 MMU，支持 Windows CE、Linux、Palm OS 等多种主流嵌入式操作系统。

➢ MPU 支持实时操作系统。

➢ 支持数据 Cache 和指令 Cache，具有更高的指令和数据处理能力。

ARM9 系列微处理器主要应用于无线设备、仪器仪表、安全系统、机顶盒、高端打印机、数字照相机和数字摄像机等领域，包含 ARM920T、ARM922T 和 ARM940T 3 种类型，以适用于不同的应用场合。

3. ARM9E 微处理器系列

ARM9E 系列微处理器是可综合处理器，使用单一的处理器内核提供了微控制器、DSP、Java 应用系统的解决方案，极大地减少了芯片的面积和系统的复杂程度。ARM9E 系列微处理器提供了增强的 DSP 处理能力，很适合于那些需要同时使用 DSP 和微控制器的场合。其具有以下特点：

➢ 支持 DSP 指令集，适合于需要高速数字信号处理的场合。

➢ 5 级整数流水线，指令执行效率更高。

➢ 支持 32 位 ARM 指令集和 16 位 Thumb 指令集。

➢ 支持 32 位的高速 AMBA 总线接口。

➢ 支持 VFP9 浮点处理协处理器。

➢ 全性能的 MMU，支持 Windows CE、Linux、Palm OS 等多种主流嵌入式操作系统。

➢ MPU 支持实时操作系统。

➢ 支持数据 Cache 和指令 Cache，具有更高的指令和数据处理能力。

➢ 主频最高可达 300 MIPS。

ARM9 系列微处理器主要应用于下一代无线设备、数字消费品、成像设备、工业控制、存储设备和网络设备等领域，包含 ARM926EJ－S、ARM946E－S 和 ARM966E－S 这 3 种类型，以适用于不同的应用场合。

4. ARM10E 微处理器系列

ARM10E 系列微处理器具有高性能、低功耗的特点，由于采用了新的体系结构，与同等的 ARM9 器件相比较，在相同的时钟频率下，性能提高了近 50%；同时，ARM10E 系列微处理器采用了两种先进的节能方式，使其功耗极低。其具有以下特点：

➢ 支持 DSP 指令集，适合于需要高速数字信号处理的场合。

➢ 6 级整数流水线，指令执行效率更高。

➢ 支持 32 位 ARM 指令集和 16 位 Thumb 指令集。

➢ 支持 32 位的高速 AMBA 总线接口。

➢ 支持 VFP10 浮点处理协处理器。

➢ 全性能的 MMU，支持 Windows CE、Linux、Palm OS 等多种主流嵌入式操作系统。

➢ 支持数据 Cache 和指令 Cache，具有更高的指令和数据处理能力。

➢ 主频最高可达 400 MIPS。

➢ 内嵌并行读/写操作部件。

ARM10E 系列微处理器主要应用于下一代无线设备、数字消费品、成像设备、工业控制、通信和信息系统等领域，包含 ARM1020E、ARM1022E 和 ARM1026EJ－S 这 3 种类型，以适用于不同的应用场合。

5. ARM11 处理器系列

ARM11 系列微处理器是 ARM 公司近年推出的新一代 RISC 处理器，它是 ARM 新指令架构 ARMv6 的第一代设计产品。该系列主要有 ARM1136J、ARM1156T2 和 ARM1176JZ 这 3 个内核型号，分别针对不同应用领域。实现新一代微处理器的第一步就是订立一个新的结构体系。这里所说的结构体系只是对处理器行为进行描述，并不包括具体地指定处理器是如何被建造的。结构体系的定义提供了处理器和外界（操作系统、应用程序和调试支持）的接口，从细节上说，处理器结构体系定义了指令集、编程模式和最近的存储器之间的接口。ARMv6 发布于 2001年 10 月，它建立于过去十年 ARM 许多成功的结构体系基础上。同处理器的授权相似，ARM 也向客户授权它的结构体系。比如，Intel 的 XScale 就是基于 ARMv5TE 的处理器。ARMv6 架构是根据下一代的消费类电子产品、无线设备、网络应用和汽车电子产品等需求而制定的。ARM11 的媒体处理能力和低功耗特点，特别适用于无线和消费类电子产品；其高速数据吞吐量和高性能的结合非常适合网络处理应用；另外，在实时性和浮点处理等方面，ARM11 可以满足汽车电子产品的需求。可以预言，基于 ARMv6 体系结构的 ARM11 系列处理器将在上述领域发挥巨大的作用。

对于各种无线移动设备的应用，毫无节制地提供高性能处理器是无用的。同成本控制类似，功耗控制也是一个重要因素。ARM11 系列处理器展示了在性能上的巨大提升，首先推出 350～500 MHz 时钟频率的内核，在未来将上升到 1 GHz 时钟频率。ARM11 处理器在提供高性能的同时，允许在性能和功耗之间做权衡以满足某些特殊应用。通过动态调整时钟频率和供应电压，开发者完全可以控制两者的平衡。在 0.13 μm 工艺，1.2 V 条件下，ARM11 处理器的功耗可低至 0.4 mW/MHz。ARM11 处理器同时提供了可综合版本和半定制硬核两种实现。可综合版本可以让客户根据自己的半导体工艺开发出各有特色的处理器内核，并保持足够灵活性。ARM 实现的硬核则是为了满足那些极高性能和速度要求的应用，同时为客户节省实现的成本和时间。为了让客户更方便地走完实现流程，ARM11 处理器采用了易于综合的流水线结构，并和常用的综合工具以及 ARM Compiler 良好结合，确保了客户可以成功并迅速地达到时序收敛。目前已有的 ARM11 处理器在不包含 Cache 的情况下面积小于 2.7 mm²，对于当前复杂的 SoC 设计来说，如此小的设计对芯片成本的降低是极其重要的。ARM11 处理器在很多方面为软件开发者带来了便利。一方面，它包含了更多的多媒体处理指令来加速视频和音频处理；另一方面，它的新型存储器系统进一步提高了操作系统的性能；此外，还提供了新指令来加速实时性能和中断的响应。再次，目前有很多应用要求多处理器的配置（多个 ARM 内核或 ARM＋DSP 的组合），ARM11 处理器从设计伊始就注重更容易地与其他处理器共享数据，以及从非 ARM 的处理器上移植软件。此外，ARM 还开发了基于 ARM11 系列的多处理器系统——MPCore，由 2～4 个 ARM11 内核组成。

（1）ARM1176JZF－S 处理器的特性

① TrustZone™ 安全扩展。

② 具有超高速先进的微处理器总线架构（AMBA）、先进的可扩展接口（AXI）电平，两个接口支持的优先级顺序处理机。

③ 8 阶管线。

④ 具有返回堆栈的分支预测。

⑤ 低中断延时配置。

⑥ 外部协处理器接口和协处理器 CP14 和 CP15。

⑦ 指令和数据存储器管理单元（MMUS），通过一个统一的主 TLB 使用 MI-CROTLB 结构管理。

⑧ 实际地址索引和物理地址缓存。

⑨ 矢量浮点型（VFP）协处理器支持。

⑩ 外部协处理器的支持。

⑪ 追踪支持。

(2) ARM1176JZF‑S 处理器存储器子系统

① 高频宽存储器矩阵变换电路子系统。

② 两个独立的外部存储器端口：一个静态混合的 DRAM 存储器端口和一个 DRAM 端口。

③ 矩阵变换电路架构增加整体的带宽，具有同时访问的能力。

(3) ARM1176JZF‑S 处理器的多媒体加速特性

① 照相机接口。

➤ 支持 ITU‑R 601/ITU‑R 656 格式输入，支持 8 位输入。

➤ 对于 YCBCr 4：2：2 格式，相机输入分辨率高达 4 096×4 096。

➤ 4 096×4 096 输入分辨率采取绕过硬件缩小尺度和预览单元，并且图像将以 JPEG 格式直接存储到存储器。

➤ 高达 2 048×2 048 输入分辨率，可以选择性地输入到硬件缩小尺度单元和预览单元。

➤ 分辨率缩小尺度，硬件支持的输入分辨率高达 2 048×2 048。

➤ 编解码器/预览输出图像产生（16/18/24 位的 RGB 格式和 YCbCr 4：2：0/4：2：2 格式）。

➤ 图像窗口化和变焦的功能。

➤ 测试图案产生。

➤ 图像镜像和轮换支持 Y 轴镜像和 X 轴镜像，90°、180°和 270°的轮换。

➤ H/W 色彩空间的转换。

➤ 支持 LCD 控制器直通道。

② 多标准解码器（MSC）。

1）多标准视频编解码器：MPEG‑4 部分简单协议规范编码/解码；H.264/AVC 基线编码/解码；H.263 协议规范 3 编码/解码；VC1 解码；支持多部分电池和多标准。

2）编码工具：可变模块大小为 16×16，16×8，8×16 和 8×8；自由的运动矢量；MPEG‑4 AC/DC 预测；H.264/AVC 的帧内预测（固定模式决定）；错误恢复工具；

MPEG-4 重新同步,具有 RVLC 的标记和数据分割;MPEG-4/AVC FMO 和 ASO;位率控制(CBR 和 VBR)。

　　3) 解码工具:支持所有标准功能。

　　4) 前/后旋转/镜像:8 个镜像/旋转模式。

　　5) 性能:全双工的 VGA 30 fps 编码/解码;半双工 720×480 30 帧/s(720×576 25 帧/s)编码/解码。

　　③ JPEG 解码器。

　　➤ 压缩/解压缩达 65 536×65 536。

　　➤ 编码格式:YCbCr 4:2:2。

　　➤ 解码格式:YCbCr 4:4:4/4:2:2/4:2:0/4:1:1或灰色。

　　➤ 支持压缩的内存数据在 YCbCr 4:2:2或 RGB 565 格式。

　　➤ 支持一般用途的时钟转换器。

(4) ARM1176JZF-S 处理器的显示控制

　　① TFT LCD 接口。

　　➤ 320×240、640×480 或其他显示分辨率高达 1 024×1 024。

　　➤ 最大 2K×2K 虚拟屏幕尺寸。

　　➤ 支持 5 个窗口层作为 PIP 或 OSD。

　　➤ 可编程 OSC 窗口定位。

　　➤ 16 级 Alpha 混合。

　　② 视频后处理器。

　　➤ 视频输入格式转换。

　　➤ 视频/图形缩放向上/向下或缩放输入/输出。

　　➤ 彩色空间的转换,从 YCbCr 到 RGB 和从 RGB 到 YCbCr。

　　➤ 专用本地接口显示。

　　➤ 专用定标器用作 TV 编码器。

　　③ 具有图像增强的 TV(NTSC/PAL)视频编码器。

　　➤ 支持 NTSC-M/PAL-B,D,G,H,I 兼容视频格式。

　　➤ 支持 YCbCr 4:2:0/4:2:2,16/18/24 位 RGB 源格式。

　　➤ 内置 MIE(移动图像增强器)引擎:黑色和白色延展,蓝色延展和 Flesh-Tone 校正,动态水平的尖峰与 LTI,黑色与白色噪声的降低,原始的全屏和宽屏视频输出。

(5) ARM1176JZF-S 处理器的视频接口特性

　　① AC97 音频编解码器接口:可变采样率(48 kHz 和低于 48 kHz);1 通道立体声输入/1 通道立体声输出/1 通道麦克风输入;16 位立体声(2 声道)音频。

　　② PCM 串行音频接口:主模式双向串行音频接口;接收一个外部输入时钟来产生精确的音频时间;可选的基于 DMA 的操作。

　　③ I²S 总线立体声 DAC 接口:1 通道总线作为音频编解码器接口;可选的基于

DMA 的操作；串行，每通道 8/16 位的数据传输；支持 I^2S，合理的 MSB 和合理的 LSB 数据格式；可以在主或从模式下操作；支持多种位时钟频率和编解码器的时钟频率；16、24、32、48 fs 的位时钟频率和 256、384、512、768 fs 的编解码器的时钟频率。

(6) ARM1176JZF－S 处理器的 USB 特性

① USB OTG2.0 高速：符合 OTG 规格 1.0 版本补充的 USB 2.0 协议的 2.0 版本。配置只作为 OTG 设备、USB 1.1 设备、OTG 迷你主设备或 USB 1.1 迷你主设备。支持高速（480 Mb/s），全速（12 Mb/s）和低速（1.5 Mb/s）。

② USB 主设备：两个端口 USB 主设备；符合 OHCI 1.0 版本；符合 USB 规范 1.1 版本；支持全速高达 12 Mb/s。

(7) ARM1176JZF－S 处理器 IrDA v1.1 特性

① 专用的 IrDA 作为 v1.1（1.152 Mb/s 和 4 Mb/s）。

② 支持 FIR（4 Mb/s）。

③ SIR（111.5 kb/s）模式是由 UART 的 IrDA 1.0 模块支持的。

④ 内部 64 字节的 Tx/Rx FIFO。

(8) ARM1176JZF－S 处理器的串行通信特性

① UART：4 通道 UART 具有基于 DMA 或基于中断操作；支持 5 位、6 位、7 位或 8 位串行数据传输/接收；支持外部时钟用作 UART 操作（UCLK）；可编程波特率；支持 IrDA 1.0 SIR（115.2 kb/s）模式；环回模式进行测试；每个通道都有内部 64 字节的 Tx FIFO 和 64 字节的 Rx FIFO。

② I^2C 总线接口：1 通道多主设备 I^2C 总线；串行，8 位针对性和双向数据传输可在高达 100 kb/s 的标准模式下操作；在快速模式高达 400 kb/s。

③ SPI 接口：2 通道串行外设接口；64 字节缓冲器用来接收/传送；基于 DMA 或基于中断操作；50 Mb/s 的发送/接收（全双工）。

④ MIPI HSI：单向高速串行接口；支持发送和接收；128 字节（32 位×32）Tx FIFO；256 字节（32 位×64）Rx FIFO；发送为 PCLK b/s，接收高达 100 Mb/s。

(9) ARM1176JZF－S 处理器的 GPI GPIO 特性

ARM1176JZF－S 处理器拥有 188 个灵活配置的 GPIO。输入设备特性：

① 便携式键盘接口：支持 8×8 键盘矩阵转换电路；提供内部去抖滤波器。

② A/D 转换和触摸屏接口：8 通道复用 ADC；最大 500k 采样 Sa/s 和 10 位分辨率。

(10) ARM1176JZF－S 处理器的存储器设备

存储器设备特性包括：

① MMC/SD 主设备：兼容多媒体卡协议版本 4.0；兼容 SD 存储卡的协议版本 1.0；128 字 FIFO 用作发送/接收；基于 DMA 或基于中断操作。

② 系统外设特性。

1）DMA 控制器：4 个通用 DMA 嵌入式；每个 DMA 有两个主端口；每一个

DMA 支持 8 通道,完全支持 32 通道;支持存储器到存储器,外设到存储器,存储器到外设,外设到外设;脉冲数据传输模式,以提高传输速率。

2）矢量中断控制器:支持 32 个矢量 IRQ 中断;固定硬件中断优先级;可编程中断优先级;硬件中断优先级屏蔽;IRQ 和 FIQ 生成;测试寄存器;原始中断状态;中断请求状态;支持 ARM v6 处理器 VIC 端口,在同步和异步模式使其更快地中断服务。

3）TrustZone 中断控制:在 TrustZone 设计中,提供了一个软件接口给安全中断系统的保护位;提供了基于安全控制技术的 nFIQ 中断及屏蔽来自非安全系统下的所有中断源。

4）TrustZone 保护控制器:在 TrustZone 设计中,在一个安全的系统提供一个软件接口到保护位;AMBA APB 接口。

5）具有 PWM 的定时器（脉宽调制）:具有 PWM 的 4 通道 32 位定时器;具有基于 DMA 或基于中断操作的 1 通道 32 位内部定时器;可编程占空比周期、频率和极性;死区生成;支持外部时钟源。

6）16 位看门狗定时器:在超时时中断请求或系统复位。

7）RTC（实时时钟）:毫秒,秒,分,时,天,星期,月,年;32.768 kHz 操作;报警中断;时间节拍中断。

(11) ARM1176JZF‐S 处理器的系统管理

系统管理特性包括:

➢ ARM1176JZF‐S 核心最高时钟频率是 667 MHz。

➢ 系统操作时钟产生。

➢ 3 个片上 PLL、APLL、MPLL 和 EPLL。

➢ APLL 生成一个独立 ARM 操作时钟。

➢ MPLL 生成系统参考时钟。

➢ EPLL 产生用作外设 IP 的时钟。

6. SecurCore 微处理器系列

SecurCore 系列微处理器专为安全需要而设计,提供了完善的 32 位 RISC 技术的安全解决方案,因此,SecurCore 系列微处理器除了具有 ARM 体系结构的低功耗、高性能的特点外,还具有其独特的优势,即提供了对安全解决方案的支持。

SecurCore 系列微处理器除了具有 ARM 体系结构各种主要特点外,还在系统安全方面具有如下的特点:带有灵活的保护单元,以确保操作系统和应用数据的安全;采用软内核技术,防止外部对其进行扫描探测;可集成用户自己的安全特性和其他协处理器。

SecurCore 系列微处理器主要应用于一些对安全性要求较高的应用产品及应用系统,如电子商务、电子政务、电子银行业务、网络和认证系统等领域,包含 Secur-Core SC100、SecurCore SC110、SecurCore SC200 和 SecurCore SC210 这 4 种类型,以适用于不同的应用场合。

7. StrongARM 微处理器系列

Intel StrongARM SA - 1100 处理器是采用 ARM 体系结构高度集成的 32 位 RISC 微处理器。它融合了 Intel 公司的设计和处理技术以及 ARM 体系结构的电源效率，采用在软件上兼容 ARMv4 体系结构，同时采用具有 Intel 技术优点的体系结构。Intel StrongARM 处理器是便携式通信产品和消费类电子产品的理想选择，已成功应用于多家公司的掌上电脑系列产品。

8. XScale 处理器

XScale 处理器是基于 ARMv5TE 体系结构的解决方案，是一款全性能、高性价比、低功耗的处理器。它支持 16 位的 Thumb 指令和 DSP 指令集，已使用在数字移动电话、个人数字助理和网络产品等场合。

9. MPCore 处理器系列

MPCore 在 ARM11 核心的基础上构建，架构上仍属于 v6 指令体系。根据不同的需要，MPCore 可以被配置为 1～4 个处理器的组合方式，最高性能达到 2 600 Dhrystone MIPS，运算能力几乎与 Pentium Ⅲ 1 GHz 处于同一水准（指令执行性能约为 2 700 Dhrystone MIPS）。多核心设计的优点是在频率不变的情况下让处理器的性能获得明显提升，在多任务应用中表现尤其出色，这一点很适合未来家庭消费电子的需要。例如，机顶盒在录制多个频道电视节目的同时，还可通过互联网收看数字视频点播节目；车内导航系统在提供导航功能的同时，可以向后座乘客提供各类视频娱乐信息等。在这类应用环境下，多核心结构的嵌入式处理器将表现出极强的性能优势。

10. Cortex 处理器系列

（1）ARM Cortex 处理器技术特点

ARMv7 架构是在 ARMv6 架构的基础上诞生的。该架构采用了 Thumb - 2 技术，它是在 ARM 的 Thumb 代码压缩技术的基础上发展起来的，并且保持了对现存 ARM 解决方案的完整的代码兼容性。Thumb - 2 技术比纯 32 位代码少使用 31% 的内存，减小了系统开销，同时能够提供比已有的基于 Thumb 技术的解决方案高出 38% 的性能。ARMv7 架构还采用了 NEON 技术，将 DSP 和媒体处理能力提高了近 4 倍；支持改良的浮点运算，满足下一代 3D 图形、游戏物理应用及传统嵌入式控制应用的需求。此外，ARMv7 还支持改良的运行环境，以迎合不断增加的 JIT（Just In Time）和 DAC（Dynamic Adaptive Compilation）技术的使用。

在与早期的 ARM 处理器的软件兼容性方面，ARMv7 架构在设计时已充分考虑到了。ARM Cortex - M 系列支持 Thumb - 2 指令集（Thumb 指令集的扩展集），可以执行所有已存的为早期处理器编写的代码。通过一个前向的转换方式，为 ARM Cortex - M 系列处理器所写的用户代码可以与 ARM Cortex - R 系列微处理器完全兼容。ARM Cortex - M 系列系统代码(如实时操作系统)可以很容易地移植到基于 ARM Cortex - R 系列的系统上。ARM Cortex - A 和 Cortex - R 系列处理器还支持 ARM 32 位指令集,向后完全兼容早期的 ARM 处理器,包括从 1995 年发布的 ARM7TDMI 处理器到 2002 年发布的 ARM11 处理器系列。由于应用领域的不同, 基于 v7 架构的 Cortex 处理器系列所采用的技术也不相同。在命名方式上,基于 ARMv7 架构的 ARM 处理器已经不再沿用过去的数字命名方式,而是冠以 Cortex 的称呼。基于 v7A 的称为"Cortex - A 系列",基于 v7R 的称为"Cortex - R 系列",基 于 v7M 的称为"Cortex - M3 系列"。

(2) ARM Cortex - M3 处理器技术特点

ARM Cortex - M3 处理器是为存储器和处理器的尺寸对产品成本影响极大的 各种应用专门开发设计的。它整合了多种技术,减小使用内存,并在极小的 RISC 内 核上提供低功耗和高性能,可实现由以往的代码向 32 位微控制器的快速移植。 ARM Cortex - M3 处理器是使用最少门数的 ARM CPU,相对于过去的设计大大减 小了芯片面积,可减小装置的体积或采用更低成本的工艺进行生产,仅 33 000 门的 内核性能可达 1.2 DMIPS/MHz。此外,基本系统外设还具备高度集成化特点,集成 了许多紧耦合系统外设,合理利用了芯片空间,使系统满足下一代产品的控制需求。

ARM Cortex - M3 处理器结合了执行 Thumb - 2 指令的 32 位哈佛微体系结构 和系统外设,包括 Nested Vectored Interrupt Controller 和 Arbiter 总线。该技术方 案在测试和实例应用中表现出较高的性能:在台积电 180 nm 工艺下,芯片性能达 1.2 DMIPS/MHz,时钟频率高达 100 MHz。Cortex - M3 处理器还实现 Tail - Chaining中断技术。该技术是一项完全基于硬件的中断处理技术,最多可减少 12 个 时钟周期数,在实际应用中可减少 70% 中断;推出了新的单线调试技术,避免使用多 引脚进行 JTAG 调试,并全面支持 RealView 编译器和调试产品。RealView 工具向 设计者提供模拟、创建虚拟模型、编译软件、调试、验证和测试基于 ARMv7 架构的系 统等功能。

为微控制器应用而开发的 Cortex - M3 拥有以下性能:

① 实现单周期 Flash 应用最优化。

② 准确快速的中断处理,永不超过 12 周期,仅 6 周期 Tail - Chaining(末尾 连锁)。

③ 有低功耗时钟门控(Clock Gating)的 3 种睡眠模式。

④ 单周期乘法和乘法累加指令。

⑤ ARM Thumb - 2 混合的 16/32 位固有指令集,无模式转换。

⑥ 包括数据观察点和 Flash 补丁在内的高级调试功能。

⑦ 原子位操作,在一个单一指令中读取/修改/编写。

⑧ 1.25 DMIPS/MHz(与 0.9 DMIPS/MHz 的 ARM7 和 1.1 DMIPS/MHz 的 ARM9 相比)。

(3) ARM Cortex - R4 处理器技术特点

Cortex - R4 处理器支持手机、硬盘、打印机及汽车电子设计,能协助新一代嵌入式产品快速执行各种复杂的控制算法与实时工作的运算;可通过内存保护单元(Memory Protection Unit,MPU)、高速缓存及紧密耦合内存(Tightly Coupled Memory,TCM),让处理器针对各种不同的嵌入式应用进行最佳化调整,且不影响基本的 ARM 指令集兼容性。这种设计能够在沿用原有程序代码的情况下,降低系统的成本与复杂度,同时其紧密耦合内存功能也能提供更小的规格及更高效率的整合,并带来快速的响应时间。

Cortex - R4 处理器采用 ARMv7 体系结构,让它能与现有的程序维持完全的回溯兼容性,能支持现今建立在全球各地数十亿的系统;已针对 Thumb - 2 指令进行最佳化设计。此项特性带来很多的利益,其中包括:更低的时钟速度所带来的省电效益;更高的性能将各种多功能特色带入移动电话与汽车产品的设计;更复杂的算法支持更高性能的数码影像与内建硬盘的系统。运用 Thumb - 2 指令集,加上 Real View 开发套件,使芯片内部存储器的容量最多得以降低 30%,大幅降低系统成本,其速度比在 ARM9tt6E - S 处理器所使用的 Thumb 指令集高出 40%。存储器在芯片中的占用空间越来越多,因此这项设计将大幅节省芯片容量,让芯片制造商运用这款处理器开发各种 SoC (System on a Chip)器件。

相比前几代的处理器,Cortex - R4 处理器高效率的设计方案,使其能以更低的时钟达到更高的性能;经过最佳化设计的 Artisan Mctro 内存,进一步降低嵌入式系统的体积与成本。处理器搭载一个先进的微架构,具备双指令发送功能,采用 90 nm 工艺并搭配 Artisan Advantage 程序库的组件,底面积不到 1 mm^2,耗电最低为 0.27 mW/MHz,并能提供超过 600 DMIPS 的性能。

Cortex - R4 处理器在各种安全应用上加入容错功能和内存保护机制,支持最新版 OSEK 实时操作系统;支持 Real View Develop 系列软件开发工具、Real View Create 系列 ESL 工具与模块,以及 Core Sight 除错与追踪技术,协助设计者迅速开发各种嵌入式系统。

(4) ARM Cortex - A8 处理器技术特点

ARM Cortex - A8 处理器是一款适用于复杂操作系统及用户应用的应用处理器,支持智能能源管理(Intelligent Energy Manger,IEM)技术的 ARM Artisan 库及先进的泄漏控制技术,使得 Cortex - A8 处理器实现了非凡的速度和功耗效率。在 65 nm 工艺下,ARM Cortex - A8 处理器的功耗不到 300 mW,能够提供高性能和低功耗。它第一次为低费用、高容量的产品带来了台式机级别的性能。

Cortex - A8 处理器是第一款基于下一代 ARMv7 架构的应用处理器,使用了能够带来更高性能、更低功耗和更高代码密度的 Thumb - 2 技术。它首次采用了强大的 NEON 信号处理扩展集,为 H.264 和 MP3 等媒体编解码提供加速。Cortex - A8 的解决方案还包括 Jazelle RCT Java 加速技术,对实时(JTT)和动态调整编(DAC)

提供最优化,同时减少内存占用空间高达 3 倍。该处理器配置了先进的超标量体系结构流水线,能够同时执行多条指令。处理器集成了一个可调尺寸的二级高速缓冲存储器,能够同高速的 16 KB 或者 32 KB 一级高速缓冲存储器一起工作,从而达到最快的读取速度和最大的吞吐量。新处理器还配置了用于安全交易和数字版权管理的 TrustZone 技术,以及实现低功耗管理的 IEM 功能。

Cortex - A8 处理器使用了先进的分支预测技术,并且具有专用的 NEON 整型和浮点型流水线进行媒体和信号处理。在使用小于 4 mm² 的硅片及低功耗的 65 nm 工艺的情况下,Cortex - A8 处理器的运行频率高于 600 MHz(不包括 NEON 追踪技术和二级高速缓冲器)。在高性能的 90 nm 和 65 nm 工艺下,Cortex - A8 处理器运行频率最高可达 1 GHz,能够满足高性能消费产品的需要。

1.4　ARM 微处理器结构

1. RISC 体系结构

传统的 CISC(Complex Instruction Set Computer,复杂指令集计算机)结构有其固有的缺点,即随着计算机技术的发展而不断引入新的复杂的指令集,为支持这些新增的指令,计算机的体系结构会越来越复杂。然而,在 CISC 指令集的各种指令中,其使用频率却相差悬殊,大约有 20% 的指令会被反复使用,占整个程序代码的 80%,而余下的 80% 的指令却不经常使用,在程序设计中只占 20%,显然,这种结构是不太合理的。

基于以上的不合理性,1979 年美国加州大学伯克利分校提出了 RISC(Reduced Instruction Set Computer,精简指令集计算机)的概念,RISC 并非只是简单地去减少指令,而是把着眼点放在了如何使计算机的结构更加简单合理地提高运算速度上。RISC 结构优先选取使用频率最高的简单指令,避免复杂指令;将指令长度固定,指令格式和寻址方式种类减少;以控制逻辑为主,不用或少用微码控制等措施来达到上述目的。

到目前为止,RISC 体系结构也还没有严格的定义,一般认为,RISC 体系结构应具有如下特点:

➢ 采用固定长度的指令格式,指令归整、简单、基本寻址方式有 2~3 种。

➢ 使用单周期指令,便于流水线操作执行。

➢ 大量使用寄存器,数据处理指令只对寄存器进行操作,只有加载/存储指令可以访问存储器,以提高指令的执行效率。

除此以外,ARM 体系结构还采用了一些特别的技术,在保证高性能的前提下尽量缩小芯片的面积,并降低功耗:

➢ 所有的指令都可根据前面的执行结果决定是否被执行,从而提高指令的执行效率。

➢ 可用加载/存储指令批量传输数据,以提高数据的传输效率。

➤ 可在一条数据处理指令中同时完成逻辑处理和移位处理。

➤ 在循环处理中使用地址的自动增减来提高运行效率。

当然,和 CISC 架构相比较,尽管 RISC 架构有上述的优点,但决不能认为 RISC 架构就可以取代 CISC 架构。事实上,RISC 和 CISC 各有优势,而且界限并不那么明显。现代的 CPU 往往采用 CISC 的外围,内部加入了 RISC 的特性,如超长指令集 CPU 就是融合了 RISC 和 CISC 的优势,成为未来的 CPU 发展方向之一。

2. ARM 微处理器的寄存器结构

ARM 处理器共有 37 个寄存器,被分为若干个组(BANK),这些寄存器包括:

➤ 31 个通用寄存器,包括程序计数器(PC 指针),均为 32 位的寄存器。

➤ 6 个状态寄存器,用以标识 CPU 的工作状态及程序的运行状态,均为 32 位, 目前只使用了其中的一部分。

同时,ARM 处理器又有 7 种不同的处理器模式,在每一种处理器模式下均有一组相应的寄存器与之对应。即在任意一种处理器模式下,可访问的寄存器包括 15 个通用寄存器(R0~R14)、1~2 个状态寄存器和程序计数器。在所有的寄存器中,有些是在 7 种处理器模式下共用的同一个物理寄存器,而有些寄存器则是在不同的处理器模式下有不同的物理寄存器。

关于 ARM 处理器的寄存器结构,在后面的相关章节将会详细描述。

3. ARM 微处理器的指令结构

ARM 微处理器的在较新的体系结构中支持两种指令集:ARM 指令集和 Thumb 指令集。其中,ARM 指令为 32 位的长度,Thumb 指令为 16 位长度。 Thumb 指令集为 ARM 指令集的功能子集,但与等价的 ARM 代码相比较,可节省 30%~40%以上的存储空间,同时具备 32 位代码的所有优点。

关于 ARM 处理器的指令结构,在后面的相关章节将会详细描述。

1.5　ARM 微处理器的应用选型

鉴于 ARM 微处理器的众多优点,随着国内外嵌入式应用领域的逐步发展, ARM 微处理器必然会获得广泛的重视和应用。但是,由于 ARM 微处理器有多达十几种的内核结构、几十个芯片生产厂家以及千变万化的内部功能配置组合,给开发人员在选择方案时带来一定的困难,所以,对 ARM 芯片做一些对比研究是十分必要的。

要选好一款处理器,需要考虑的因素很多,不单是纯粹的硬件接口,还需要考虑相关的操作系统、配套的开发工具、仿真器,以及工程师微处理器的经验和软件支持情况等。微处理器选型是否得当,将决定项目成败。当然,并不是说选好微处理器, 就意味着成功,因为项目的成败取决于许多因素;但可以肯定的一点是,微处理器选型不当,将会给项目带来无限的烦恼,甚至导致项目的流产。

在产品开发中,作为核心芯片的微处理器,其自身的功能、性能、可靠性被寄予厚望,因为它的资源越丰富、自带功能越强大,产品开发周期就越短,项目成功率就越高。但是,任何一款微处理器都不可能尽善尽美,满足每个用户的需要,所以这就涉及选型的问题。嵌入式微处理器选型的考虑因素包括以下几个方面:

① 应用领域。

一个产品的功能、性能一旦定制下来,其所在的应用领域也随之确定。应用领域的确定将缩小选型的范围,例如,工业控制领域产品的工作条件通常比较苛刻,因此对芯片的工作温度通常是宽温的,这样就得选择工业级的芯片,民用级的就被排除在外。目前,比较常见的应用领域分类有航空航天、通信、计算机、工业控制、医疗系统、消费电子、汽车电子等。

② 自带资源。

经常会看到或听到这样的问题:主频是多少? 有无内置的以太网 MAC? 有多少个 I/O 口? 自带哪些接口? 支持在线仿真吗? 是否支持 OS,能支持哪些 OS? 是否有外部存储接口? ……以上都涉及芯片资源的问题,微处理器自带什么样的资源是选型的一个重要考虑因素。芯片自带资源越接近产品的需求,产品开发相对就越简单。

③ 可扩展资源。

硬件平台要支持 OS、RAM 和 ROM,这对资源的要求就比较高。芯片一般都有内置 RAM 和 ROM,但其容量一般都很小,内置 512 KB 就算很大了,但是运行 OS 一般都是兆级以上,这就要求芯片可扩展存储器。

④ 功耗。

单看"功耗"是一个较为抽象的名词。这里举几个形象的例子:

> 夏天使用空调时,家里的电费会猛增。这是因为空调是高功耗的家用电器,这时人们会想,"要是空调能像日光灯那样省电就好了"。

> 随身的 MP3、MP4 都使用电池。正当听音乐看视频时,系统因为没电自动关机,谁都会抱怨"又没电了"。

> 目前手机一般使用锂电池,手机的待机和通话时间成了人们选择手机的重要指标。待机和通话时间越长,电池的使用寿命就可以提高,手机的寿命也相对提高了。

以上体现了人们对低功耗的渴求。低功耗的产品既节能又节财,甚至可以减少环境污染,它有如此多的优点,因此低功耗也成了芯片选型时的一个重要指标。

⑤ 封装。

常见的微处理器芯片封装主要有 QFP、BGA 两大类型。BGA 类型的封装焊接比较麻烦,一般的小公司都不会焊,但 BGA 封装的芯片体积会小很多。如果产品对芯片体积要求不严格,选型时最好选择 QFP 封装。

⑥ 芯片的可延续性及技术的可继承性。

目前,产品更新换代的速度很快,所以在选型时要考虑芯片的可升级性。如果是同一厂家同一内核系列的芯片,其技术可继承性就较好。应该考虑知名半导体公司,然后查询其相关产品,再做出判断。

⑦ 价格及供货保证。

芯片的价格和供货也是必须考虑的因素。许多芯片目前处于试用阶段(sampling),其价格和供货就会处于不稳定状态,所以选型时尽量选择有量产的芯片。

⑧ 仿真器。

仿真器是硬件和底层软件调试时要用到的工具,开发初期如果没有它基本上会寸步难行。选择配套适合的仿真器,将会给开发带来许多便利。对于已经有仿真器的人们,在选型过程中要考虑它是否支持所选的芯片。

⑨ OS 及开发工具。

作为产品开发,在选型芯片时必须考虑其对软件的支持情况,如支持什么样的OS 等。对于已有 OS 的人们,在选型过程中要考虑所选的芯片是否支持该 OS,也可以反过来说,即这种 OS 是否支持该芯片。

⑩ 技术支持。

现在的趋势是买服务,也就是买技术支持。一个好的公司的技术支持能力相对比较有保证,所以选芯片时最好选择知名的半导体公司。

另外,芯片的成熟度取决于用户的使用规模及使用情况。选择市面上使用较广的芯片,将会有比较多的共享资源,给开发带来许多便利。

除 ARM 微处理器核以外,几乎所有的 ARM 芯片均根据各自不同的应用领域,扩展了相关功能模块,并集成在芯片之中,称为片内外围电路,如 USB 接口、I^2S 接口、LCD 控制器、键盘接口、RTC、ADC 和 DAC、DSP 协处理器等,设计者应分析系统的需求,尽可能采用片内外围电路完成所需的功能,这样既可简化系统的设计,同时又能提高系统的可靠性。

1.6　本章小结

本章对 ARM 微处理器、ARM 技术的基本概念做了一些简单的介绍,希望读者通过对本章的阅读,能对 ARM 微处理器、ARM 处理器选型上有一个总体上的认识。

1.7　练习题

1. 什么是嵌入式处理器? 嵌入式处理器可以分为几大类?

2. 广泛使用的是哪 3 种类型的操作系统?

3. ARM 是什么样的公司?

4. 什么是 RISC? 什么是 CISC?

5. 举出 3 个 ARM 公司当前应用比较多的 ARM 处理器核。

第2章

ARM 微处理器的编程模型

本章简介 ARM 微处理器编程模型的一些基本概念,包括工作状态切换、数据的存储格式、处理器异常等,通过对本章的阅读,希望读者能了解 ARM 微处理器的基本工作原理和一些与程序设计相关的技术细节,为以后的程序设计打下基础。

本章的主要内容:

- ➢ ARM 微处理器的工作状态;
- ➢ ARM 体系结构的存储器格式;
- ➢ ARM 微处理器的工作模式;
- ➢ ARM 体系结构的寄存器组织;
- ➢ ARM 微处理器的异常状态。

在开始本章之前,首先对字(Word)、半字(Half - Word)、字节(Byte)的概念做一个说明。字(Word):在 ARM 体系结构中,字的长度为 32 位,而在 8 位/16 位处理器体系结构中,字的长度一般为 16 位,请读者在阅读时注意区分。半字(Half - Word):在 ARM 体系结构中,半字的长度为 16 位,与 8 位/16 位处理器体系结构中字的长度一致。字节(Byte):在 ARM 体系结构和 8 位/16 位处理器体系结构中,字节的长度均为 8 位。

2.1 ARM 微处理器的工作状态

从编程的角度看,ARM 微处理器的工作状态一般有两种,并可在两种状态之间切换:第一种为 ARM 状态,此时处理器执行 32 位的字对齐的 ARM 指令;第二种为 Thumb 状态,此时处理器执行 16 位的半字对齐的 Thumb 指令。

当 ARM 微处理器执行 32 位的 ARM 指令集时,工作在 ARM 状态;当 ARM 微处理器执行 16 位的 Thumb 指令集时,工作在 Thumb 状态。在程序的执行过程中,微处理器可以随时在两种工作状态之间切换,并且,处理器工作状态的转变并不影响处理器的工作模式和相应寄存器中的内容。

状态切换方法

ARM 指令集和 Thumb 指令集均有切换处理器状态的指令,并可在两种工作状态之间切换,但 ARM 微处理器在开始执行代码时,应该处于 ARM 状态。

进入 Thumb 状态：当操作数寄存器的状态位（位 0）为 1 时，可以采用执行 BX 指令的方法，使微处理器从 ARM 状态切换到 Thumb 状态。此外，当处理器处于 Thumb 状态时发生异常（如 IRQ、FIQ、Undef、Abort、SWI 等），则异常处理返回时，自动切换到 Thumb 状态。

进入 ARM 状态：当操作数寄存器的状态位为 0 时，执行 BX 指令时可以使微处理器从 Thumb 状态切换到 ARM 状态。此外，在处理器进行异常处理时，把 PC 指针放入异常模式链接寄存器中，并从异常向量地址开始执行程序，也可以使处理器切换到 ARM 状态。

2.2　ARM 体系结构的存储器格式

ARM 体系结构将存储器看作是从零地址开始的字节的线性组合。0～3 字节放置第一个存储的字数据，4～7 字节放置第 2 个存储的字数据，依次排列。作为 32 位的微处理器，ARM 体系结构所支持的最大寻址空间为 4 GB（2^{32} 字节）。

ARM 体系结构可以用两种方法存储字数据，称为大端格式和小端格式。

（1）大端格式

在这种格式中，字数据的高字节存储在低地址中，而字数据的低字节则存放在高地址中，如图 2.1 所示。

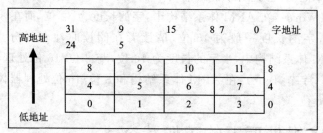

图 2.1　以大端格式存储字数据

（2）小端格式

与大端存储格式相反，在小端存储格式中，低地址中存放的是字数据的低字节，高地址存放的是字数据的高字节，如图 2.2 所示。

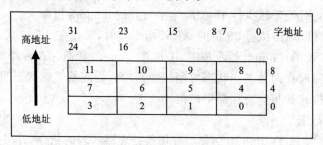

图 2.2　以小端格式存储字数据

2.3　指令长度和数据类型

ARM 微处理器的指令长度可以是 32 位(在 ARM 状态下),也可以为 16 位(在 Thumb 状态下)。ARM 微处理器中支持字节(8 位)、半字(16 位)、字(32 位)三种数据类型,其中,字需要 4 字节对齐(地址的低两位为 0)、半字需要 2 字节对齐(地址的最低位为 0)。

2.4　处理器模式

ARM 微处理器支持 7 种运行模式,分别为:用户模式(usr),ARM 处理器正常的程序执行状态;快速中断模式(fiq),用于高速数据传输或通道处理;外部中断模式(irq),用于通用的中断处理;管理模式(svc),操作系统使用的保护模式;数据访问终止模式(abt),当数据或指令预取终止时进入该模式,可用于虚拟存储和存储保护;系统模式(sys),运行具有特权的操作系统任务;未定义指令中止模式(und),当未定义的指令执行时进入该模式,可用于支持硬件协处理器的软件仿真。

ARM 微处理器的运行模式可以通过软件改变,也可以通过外部中断或异常处理改变。大多数的应用程序运行在用户模式下,当处理器运行在用户模式下时,某些被保护的系统资源是不能被访问的。

除用户模式以外,其余的所有 6 种模式称为非用户模式,或特权模式(Privileged Mode);其中除去用户模式和系统模式以外的 5 种称为异常模式(Exception Mode),常用于处理中断或异常,以及需要访问受保护的系统资源等情况。

2.5　寄存器组织

ARM 微处理器共有 37 个 32 位寄存器,其中 31 个为通用寄存器,6 个为状态寄存器。但是这些寄存器不能被同时访问,具体哪些寄存器是可编程访问的,取决于微处理器的工作状态及具体的运行模式。但在任何时候,通用寄存器 R14~R0、程序计数器 PC、一个或两个状态寄存器都是可访问的。

2.5.1　ARM 状态下的寄存器组织

(1) 通用寄存器

通用寄存器包括 R0~R15,可以分为 3 类:未分组寄存器 R0~R7;分组寄存器 R8~R14;程序计数器 PC(R15)。

(2) 未分组寄存器 R0~R7

在所有的运行模式下,未分组寄存器都指向同一个物理寄存器,它们未被系统用作特殊的用途,因此,在中断或异常处理进行运行模式转换时,由于不同的处理器运行模式均使用相同的物理寄存器,可能会造成寄存器中数据的破坏,这一点在进行程序设计时应引起注意。

(3) 分组寄存器 R8～R14

对于分组寄存器,它们每一次所访问的物理寄存器与处理器当前的运行模式有关。对于 R8～R12 来说,每个寄存器对应两个不同的物理寄存器,当使用 fiq 模式时,访问寄存器 R8_fiq～R12_fiq;当使用除 fiq 模式以外的其他模式时,访问寄存器 R8_usr～R12_usr。对于 R13、R14 来说,每个寄存器对应 6 个不同的物理寄存器,其中的 1 个是用户模式与系统模式共用,另外 5 个物理寄存器对应于其他 5 种不同的运行模式。

采用以下的记号来区分不同的物理寄存器:

```
R13_<mode>
R14_<mode>
```

其中,mode 为以下几种模式之一:usr、fiq、irq、svc、abt、und。

寄存器 R13 在 ARM 指令中常用作堆栈指针,但这只是一种习惯用法,用户也可使用其他的寄存器作为堆栈指针。而在 Thumb 指令集中,某些指令强制性的要求使用 R13 作为堆栈指针。由于处理器的每种运行模式均有自己独立的物理寄存器 R13,在用户应用程序的初始化部分,一般都要初始化每种模式下的 R13,使其指向该运行模式的栈空间,这样,当程序的运行进入异常模式时,可以将需要保护的寄存器放入 R13 所指向的堆栈,而当程序从异常模式返回时,则从对应的堆栈中恢复,采用这种方式可以保证异常发生后程序的正常执行。

R14 也称作子程序连接寄存器(Subroutine Link Register)或连接寄存器 LR。当执行 BL 子程序调用指令时,R14 中得到 R15(程序计数器 PC)的备份。其他情况下,R14 用作通用寄存器。与之类似,当发生中断或异常时,对应的分组寄存器 R14_svc、R14_irq、R14_fiq、R14_abt 和 R14_und 用来保存 R15 的返回值。

寄存器 R14 常用在如下的情况:在每一种运行模式下,都可用 R14 保存子程序的返回地址,当用 BL 或 BLX 指令调用子程序时,将 PC 的当前值复制给 R14,执行完子程序后,又将 R14 的值复制回 PC,即可完成子程序的调用返回。以上的描述可用指令完成:

① 执行以下任意一条指令:

```
MOV        PC,LR
BX         LR
```

② 在子程序入口处使用以下指令将 R14 存入堆栈:

```
STMFD      SP!,{<Regs>,LR}
```

对应的,使用以下指令可以完成子程序返回:

```
LDMFD    SP!,{<Regs>,PC}
```

R14 也可作为通用寄存器。

(4) 程序计数器 PC(R15)

寄存器 R15 用作程序计数器(PC)。在 ARM 状态下,位[1:0]为 0,位[31:2]用于保存 PC;在 Thumb 状态下,位[0]为 0,位[31:1]用于保存 PC;虽然可以用作通用寄存器,但是有一些指令在使用 R15 时有一些特殊限制,若不注意,执行的结果将是不可预料的。在 ARM 状态下,PC 的 0 和 1 位是 0;在 Thumb 状态下,PC 的 0 位是 0。R15 虽然也可用作通用寄存器,但一般不这么使用,因为对 R15 的使用有一些特殊的限制,当违反了这些限制时,程序的执行结果是未知的。

由于 ARM 体系结构采用了多级流水线技术,对于 ARM 指令集而言,PC 总是指向当前指令的下两条指令的地址,即 PC 的值为当前指令的地址值加 8 个字节。

在 ARM 状态下,任一时刻可以访问以上所讨论的 16 个通用寄存器和 1~2 个状态寄存器。在非用户模式(特权模式)下,则可访问到特定模式分组寄存器,图 2.3 说明在每一种运行模式下,哪一些寄存器是可以访问的。

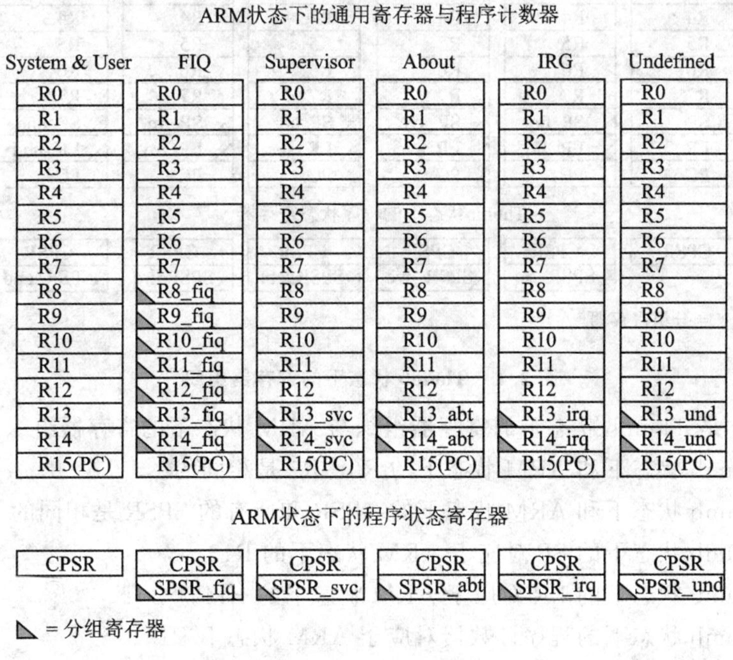

ARM状态下的通用寄存器与程序计数器

System & User	FIQ	Supervisor	About	IRG	Undefined
R0	R0	R0	R0	R0	R0
R1	R1	R1	R1	R1	R1
R2	R2	R2	R2	R2	R2
R3	R3	R3	R3	R3	R3
R4	R4	R4	R4	R4	R4
R5	R5	R5	R5	R5	R5
R6	R6	R6	R6	R6	R6
R7	R7	R7	R7	R7	R7
R8	R8_fiq	R8	R8	R8	R8
R9	R9_fiq	R9	R9	R9	R9
R10	R10_fiq	R10	R10	R10	R10
R11	R11_fiq	R11	R11	R11	R11
R12	R12_fiq	R12	R12	R12	R12
R13	R13_fiq	R13_svc	R13_abt	R13_irq	R13_und
R14	R14_fiq	R14_svc	R14_abt	R14_irq	R14_und
R15(PC)	R15(PC)	R15(PC)	R15(PC)	R15(PC)	R15(PC)

ARM状态下的程序状态寄存器

CPSR	CPSR	CPSR	CPSR	CPSR	CPSR
	SPSR_fiq	SPSR_svc	SPSR_abt	SPSR_irq	SPSR_und

◣ = 分组寄存器

图 2.3　ARM 状态下的寄存器组织

(5) 寄存器 R16

寄存器 R16 用作 CPSR(Current Program Status Register,当前程序状态寄存器),CPSR 可在任何运行模式下被访问,它包括条件标志位、中断禁止位、当前处理器模式标志位以及其他一些相关的控制和状态位。每一种运行模式下又都有一个专用的物理状态寄存器，称为 SPSR（Saved Program Status Register，备份的程序状态寄存器），当异常发生时，SPSR 用于保存 CPSR 的当前值，从异常退出时则可由 SPSR 来恢复 CPSR。由于用户模式和系统模式不属于异常模式，它们没有 SPSR，当在这两种模式下访问 SPSR，结果是未知的。

2.5.2　Thumb 状态下的寄存器组织

Thumb 状态下的寄存器集是 ARM 状态下寄存器集的一个子集，程序可以直接访问 8 个通用寄存器（R7～R0）、程序计数器（PC）、堆栈指针（SP）、连接寄存器（LR）和 CPSR。同时，在每一种特权模式下都有一组 SP、LR 和 SPSR。图 2.4 表明 Thumb 状态下的寄存器组织。

Thumb状态下的通用寄存器与程序计数器

System & User	FIQ	Supervisor	About	IRG	Undefined
R0	R0	R0	R0	R0	R0
R1	R1	R1	R1	R1	R1
R2	R2	R2	R2	R2	R2
R3	R3	R3	R3	R3	R3
R4	R4	R4	R4	R4	R4
R5	R5	R5	R5	R5	R5
R6	R6	R6	R6	R6	R6
R7	R7	R7	R7	R7	R7
SP	SP_fiq	SP_svc	SP_abt	SP_irq	SP_und
LR	LR_fiq	LR_svc	LR_abt	LR_irq	LR_und
PC	PC	PC	PC	PC	PC

Thumb状态下的程序状态寄存器

CPSR	CPSR	CPSR	CPSR	CPSR	CPSR
	SPSR_fiq	SPSR_svc	SPSR_abt	SPSR_irq	SPSR_und

◣ = 分组寄存器

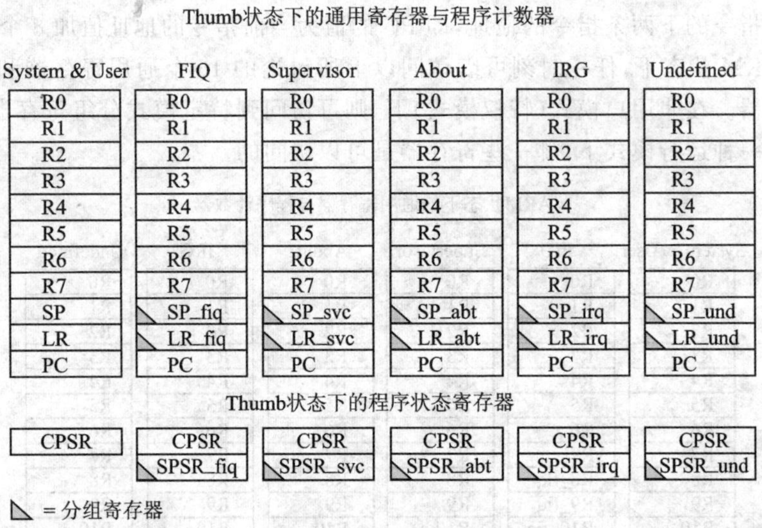

图 2.4　Thumb 状态下的寄存器组织

图 2.5 是 Thumb 状态下的寄存器组织与 ARM 状态下的寄存器组织的关系。

➢ Thumb 状态下和 ARM 状态下的 R0～R7 是相同的。

➢ Thumb 状态下和 ARM 状态下的 CPSR 和所有的 SPSR 是相同的。

➢ Thumb 状态下的 SP 对应于 ARM 状态下的 R13。

➢ Thumb 状态下的 LR 对应于 ARM 状态下的 R14。

➢ Thumb 状态下的程序计数器对应于 ARM 状态下 R15。

访问 Thumb 状态下的高位寄存器（Hi - registers）：在 Thumb 状态下，高位寄存器 R8～R15 并不是标准寄存器集的一部分，但可使用汇编语言程序受限制地访问这些寄存器，将其用作快速的暂存器。使用带特殊变量的 MOV 指令，数据可以在低位寄存器和高位寄存器之间进行传送；高位寄存器的值可以使用 CMP 和 ADD 指令进

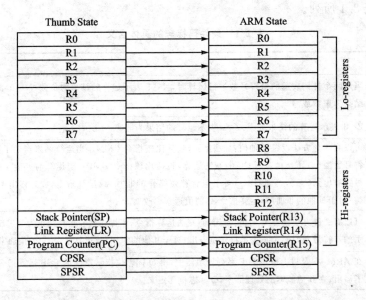

图 2.5　Thumb 状态下的寄存器组织与 ARM 状态下的寄存器组织的对应关系

行比较或加上低位寄存器中的值。

2.5.3　程序状态寄存器

ARM 体系结构包含 1 个当前程序状态寄存器（CPSR）和 5 个备份的程序状态寄存器（SPSR）。备份的程序状态寄存器用来进行异常处理，其功能包括：保存 ALU 中的当前操作信息，控制允许和禁止中断，设置处理器的运行模式。程序状态寄存器的每一位的安排如图 2.6 所示。

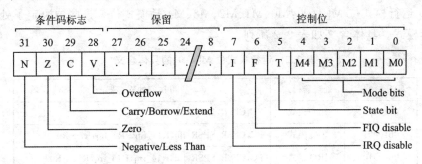

图 2.6　程序状态寄存器格式

（1）条件码标志（Condition Code Flags）

N、Z、C、V 均为条件码标志位。它们的内容可被算术或逻辑运算的结果所改变，并且可以决定某条指令是否被执行。在 ARM 状态下，绝大多数的指令都是有条件执行的；在 Thumb 状态下，仅有分支指令是有条件执行的。条件码标志各位的具体含义如表2.1所列。

表 2.1 条件码标志的具体含义

标志位	含 义
N	当用两个补码表示的带符号数进行运算时,N=1 表示运算的结果为负数;N=0 表示运算的结果为正数或零
Z	Z=1 表示运算的结果为零;Z=0 表示运算的结果为非零
C	可以有 4 种方法设置 C 的值:加法运算(包括比较指令 CMN),当运算结果产生了进位时(无符号数溢出),C=1,否则 C=0;减法运算(包括比较指令 CMP),当运算时产生了借位(无符号数溢出),C=0,否则 C=1;对于包含移位操作的非加/减运算指令,C 为移出值的最后一位;对于其他的非加/减运算指令,C 的值通常不改变
V	可以有 2 种方法设置 V 的值:对于加/减法运算指令,当操作数和运算结果为二进制的补码表示的带符号数时,V=1 表示符号位溢出;对于其他的非加/减运算指令,V 的值通常不改变
Q	在 ARM v5 及以上版本的 E 系列处理器中,用 Q 标志位指示增强的 DSP 运算指令是否发生了溢出;在其他版本的处理器中,Q 标志位无定义

(2) 控制位

PSR 的低 8 位(包括 I、F、T 和 M[4:0])称为控制位,当发生异常时这些位可以被改变。如果处理器运行特权模式,这些位也可以由程序修改。

① 中断禁止位 I、F:I=1,禁止 IRQ 中断;F=1,禁止 FIQ 中断。

② T 标志位:该位反映处理器的运行状态。对于 ARM 体系结构 v5 及以上的版本的 T 系列处理器,当该位为 1 时,程序运行于 Thumb 状态,否则运行于 ARM 状态;对于 ARM 体系结构 v5 及以上的版本的非 T 系列处理器,当该位为 1 时,执行下一条指令以引起未定义的指令异常;当该位为 0 时,表示运行于 ARM 状态。

③ 运行模式位 M[4:0]:M0、M1、M2、M3、M4 是模式位。这些位决定了处理器的运行模式。具体含义如表2.2所列。

表 2.2 运行模式位 M[4:0]的具体含义

M[4:0]	处理器模式	可访问的寄存器
0b10000	用户模式	PC,CPSR,R0～R14
0b10001	FIQ 模式	PC,CPSR,SPSR_fiq,R14_fiq～R8_fiq,R7～R0
0b10010	IRQ 模式	PC,CPSR,SPSR_irq,R14_irq,R13_irq,R12～R0
0b10011	管理模式	PC,CPSR,SPSR_svc,R14_svc,R13_svc,,R12～R0
0b10111	中止模式	PC,CPSR,SPSR_abt,R14_abt,R13_abt,R12～R0
0b11011	未定义模式	PC,CPSR,SPSR_und,R14_und,R13_und,R12～R0
0b11111	系统模式	PC,CPSR(ARM v4 及以上版本),R14～R0

由表 2.2 可知,并不是所有的运行模式位的组合都是有效的,其他的组合结果会导致处理器进入一个不可恢复的状态。

(3) 保留位

PSR 中的其余位为保留位,当改变 PSR 中的条件码标志位或者控制位时,保留位不要被改变,在程序中也不要使用保留位来存储数据。保留位将用于 ARM 版本的扩展。

2.6　异　常

当正常的程序执行流程发生暂时的停止时,称为异常(Exceptions),例如处理一个外部的中断请求。在处理异常之前,当前处理器的状态必须保留,这样当异常处理完成之后,当前程序可以继续执行。处理器允许多个异常同时发生,它们将会按固定的优先级进行处理。

ARM 体系结构中的异常,与 8 位/16 位体系结构的中断有很大的相似之处,但异常与中断的概念并不完全等同。

1. ARM 体系结构所支持的异常类型

ARM 体系结构所支持的异常及具体含义如表 2.3 所列。

表 2.3　ARM 体系结构所支持的异常

异常类型	具体含义
复位	当处理器的复位电平有效时,产生复位异常,程序跳转到复位异常处理程序处执行
未定义指令	当 ARM 处理器或协处理器遇到不能处理的指令时,产生未定义指令异常。可使用该异常机制进行软件仿真
软件中断	该异常由执行 SWI 指令产生,可用于用户模式下的程序调用特权操作指令。可使用该异常机制实现系统功能调用
指令预取中止	若处理器预取指令的地址不存在,或该地址不允许当前指令访问,存储器会向处理器发出中止信号,但当预取的指令被执行时,才会产生指令预取中止异常
数据中止	若处理器数据访问指令的地址不存在,或该地址不允许当前指令访问时,产生数据中止异常
IRQ(外部中断请求)	当处理器的外部中断请求引脚有效,且 CPSR 中的 I 位为 0 时,产生 IRQ 异常。系统的外设可通过该异常请求中断服务
FIQ(快速中断请求)	当处理器的快速中断请求引脚有效,且 CPSR 中的 F 位为 0 时,产生 FIQ 异常

2. 对异常的响应

当一个异常出现以后，ARM 微处理器会执行以下几步操作：

① 将下一条指令的地址存入相应连接寄存器 LR，以便程序在处理异常返回时能从正确的位置重新开始执行。若异常是从 ARM 状态进入，LR 寄存器中保存的是下一条指令的地址（当前 PC＋4 或 PC＋8，与异常的类型有关）；若异常是从 Thumb 状态进入，则在 LR 寄存器中保存当前 PC 的偏移量，这样，异常处理程序就不需要确定异常是从何种状态进入的。例如：在软件中断异常 SWI，指令 MOV PC, R14_svc 总是返回到下一条指令，不管 SWI 是在 ARM 状态执行，还是在 Thumb 状态执行。

② 将 CPSR 复制到相应的 SPSR 中。

③ 根据异常类型，强制设置 CPSR 的运行模式位。

④ 强制 PC 从相关的异常向量地址取下一条指令执行，从而跳转到相应的异常处理程序处。还可以在 CPSR 寄存器中设置中断禁止位，以禁止中断发生。

如果异常发生时，处理器处于 Thumb 状态，则当异常向量地址加载入 PC 时，处理器自动切换到 ARM 状态。

ARM 微处理器对异常的响应过程用伪码可以描述为：

```
R14_<Exception_Mode> = Return Link
SPSR_<Exception_Mode> = CPSR
CPSR[4:0] = Exception Mode Number
CPSR[5] = 0                         ;当运行于 ARM 工作状态时
If <Exception_Mode> = = Reset or FIQ then
                                    ;当响应 FIQ 异常时，禁止新的 FIQ 异常
    CPSR[6] = 1
    CPSR[7] = 1
    PC = Exception Vector Address
```

3. 从异常返回

异常处理完毕之后，ARM 微处理器会执行以下几步操作从异常返回：

① 将连接寄存器 LR 的值减去相应的偏移量后送到 PC 中。

② 将 SPSR 复制回 CPSR 中。

③ 若在进入异常处理时设置了中断禁止位，要在此清除。

可以认为应用程序总是从复位异常处理程序开始执行的，因此复位异常处理程序不需要返回。

4. 各类异常的具体描述

(1) FIQ(Fast Interrupt Request)

FIQ 异常是为了支持数据传输或者通道处理而设计的。在 ARM 状态下，系统

有足够的私有寄存器,从而可以避免对寄存器保存的需求,并减小了系统上下文切换的开销。若将 CPSR 的 F 位置为 1,则会禁止 FIQ 中断;若将 CPSR 的 F 位清零,处理器会在指令执行时检查 FIQ 的输入。注意:只有在特权模式下才能改变 F 位的状态。可由外部通过对处理器上的 nFIQ 引脚输入低电平产生 FIQ。不管是在 ARM 状态还是在 Thumb 状态下进入 FIQ 模式,FIQ 处理程序均会执行以下指令从 FIQ 模式返回:

```
SUBS    PC,R14_fiq,#4
```

该指令将寄存器 R14_fiq 的值减去 4 后,复制到程序计数器 PC 中,从而实现从异常处理程序中的返回,同时将 SPSR_mode 寄存器的内容复制到当前程序状态寄存器 CPSR 中。

(2) IRQ(Interrupt Request)

IRQ 异常属于正常的中断请求,可通过对处理器的 nIRQ 引脚输入低电平产生, IRQ 的优先级低于 FIQ,当程序执行进入 FIQ 异常时,IRQ 可能被屏蔽。若将 CPSR 的 I 位置为 1,则会禁止 IRQ 中断;若将 CPSR 的 I 位清零,处理器会在指令执行完之前检查 IRQ 的输入。注意:只有在特权模式下才能改变 I 位的状态。不管是在 ARM 状态还是在 Thumb 状态下进入 IRQ 模式,IRQ 处理程序均会执行以下指令从 IRQ 模式返回:

```
SUBS    PC,R14_irq,#4
```

该指令将寄存器 R14_irq 的值减去 4 后,复制到程序计数器 PC 中,从而实现从异常处理程序中的返回,同时将 SPSR_mode 寄存器的内容复制到当前程序状态寄存器 CPSR 中。

(3) ABORT(中止)

产生中止异常意味着对存储器的访问失败。ARM 微处理器在存储器访问周期内检查是否发生中止异常。中止异常包括两种类型:

➢ 指令预取中止——发生在指令预取时。

➢ 数据中止——发生在数据访问时。

当指令预取访问存储器失败时,存储器系统向 ARM 处理器发出存储器中止 (Abort)信号,预取的指令被记为无效,但只有当处理器试图执行无效指令时,指令预取中止异常才会发生,如果指令未被执行,例如在指令流水线中发生了跳转,则预取指令中止不会发生。

若数据中止发生,系统的响应与指令的类型有关。当确定了中止的原因后, Abort处理程序均会执行以下指令从中止模式返回,无论是在 ARM 状态还是在 Thumb 状态:

```
SUBS PC,R14_abt,#4        ;指令预取中止
SUBS PC,R14_abt,#8        ;数据中止
```

ARM嵌入式系统原理与应用教程(第2版)

以上指令恢复 PC(从 R14_abt)和 CPSR(从 SPSR_abt)的值,并重新执行中止的指令。

(4) Software Interrupt(软件中断)

软件中断指令(SWI)用于进入管理模式,常用于请求执行特定的管理功能。软件中断处理程序执行以下指令从 SWI 模式返回,无论是在 ARM 状态还是 Thumb 状态:

```
MOV  PC,R14_svc
```

以上指令恢复 PC(从 R14_svc)和 CPSR(从 SPSR_svc)的值,并返回到 SWI 的下一条指令。

(5) Undefined Instruction(未定义指令)

当 ARM 处理器遇到不能处理的指令时,会产生未定义指令异常。采用这种机制,可以通过软件仿真扩展 ARM 或 Thumb 指令集。在仿真未定义指令后,处理器执行以下程序返回,无论是在 ARM 状态还是 Thumb 状态:

```
MOVS PC,R14_und
```

以上指令恢复 PC(从 R14_und)和 CPSR(从 SPSR_und)的值,并返回到未定义指令后的下一条指令。

5. 异常进入/退出小节

表 2.4 总结了进入异常处理时保存在相应 R14 中的 PC 值,以及在退出异常处理时推荐使用的指令。

表 2.4　异常进入/退出

异　常	返回指令	以前的状态		注　意
		ARM R14_x	Thumb R14_x	
BL	MOV PC,R14	PC+4	PC+2	1
SWI	MOVS PC,R14_svc	PC+4	PC+2	1
UDEF	MOVS PC,R14_und	PC+4	PC+2	1
FIQ	SUBS PC,R14_fiq,#4	PC+4	PC+4	2
IRQ	SUBS PC,R14_irq,#4	PC+4	PC+4	2
PABT	SUBS PC,R14_abt,#4	PC+4	PC+4	1
DABT	SUBS PC,R14_abt,#8	PC+8	PC+8	3
RESET	NA	—	—	4

注意:

1. 在此 PC 应是具有预取中止的 BL/SWI/未定义指令所取的地址。

2. 在此 PC 是从 FIQ 或 IRQ 取得不能执行的指令的地址。

3. 在此 PC 是产生数据中止的加载或存储指令的地址。

4. 系统复位时,保存在 R14_svc 中的值是不可预知的。

6. 异常向量

表 2.5 显示异常向量地址(Exception Vectors)。

7. 异常优先级(Exception Priorities)

当多个异常同时发生时,系统根据固定的优先级决定异常的处理次序。异常优先级由高到低的排列次序如表 2.6 所列。

表 2.5　异常向量表

地　址	异　常	进入模式
0x00000000	复位	管理模式
0x00000004	未定义指令	未定义模式
0x00000008	软件中断	管理模式
0x0000000C	中止(预取指令)	中止模式
0x00000010	中止(数据)	中止模式
0x00000014	保留	保留
0x00000018	IRQ	IRQ
0x0000001C	FIQ	FIQ

表 2.6　异常优先级

优先级	异　常
1(最高)	复位
2	数据中止
3	FIQ
4	IRQ
5	预取指令中止
6(最低)	未定义指令、SWI

8. 应用程序中的异常处理

当系统运行时,异常可能会随时发生,为保证在 ARM 处理器发生异常时不至于处于未知状态,在应用程序的设计中,首先要进行异常处理,采用的方式是在异常向量表中的特定位置放置一条跳转指令,跳转到异常处理程序。当 ARM 处理器发生异常时,程序计数器 PC 会被强制设置为对应的异常向量,从而跳转到异常处理程序,当异常处理完成以后,返回到主程序继续执行。

2.7　本章小结

本章对 ARM 微处理器的体系结构、寄存器的组织、处理器的工作状态、运行模式以及处理器异常等内容进行了描述,这些内容也是 ARM 体系结构的基本内容,是系统软、硬件设计的基础。

2.8　练习题

1. ARM7TDMI 中的 T、D、S、I 分别表示什么含义?
2. ARM7TDMI 处理器采用什么样的体系结构,其可寻址地址空间多大?
3. ARM7TDMI 处理器采用几级流水线处理,使用何种存储器编址方式?
4. 分析 ARM 处理器模式和 ARM 处理器状态有什么区别?

5. ARM7TDMI 有哪 7 种处理器模式？

6. 下图是 ARM7 处理器的当前程序状态寄存器，请简单说明各位的功能。

31	30	29	28	27					8	7	6	5	4	3	2	1	0
N	Z	C	V		—	—	—	—		I	F	T	M4	M3	M2	M1	M0

ARM7当前程序状态寄存器

第 **3** 章

ARM 微处理器的指令系统

本章介绍 ARM 指令集、Thumb 指令集以及各类指令对应的寻址方式,通过对本章的阅读,希望读者能了解 ARM 微处理器所支持的指令集及具体的使用方法。

本章的主要内容:

➤ ARM 指令集、Thumb 指令集概述;
➤ ARM 指令集的分类与具体应用;
➤ Thumb 指令集简介及应用场合。

3.1 ARM 微处理器的指令集概述

1. 指令的分类与格式

ARM 微处理器的指令集是加载/存储型,即指令集仅能处理寄存器中的数据,而且处理结果都要放回寄存器中,而对系统存储器的访问则需要通过专门的加载/存储指令来完成。ARM 微处理器的指令集可以分为跳转指令、数据处理指令、程序状态寄存器(PSR)处理指令、加载/存储指令、协处理器指令和异常产生指令 6 类,具体的指令及功能如表 3.1 所列,表中指令为基本 ARM 指令,不包括派生的 ARM 指令。

表 3.1　ARM 指令及功能描述

助记符	指令功能描述
ADC	带进位加法指令
ADD	加法指令
AND	逻辑与指令
B	跳转指令
BIC	位清零指令
BL	带返回的跳转指令
BLX	带返回和状态切换的跳转指令
BX	带状态切换的跳转指令
CDP	协处理器数据操作指令
CMN	比较反值指令

续表 3.1

助记符	指令功能描述
CMP	比较指令
EOR	异或指令
LDC	存储器到协处理器的数据传输指令
LDM	加载多个寄存器指令
LDR	存储器到寄存器的数据传输指令
MCR	从 ARM 寄存器到协处理器寄存器的数据传输指令
MLA	乘加运算指令
MOV	数据传送指令
MRC	从协处理器寄存器到 ARM 寄存器的数据传输指令
MRS	传送 CPSR 或 SPSR 的内容到通用寄存器指令
MSR	传送通用寄存器到 CPSR 或 SPSR 的指令
MUL	32 位乘法指令
MLA	32 位乘加指令
MVN	数据取反传送指令
ORR	逻辑或指令
RSB	逆向减法指令
RSC	带借位的逆向减法指令
SBC	带借位减法指令
STC	协处理器寄存器写入存储器指令
STM	批量内存字写入指令
STR	寄存器到存储器的数据传输指令
SUB	减法指令
SWI	软件中断指令
SWP	交换指令
TEQ	相等测试指令
TST	位测试指令

2. 指令的条件域

当处理器工作在 ARM 状态时，几乎所有的指令均根据 CPSR 中条件码的状态和指令的条件域有条件的执行。当指令的执行条件满足时，指令被执行，否则指令被忽略。每一条 ARM 指令包含 4 位的条件码，位于指令的最高 4 位[31:28]。条件码共有 16 种，每种条件码可用两个字符表示，这两个字符可以添加在指令助记符的后面和指令同时使用。例如，跳转指令 B 可以加上后缀 EQ 变为 BEQ，表示"相等则跳转"，即当 CPSR 中的 Z 标志置位时发生跳转。在 16 种条件标志码中，只有 15 种可以使用，如表 3.2 所列，第 16 种(1111)为系统保留，暂时不能使用。

表 3.2　指令的条件码

条件码	助记符后缀	标　志	含　义
0000	EQ	Z 置位	相等
0001	NE	Z 清零	不相等
0010	CS	C 置位	无符号数大于或等于
0011	CC	C 清零	无符号数小于
0100	MI	N 置位	负数
0101	PL	N 清零	正数或零
0110	VS	V 置位	溢出
0111	VC	V 清零	未溢出
1000	HI	C 置位 Z 清零	无符号数大于
1001	LS	C 清零 Z 置位	无符号数小于或等于
1010	GE	N 等于 V	带符号数大于或等于
1011	LT	N 不等于 V	带符号数小于
1100	GT	Z 清零且(N 等于 V)	带符号数大于
1101	LE	Z 置位或(N 不等于 V)	带符号数小于或等于
1110	AL	忽略	无条件执行

3.2　ARM 指令的寻址方式

所谓寻址方式就是处理器根据指令中给出的地址信息来寻找物理地址的方式。目前，ARM 指令系统支持如下几种常见的寻址方式。

1. 立即寻址

立即寻址也叫立即数寻址，这是一种特殊的寻址方式，操作数本身就在指令中给出，只要取出指令也就取到了操作数。这个操作数被称为立即数，对应的寻址方式也就叫作立即寻址。例如以下指令：

```
ADD R0,R0,♯1        ;R0←R0 + 1
ADD R0,R0,♯0x3f     ;R0←R0 + 0x3f
```

在以上两条指令中，第 2 个源操作数即为立即数，要求以"♯"为前缀，对于以十六进制表示的立即数，还要求在"♯"后加上"0x"或"&"。

2. 寄存器寻址

寄存器寻址就是利用寄存器中的数值作为操作数，这种寻址方式是各类微处理器经常采用的一种方式，也是一种执行效率较高的寻址方式。

```
ADD R0,R1,R2     ;R0←R1 + R2
```

该指令的执行效果是将寄存器 R1 和 R2 的内容相加，其结果存放在寄存器

R0 中。

3. 寄存器间接寻址

寄存器间接寻址就是以寄存器中的值作为操作数的地址，而操作数本身存放在存储器中。例如以下指令：

```
ADD R0,R1,[R2]    ;R0←R1 + [R2]
LDR R0,[R1]       ;R0←[R1]
STR R0,[R1]       ;[R1]←R0
```

在第 1 条指令中，以寄存器 R2 的值作为操作数的地址，在存储器中取得一个操作数后与 R1 相加，结果存入寄存器 R0 中。第 2 条指令将以 R1 的值为地址的存储器中的数据传送到 R0 中。第 3 条指令将 R0 的值传送到以 R1 的值为地址的存储器中。

4. 基址变址寻址

基址变址寻址就是将寄存器（该寄存器一般称作基址寄存器）的内容与指令中给出的地址偏移量相加，从而得到一个操作数的有效地址。变址寻址方式常用于访问某基地址附近的地址单元。采用变址寻址方式的指令常见有以下几种形式：

```
LDR R0,[R1,#4]     ;R0←[R1 + 4]
LDR R0,[R1,#4]!    ;R0←[R1 + 4]、R1←R1 + 4
LDR R0,[R1],#4     ;R0←[R1]、R1←R1 + 4
LDR R0,[R1,R2]     ;R0←[R1 + R2]
```

在第 1 条指令中，将寄存器 R1 的内容加上 4 形成操作数的有效地址，从而取得操作数存入寄存器 R0 中。在第 2 条指令中，将寄存器 R1 的内容加上 4 形成操作数的有效地址，从而取得操作数存入寄存器 R0 中，然后，R1 的内容自增 4 个字节。在第 3 条指令中，以寄存器 R1 的内容作为操作数的有效地址，从而取得操作数存入寄存器 R0 中，然后，R1 的内容自增 4 个字节。在第 4 条指令中，将寄存器 R1 的内容加上寄存器 R2 的内容形成操作数的有效地址，从而取得操作数存入寄存器 R0 中。

5. 多寄存器寻址

采用多寄存器寻址方式，一条指令可以完成多个寄存器值的传送。这种寻址方式可以用一条指令完成传送最多 16 个通用寄存器的值。例如以下指令：

```
LDMIA R0,{R1,R2,R3,R4}  ;R1←[R0]
                        ;R2←[R0 + 4]
                        ;R3←[R0 + 8]
                        ;R4←[R0 + 12]
```

该指令的后缀 IA 表示在每次执行完加载/存储操作后，R0 按字长度增加，因此，指令可将连续存储单元的值传送到 R1～R4。

6. 相对寻址

与基址变址寻址方式相类似，相对寻址以程序计数器 PC 的当前值为基地址，指令中的地址标号作为偏移量，将两者相加之后得到操作数的有效地址。以下程序段完成子程序的调用和返回，跳转指令 BL 采用了相对寻址方式：

```
BL NEXT          ;跳转到子程序 NEXT 处执行
…
NEXT
…
MOV PC,LR        ;从子程序返回
```

7. 堆栈寻址

堆栈是一种数据结构，按先进后出（First In Last Out，FILO）的方式工作，使用一个称作堆栈指针的专用寄存器指示当前的操作位置，堆栈指针总是指向栈顶。当堆栈指针指向最后压入堆栈的数据时，称为满堆栈（Full Stack）；而当堆栈指针指向下一个将要放入数据的空位置时，称为空堆栈（Empty Stack）。

同时，根据堆栈的生成方式，又可以分为递增堆栈（Ascending Stack）和递减堆栈（Decending Stack），当堆栈由低地址向高地址生成时，称为递增堆栈；当堆栈由高地址向低地址生成时，称为递减堆栈。这样就有 4 种类型的堆栈工作方式，ARM 微处理器支持这 4 种类型的堆栈工作方式，即：

➢ 满递增堆栈，堆栈指针指向最后压入的数据，且由低地址向高地址生成。
➢ 满递减堆栈，堆栈指针指向最后压入的数据，且由高地址向低地址生成。
➢ 空递增堆栈，堆栈指针指向下一个将要放入数据的空位置，且由低地址向高地址生成。
➢ 空递减堆栈，堆栈指针指向下一个将要放入数据的空位置，且由高地址向低地址生成。

3.3　ARM 指令集

3.3.1　跳转指令

跳转指令用于实现程序流程的跳转，在 ARM 程序中有两种方法可以实现程序流程的跳转：使用专门的跳转指令；直接向程序计数器 PC 写入跳转地址值。通过向程序计数器 PC 写入跳转地址值，可以实现在 4 GB 的地址空间中的任意跳转，在跳转之前结合使用 MOV LR，PC 等类似指令，可以保存将来的返回地址值，从而实现在 4 GB 连续的线性地址空间的子程序调用。

ARM 指令集中的跳转指令可以完成从当前指令向前或向后的 32 MB 的地址空

间的跳转，包括以下 4 条指令：

> B　跳转指令
> BL　带返回的跳转指令
> BLX　带返回和状态切换的跳转指令
> BX　带状态切换的跳转指令

(1) B 指令

B｛条件｝目标地址

B 指令是最简单的跳转指令。一旦遇到一个 B 指令，ARM 处理器将立即跳转到给定的目标地址，从那里继续执行。注意，存储在跳转指令中的实际值是相对当前PC 值的一个偏移量，而不是一个绝对地址，它的值由汇编器来计算（参考寻址方式中的相对寻址）。它是 24 位有符号数，左移两位后有符号扩展为 32 位，表示的有效偏移为 26 位（前后 32 MB 的地址空间）。例如以下指令：

```
B  Label       ;程序无条件跳转到标号 Label 处执行
CMP R1,♯0      ;当 CPSR 寄存器中的 Z 条件码置位时，程序跳转到标号 Label 处执行
BEQ Label
```

(2) BL 指令

BL｛条件｝　目标地址

BL 是另一个跳转指令，但跳转之前，会在寄存器 R14 中保存 PC 的当前内容，因此，可以通过将 R14 的内容重新加载到 PC 中，来返回到跳转指令之后的那个指令处执行。该指令是实现子程序调用的一个基本但常用的手段。例如以下指令：

```
BL Label ;当程序无条件跳转到标号 Label 处执行时,同时将当前的 PC 值保存到 R14 中
```

(3) BLX 指令

BLX　目标地址

BLX 指令从 ARM 指令集跳转到指令中所指定的目标地址，并将处理器的工作状态由 ARM 状态切换到 Thumb 状态，该指令同时将 PC 的当前内容保存到寄存器R14 中。因此，当子程序使用 Thumb 指令集，而调用者使用 ARM 指令集时，可以通过 BLX 指令实现子程序的调用和处理器工作状态的切换。同时，子程序的返回可以通过将寄存器 R14 的值复制到 PC 中来完成。

(4) BX 指令

BX｛条件｝　目标地址

BX 指令跳转到指令中所指定的目标地址，目标地址处的指令既可以是 ARM 指令，也可以是 Thumb 指令。

3.3.2　数据处理指令

数据处理指令可分为数据传送指令、算术逻辑运算指令和比较指令等,用于在寄存器和存储器之间进行数据的双向传输。

算术逻辑运算指令完成常用的算术与逻辑的运算,该类指令不但将运算结果保存在目的寄存器中,同时更新 CPSR 中的相应条件标志位。比较指令不保存运算结果,只更新 CPSR 中相应的条件标志位。数据处理指令包括:

➢ MOV　数据传送指令	➢ SUB　减法指令
➢ MVN　数据取反传送指令	➢ SBC　带借位减法指令
➢ CMP　比较指令	➢ RSB　逆向减法指令
➢ CMN　反值比较指令	➢ RSC　带借位的逆向减法指令
➢ TST　位测试指令	➢ AND　逻辑与指令
➢ TEQ　相等测试指令	➢ ORR　逻辑或指令
➢ ADD　加法指令	➢ EOR　逻辑异或指令
➢ ADC　带进位加法指令	➢ BIC　位清除指令

(1) MOV 指令

MOV{条件}{S} 目的寄存器,源操作数

MOV 指令可完成从另一个寄存器、被移位的寄存器或将一个立即数加载到目的寄存器。其中 S 选项决定指令的操作是否影响 CPSR 中条件标志位的值,当没有 S 时,指令不更新 CPSR 中条件标志位的值。指令示例:

```
MOV R1,R0        ;将寄存器 R0 的值传送到寄存器 R1
MOV PC,R14       ;将寄存器 R14 的值传送到 PC,常用于子程序返回
MOV R1,R0,LSL♯3  ;将寄存器 R0 的值左移 3 位后传送到 R1
```

(2) MVN 指令

MVN{条件}{S} 目的寄存器,源操作数

MVN 指令可完成从另一个寄存器、被移位的寄存器或将一个立即数加载到目的寄存器。与 MOV 指令不同之处是在传送之前按位被取反了,即把一个被取反的值传送到目的寄存器中。其中 S 决定指令的操作是否影响 CPSR 中条件标志位的值,当没有 S 时指令不更新 CPSR 中条件标志位的值。指令示例:

```
MVN R0,♯0    ;将立即数 0 取反传送到寄存器 R0 中,完成后 R0 = -1
```

(3) CMP 指令

CMP{条件} 操作数 1,操作数 2

CMP 指令用于把一个寄存器的内容和另一个寄存器的内容或立即数进行比较,

同时更新 CPSR 中条件标志位的值。该指令进行一次减法运算,但不存储结果,只更改条件标志位。标志位表示的是操作数 1 与操作数 2 的关系(大、小、相等),例如,当操作数 1 大于操作操作数 2,则此后的有 GT 后缀的指令将可以执行。指令示例:

```
CMP R1,R0 ;将寄存器 R1 的值与寄存器 R0 的值相减,并根据结果设置 CPSR 的标志位
CMP R1,♯100 ;将寄存器 R1 的值与立即数 100 相减,并根据结果设置 CPSR 的标志位
```

(4) CMN 指令

```
CMN{条件} 操作数 1,操作数 2
```

CMN 指令用于把一个寄存器的内容和另一个寄存器的内容或立即数取反后进行比较,同时更新 CPSR 中条件标志位的值。该指令实际完成操作数 1 和操作数 2 相加,并根据结果更改条件标志位。指令示例:

```
CMN R1,R0 ;将寄存器 R1 的值与寄存器 R0 的值相加,并根据结果设置 CPSR 的标志位
CMN R1,♯100 ;将寄存器 R1 的值与立即数 100 相加,并根据结果设置 CPSR 的标志位
```

(5) TST 指令

```
TST{条件} 操作数 1,操作数 2
```

TST 指令用于把一个寄存器的内容和另一个寄存器的内容或立即数进行按位的与运算,并根据运算结果更新 CPSR 中条件标志位的值。操作数 1 是要测试的数据,而操作数 2 是一个位掩码,该指令一般用来检测是否设置了特定的位。指令示例:

```
TST R1,♯%1     ;用于测试在寄存器 R1 中是否设置了最低位(% 表示二进制数)
TST R1,♯0xffe ;将寄存器 R1 的值与立即数 0xffe 按位与,并根据结果设置 CPSR 的标志位
```

(6) TEQ 指令

```
TEQ{条件} 操作数 1,操作数 2
```

TEQ 指令用于把一个寄存器的内容和另一个寄存器的内容或立即数进行按位的异或运算,并根据运算结果更新 CPSR 中条件标志位的值。该指令通常用于比较操作数 1 和操作数 2 是否相等。指令示例:

```
TEQ R1,R2 ;将寄存器 R1 的值与寄存器 R2 的值按位异或,并根据结果设置 CPSR 的标志位
```

(7) ADD 指令

```
ADD{条件}{S} 目的寄存器,操作数 1,操作数 2
```

ADD 指令用于把两个操作数相加,并将结果存放到目的寄存器中。操作数 1 应是一个寄存器,操作数 2 可以是一个寄存器、被移位的寄存器或一个立即数。指令示例:

```
ADD   R0,R1,R2          ;R0 = R1 + R2
ADD   R0,R1,#256        ;R0 = R1 + 256
ADD   R0,R2,R3,LSL#1    ;R0 = R2 + (R3 << 1)
```

(8) ADC 指令

ADC{条件}{S} 目的寄存器,操作数 1,操作数 2

ADC 指令用于把两个操作数相加,再加上 CPSR 中的 C 条件标志位的值,并将结果存放到目的寄存器中。它使用一个进位标志位,这样就可以做比 32 位大的数的加法,注意不要忘记设置 S 后缀来更改进位标志。操作数 1 应是一个寄存器,操作数 2 可以是一个寄存器、被移位的寄存器或一个立即数。

以下指令序列完成两个 128 位数的加法,第 1 个数由高到低存放在寄存器 R7～R4,第 2 个数由高到低存放在寄存器 R11～R8,运算结果由高到低存放在寄存器 R3～R0:

```
ADDS  R0,R4,R8          ;加低端的字
ADCS  R1,R5,R9          ;加第 2 个字,带进位
ADCS  R2,R6,R10         ;加第 3 个字,带进位
ADC   R3,R7,R11         ;加第 4 个字,带进位
```

(9) SUB 指令

SUB{条件}{S} 目的寄存器,操作数 1,操作数 2

SUB 指令用于把操作数 1 减去操作数 2,并将结果存放到目的寄存器中。操作数 1 应是一个寄存器,操作数 2 可以是一个寄存器、被移位的寄存器或一个立即数。该指令可用于有符号数或无符号数的减法运算。指令示例:

```
SUB   R0,R1,R2          ;R0 = R1 - R2
SUB   R0,R1,#256        ;R0 = R1 - 256
SUB   R0,R2,R3,LSL#1    ;R0 = R2 - (R3 << 1)
```

(10) SBC 指令

SBC{条件}{S} 目的寄存器,操作数 1,操作数 2

SBC 指令用于把操作数 1 减去操作数 2,再减去 CPSR 中的 C 条件标志位的反码,并将结果存放到目的寄存器中。操作数 1 应是一个寄存器,操作数 2 可以是一个寄存器、被移位的寄存器或一个立即数。该指令使用进位标志来表示借位,这样就可以做大于 32 位的减法,注意不要忘记设置 S 后缀来更改进位标志。该指令可用于有符号数或无符号数的减法运算。指令示例:

```
SUBS  R0,R1,R2    ;R0 = R1 - R2 - !C,并根据结果设置 CPSR 的进位标志位
```

(11) RSB 指令

RSB{条件}{S} 目的寄存器,操作数 1,操作数 2

RSB 指令称为逆向减法指令,用于把操作数 2 减去操作数 1,并将结果存放到目的寄存器中。操作数 1 应是一个寄存器,操作数 2 可以是一个寄存器、被移位的寄存器或一个立即数。该指令可用于有符号数或无符号数的减法运算。指令示例:

```
RSB  R0,R1,R2        ;R0 = R2 - R1
RSB  R0,R1,#256      ;R0 = 256 - R1
RSB  R0,R2,R3,LSL#1  ;R0 = (R3 << 1) - R2
```

(12) RSC 指令

RSC{条件}{S} 目的寄存器,操作数 1,操作数 2

RSC 指令用于把操作数 2 减去操作数 1,再减去 CPSR 中的 C 条件标志位的反码,并将结果存放到目的寄存器中。操作数 1 应是一个寄存器,操作数 2 可以是一个寄存器、被移位的寄存器或一个立即数。该指令使用进位标志来表示借位,这样就可以做大于 32 位的减法,注意不要忘记设置 S 后缀来更改进位标志。该指令可用于有符号数或无符号数的减法运算。指令示例:

```
RSC  R0,R1,R2    ;R0 = R2 - R1 - !C
```

(13) AND 指令

AND{条件}{S} 目的寄存器,操作数 1,操作数 2

AND 指令用于在两个操作数上进行逻辑与运算,并把结果放置到目的寄存器中。操作数 1 应是一个寄存器,操作数 2 可以是一个寄存器、被移位的寄存器或一个立即数。该指令常用于屏蔽操作数 1 的某些位。指令示例:

```
AND  R0,R0,#3    ;该指令保持 R0 的 0、1 位,其余位清零
```

(14) ORR 指令

ORR{条件}{S} 目的寄存器,操作数 1,操作数 2

ORR 指令用于在两个操作数上进行逻辑或运算,并把结果放置到目的寄存器中。操作数 1 应是一个寄存器,操作数 2 可以是一个寄存器、被移位的寄存器或一个立即数。该指令常用于设置操作数 1 的某些位。指令示例:

```
ORR  R0,R0,#3    ;该指令设置 R0 的 0、1 位,其余位保持不变
```

(15) EOR 指令

EOR{条件}{S} 目的寄存器,操作数 1,操作数 2

EOR 指令用于在两个操作数上进行逻辑异或运算,并把结果放置到目的寄存器

中。操作数 1 应是一个寄存器,操作数 2 可以是一个寄存器、被移位的寄存器或一个立即数。该指令常用于反转操作数 1 的某些位。指令示例：

```
EOR  RO,RO,#3    ;该指令反转 RO 的 0、1 位,其余位保持不变
```

(16) BIC 指令

```
BIC{条件}{S} 目的寄存器,操作数 1,操作数 2
```

BIC 指令用于清除操作数 1 的某些位,并把结果放置到目的寄存器中。操作数 1 应是一个寄存器,操作数 2 可以是一个寄存器、被移位的寄存器或一个立即数。操作数 2 为 32 位的掩码,如果在掩码中设置了某一位,则清除这一位。未设置的掩码位保持不变。指令示例：

```
BIC  RO,RO,# % 1011    ;该指令清除 RO 中的位 0、1、和 3,其余位保持不变
```

3.3.3 乘法指令与乘加指令

ARM 微处理器支持的乘法指令与乘加指令共有 6 条,可分为运算结果为 32 位和 64 位两类。与前面的数据处理指令不同,指令中的所有操作数、目的寄存器必须为通用寄存器,不能对操作数使用立即数或被移位的寄存器。同时,目的寄存器和操作数 1 必须是不同的寄存器。

乘法指令与乘加指令共有以下 6 条：

- ➢ MUL　32 位乘法指令
- ➢ MLA　32 位乘加指令
- ➢ SMULL　64 位有符号数乘法指令
- ➢ SMLAL　64 位有符号数乘加指令
- ➢ UMULL　64 位无符号数乘法指令
- ➢ UMLAL　64 位无符号数乘加指令

(1) MUL 指令

```
MUL{条件}{S} 目的寄存器,操作数 1,操作数 2
```

MUL 指令完成将操作数 1 与操作数 2 的乘法运算,并把结果放置到目的寄存器中,同时可以根据运算结果设置 CPSR 中相应的条件标志位。其中,操作数 1 和操作数 2 均为 32 位的有符号数或无符号数。指令示例：

```
MUL RO,R1,R2    ;RO = R1 × R2
MULS RO,R1,R2    ;RO = R1 × R2,同时设置 CPSR 中的相关条件标志位
```

(2) MLA 指令

```
MLA{条件}{S} 目的寄存器,操作数 1,操作数 2,操作数 3
```

MLA 指令完成将操作数 1 与操作数 2 的乘法运算,再将乘积加上操作数 3,并

把结果放置到目的寄存器中,同时可以根据运算结果设置 CPSR 中相应的条件标志位。其中,操作数 1 和操作数 2 均为 32 位的有符号数或无符号数。指令示例:

```
MLA R0,R1,R2,R3      ;R0 = R1 × R2 + R3
MLAS R0,R1,R2,R3     ;R0 = R1 × R2 + R3,同时设置 CPSR 中的相关条件标志位
```

(3) SMULL 指令

SMULL{条件}{S} 目的寄存器 Low,目的寄存器低 High,操作数 1,操作数 2

SMULL 指令完成将操作数 1 与操作数 2 的乘法运算,并把结果的低 32 位放置到目的寄存器 Low 中,结果的高 32 位放置到目的寄存器 High 中,同时可以根据运算结果设置 CPSR 中相应的条件标志位。其中,操作数 1 和操作数 2 均为 32 位的有符号数。指令示例:

```
SMULL R0,R1,R2,R3    ;R0 = (R2 × R3)的低 32 位
                     ;R1 = (R2 × R3)的高 32 位
```

(4) SMLAL 指令

SMLAL{条件}{S} 目的寄存器 Low,目的寄存器低 High,操作数 1,操作数 2

SMLAL 指令完成将操作数 1 与操作数 2 的乘法运算,并把结果的低 32 位同目的寄存器 Low 中的值相加后又放置到目的寄存器 Low 中,结果的高 32 位同目的寄存器 High 中的值相加后又放置到目的寄存器 High 中,同时可以根据运算结果设置 CPSR 中相应的条件标志位。其中,操作数 1 和操作数 2 均为 32 位的有符号数。对于目的寄存器 Low,在指令执行前存放 64 位加数的低 32 位,指令执行后存放结果的低 32 位。

对于目的寄存器 High,在指令执行前存放 64 位加数的高 32 位,指令执行后存放结果的高 32 位。指令示例:

```
SMLAL R0,R1,R2,R3    ;R0 = (R2×R3)的低 32 位 + R0
                     ;R1 = (R2×R3)的高 32 位 + R1
```

(5) UMULL 指令

UMULL{条件}{S} 目的寄存器 Low,目的寄存器低 High,操作数 1,操作数 2

UMULL 指令完成将操作数 1 与操作数 2 的乘法运算,并把结果的低 32 位放置到目的寄存器 Low 中,结果的高 32 位放置到目的寄存器 High 中,同时可以根据运算结果设置 CPSR 中相应的条件标志位。其中,操作数 1 和操作数 2 均为 32 位的无符号数。指令示例:

```
UMULL R0,R1,R2,R3    ;R0 = (R2×R3)的低 32 位
                     ;R1 = (R2×R3)的高 32 位
```

(6) UMLAL 指令

UMLAL{条件}{S} 目的寄存器 Low,目的寄存器低 High,操作数 1,操作数 2

UMLAL 指令完成将操作数 1 与操作数 2 的乘法运算,并把结果的低 32 位同目的寄存器 Low 中的值相加后又放置到目的寄存器 Low 中,结果的高 32 位同目的寄存器 High 中的值相加后又放置到目的寄存器 High 中,同时可以根据运算结果设置CPSR 中相应的条件标志位。其中,操作数 1 和操作数 2 均为 32 位的无符号数。

对于目的寄存器 Low,在指令执行前存放 64 位加数的低 32 位,指令执行后存放结果的低 32 位。对于目的寄存器 High,在指令执行前存放 64 位加数的高 32 位,指令执行后存放结果的高 32 位。指令示例:

```
UMLAL R0,R1,R2,R3    ;R0 = (R2×R3)的低 32 位 + R0
                     ;R1 = (R2×R3)的高 32 位 + R1
```

3.3.4　程序状态寄存器访问指令

ARM 微处理器支持程序状态寄存器访问指令,用于在程序状态寄存器和通用寄存器之间传送数据。程序状态寄存器访问指令包括以下两条:MRS,程序状态寄存器到通用寄存器的数据传送指令;MSR,通用寄存器到程序状态寄存器的数据传送指令。

(1) MRS 指令

MRS{条件} 通用寄存器,程序状态寄存器(CPSR 或 SPSR)

MRS 指令用于将程序状态寄存器的内容传送到通用寄存器中。该指令一般用在以下几种情况:当需要改变程序状态寄存器的内容时,可用 MRS 将程序状态寄存器的内容读入通用寄存器,修改后再写回程序状态寄存器。当在异常处理或进程切换时,需要保存程序状态寄存器的值,可先用该指令读出程序状态寄存器的值,然后保存。指令示例:

```
MRS R0,CPSR    ;传送 CPSR 的内容到 R0
MRS R0,SPSR    ;传送 SPSR 的内容到 R0
```

(2) MSR 指令

MSR{条件} 程序状态寄存器(CPSR 或 SPSR)_<域>,操作数

MSR 指令用于将操作数的内容传送到程序状态寄存器的特定域中。其中,操作数可以为通用寄存器或立即数。<域>用于设置程序状态寄存器中需要操作的位,32 位的程序状态寄存器可分为 4 个域:位[31:24]为条件标志位域,用 f 表示;位[23:16]为状态位域,用 s 表示;位[15:8]为扩展位域,用 x 表示;位[7:0]为控制位域,用 c 表示;该指令通常用于恢复或改变程序状态寄存器的内容,在使用时,一般要在 MSR

指令中指明将要操作的域。指令示例：

```
MSR CPSR,R0      ;传送 R0 的内容到 CPSR
MSR SPSR,R0      ;传送 R0 的内容到 SPSR
MSR CPSR_c,R0    ;传送 R0 的内容到 SPSR,但仅修改 CPSR 中的控制位域
```

3.3.5　加载/存储指令

ARM 微处理器支持加载/存储指令用于在寄存器和存储器之间传送数据,加载指令用于将存储器中的数据传送到寄存器,存储指令则完成相反的操作。常用的加载存储指令如下：

➢ LDR　字数据加载指令

➢ LDRB　字节数据加载指令

➢ LDRH　半字数据加载指令

➢ STR　字数据存储指令

➢ STRB　字节数据存储指令

➢ STRH　半字数据存储指令

(1) LDR 指令

```
LDR{条件} 目的寄存器,<存储器地址>
```

LDR 指令用于从存储器中将一个 32 位的字数据传送到目的寄存器中。该指令通常用于从存储器中读取 32 位的字数据到通用寄存器,然后对数据进行处理。当程序计数器 PC 作为目的寄存器时,指令从存储器中读取的字数据被当作目的地址,从而可以实现程序流程的跳转。该指令在程序设计中比较常用,且寻址方式灵活多样,请读者认真掌握。指令示例：

```
LDR  R0,[R1]              ;将存储器地址为 R1 的字数据读入寄存器 R0
LDR  R0,[R1,R2]           ;将存储器地址为 R1 + R2 的字数据读入寄存器 R0
LDR  R0,[R1,#8]           ;将存储器地址为 R1 + 8 的字数据读入寄存器 R0
LDR  R0,[R1,R2]!          ;将存储器地址为 R1 + R2 的字数据读入寄存器 R0,并将新地址
                         ;R1 + R2 写入 R1
LDR  R0,[R1,#8]!          ;将存储器地址为 R1 + 8 的字数据读入寄存器 R0,并将新地址
                         ;R1 + 8 写入 R1
LDR  R0,[R1],R2           ;将存储器地址为 R1 的字数据读入寄存器 R0,并将新地址 R1 +
                         ;R2 写入 R1
LDR  R0,[R1,R2,LSL#2]!    ;将存储器地址为 R1 + R2×4 的字数据读入寄存器 R0,并将新
                         ;地址 R1 + R2×4 写入 R1
LDR  R0,[R1],R2,LSL#2     ;将存储器地址为 R1 的字数据读入寄存器 R0,并将新地址 R1 +
                         ;R2×4 写入 R1
```

（2）LDRB 指令

LDR{条件}B 目的寄存器，<存储器地址>

LDRB 指令用于从存储器中将一个 8 位的字节数据传送到目的寄存器中，同时将寄存器的高 24 位清零。该指令通常用于从存储器中读取 8 位的字节数据到通用寄存器，然后对数据进行处理。当程序计数器 PC 作为目的寄存器时，指令从存储器中读取的字数据被当作目的地址，从而可以实现程序流程的跳转。指令示例：

```
LDRB   R0,[R1]     ;将存储器地址为 R1 的字节数据读入寄存器 R0,并将 R0 的高 24 位清零
LDRB   R0,[R1,#8]  ;将存储器地址为 R1＋8 的字节数据读入寄存器 R0,并将 R0 的高 24 位
                   ;清零
```

（3）LDRH 指令

LDR{条件}H 目的寄存器，<存储器地址>

LDRH 指令用于从存储器中将一个 16 位的半字数据传送到目的寄存器中，同时将寄存器的高 16 位清零。该指令通常用于从存储器中读取 16 位的半字数据到通用寄存器，然后对数据进行处理。当程序计数器 PC 作为目的寄存器时，指令从存储器中读取的字数据被当作目的地址，从而可以实现程序流程的跳转。指令示例：

```
LDRH   R0,[R1]     ;将存储器地址为 R1 的半字数据读入寄存器 R0,并将 R0 的高 16 位清零
LDRH   R0,[R1,#8]  ;将存储器地址为 R1＋8 的半字数据读入寄存器 R0,并将 R0 的高 16
                   ;位清零
LDRH   R0,[R1,R2]  ;将存储器地址为 R1＋R2 的半字数据读入寄存器 R0,并将 R0 的高 16
                   ;位清零
```

（4）STR 指令

STR{条件} 源寄存器，<存储器地址>

STR 指令用于从源寄存器中将一个 32 位的字数据传送到存储器中。该指令在程序设计中比较常用，且寻址方式灵活多样，使用方式可参考指令 LDR。指令示例：

```
STR R0,[R1],#8 ;将 R0 中的字数据写入以 R1 为地址的存储器中,并将新地址 R1＋8 写
              ;入 R1
STR R0,[R1,#8] ;将 R0 中的字数据写入以 R1＋8 为地址的存储器中
```

（5）STRB 指令

STR{条件}B 源寄存器，<存储器地址>

STRB 指令用于从源寄存器中将一个 8 位的字节数据传送到存储器中。该字节数据为源寄存器中的低 8 位。指令示例：

```
STRB   R0,[R1]     ;将寄存器 R0 中的字节数据写入以 R1 为地址的存储器中
STRB   R0,[R1,#8]  ;将寄存器 R0 中的字节数据写入以 R1＋8 为地址的存储器中
```

45

(6) STRH 指令

STR{条件}H 源寄存器,<存储器地址>

STRH 指令用于从源寄存器中将一个 16 位的半字数据传送到存储器中。该半字数据为源寄存器中的低 16 位。指令示例:

```
STRH  R0,[R1]      ;将寄存器 R0 中的半字数据写入以 R1 为地址的存储器中
STRH  R0,[R1,♯8]   ;将寄存器 R0 中的半字数据写入以 R1 + 8 为地址的存储器中
```

3.3.6　批量数据加载/存储指令

ARM 微处理器所支持批量数据加载/存储指令可以一次在一片连续的存储器单元和多个寄存器之间传送数据,批量加载指令用于将一片连续的存储器中的数据传送到多个寄存器,批量数据存储指令则完成相反的操作。常用的加载存储指令如下:LDM,批量数据加载指令;STM,批量数据存储指令。

LDM(或 STM)指令的格式为:

LDM(或 STM){条件}{类型} 基址寄存器{!},寄存器列表{^}

LDM(或 STM)指令用于从由基址寄存器所指示的一片连续存储器到寄存器列表所指示的多个寄存器之间传送数据,该指令的常见用途是将多个寄存器的内容入栈或出栈。其中,{类型}为以下几种情况:IA,每次传送后地址加 1;IB,每次传送前地址加 1;DA,每次传送后地址减 1;DB,每次传送前地址减 1;FD,满递减堆栈;ED,空递减堆栈;FA,满递增堆栈;EA,空递增堆栈。

{!}为可选后缀,若选用该后缀,则当数据传送完毕之后,将最后的地址写入基址寄存器,否则基址寄存器的内容不改变。基址寄存器不允许为 R15,寄存器列表可以为 R0~R15 的任意组合。

{∧}为可选后缀,当指令为 LDM 且寄存器列表中包含 R15,选用该后缀时表示:除了正常的数据传送之外,还将 SPSR 复制到 CPSR。同时,该后缀还表示传入或传出的是用户模式下的寄存器,而不是当前模式下的寄存器。

指令示例:

```
STMFD  R13!,{R0,R4 - R12,LR}   ;将寄存器列表中的寄存器(R0,R4 到 R12,LR)存入堆栈
LDMFD  R13!,{R0,R4 - R12,PC}   ;将堆栈内容恢复到寄存器(R0,R4 到 R12,LR)
```

3.3.7　数据交换指令

ARM 微处理器所支持数据交换指令能在存储器和寄存器之间交换数据。数据交换指令有如下两条:SWP,字数据交换指令;SWPB,字节数据交换指令。

(1) SWP 指令

SWP{条件} 目的寄存器,源寄存器 1,[源寄存器 2]

SWP 指令用于将源寄存器 2 所指向的存储器中的字数据传送到目的寄存器中，同时将源寄存器 1 中的字数据传送到源寄存器 2 所指向的存储器中。显然，当源寄存器 1 和目的寄存器为同一个寄存器时，指令交换该寄存器和存储器的内容。指令示例：

```
SWP   R0,R1,[R2]      ;将 R2 所指向的存储器中的字数据传送到 R0,同时将 R1 中的字数
                       ;据传送到 R2 所指向的存储单元
SWP   R0,R0,[R1]      ;该指令完成将 R1 所指向的存储器中的字数据与 R0 中的字数据
                       ;交换
```

(2) SWPB 指令

SWP{条件}B 目的寄存器,源寄存器 1,[源寄存器 2]

SWPB 指令用于将源寄存器 2 所指向的存储器中的字节数据传送到目的寄存器中，目的寄存器的高 24 清零，同时将源寄存器 1 中的字节数据传送到源寄存器 2 所指向的存储器中。显然，当源寄存器 1 和目的寄存器为同一个寄存器时，指令交换该寄存器和存储器的内容。指令示例：

```
SWPB  R0,R1,[R2]      ;将 R2 所指向的存储器中的字节数据传送到 R0,R0 的高 24 位清零
                       ;同时将 R1 中的低 8 位数据传送到 R2 所指向的存储单元
SWPB  R0,R0,[R1]      ;该指令完成将 R1 所指向的存储器中的字节数据与 R0 中的低 8 位数
                       ;据交换
```

3.3.8　移位指令(操作)

ARM 微处理器内嵌的桶型移位器(Barrel Shifter),支持数据的各种移位操作，移位操作在 ARM 指令集中不作为单独的指令使用，它只能作为指令格式中的一个字段，在汇编语言中表示为指令中的选项。例如，数据处理指令的第 2 个操作数为寄存器时，就可以加入移位操作选项对它进行各种移位操作。移位操作包括如下 6 种类型，其中 ASL 和 LSL 是等价的，可以自由互换：LSL,逻辑左移；ASL,算术左移；LSR,逻辑右移；ASR,算术右移；ROR,循环右移；RRX,带扩展的循环右移。

(1) LSL(或 ASL)操作

通用寄存器,LSL(或 ASL) 操作数

LSL(或 ASL)可完成对通用寄存器中的内容进行逻辑(或算术)的左移操作，按操作数所指定的数量向左移位，低位用零来填充。其中，操作数可以是通用寄存器，也可以是立即数(0~31)。操作示例：

```
MOV   R0,R1,LSL♯2    ;将 R1 中的内容左移两位后传送到 R0 中
```

(2) LSR 操作

通用寄存器,LSR 操作数

LSR 可完成对通用寄存器中的内容进行右移的操作,按操作数所指定的数量向右移位,左端用零来填充。其中,操作数可以是通用寄存器,也可以是立即数(0～31)。操作示例:

```
MOV   R0,R1,LSR#2 ;将 R1 中的内容右移两位后传送到 R0 中,左端用零来填充
```

(3) ASR 操作

通用寄存器,ASR 操作数

ASR 可完成对通用寄存器中的内容进行右移的操作,按操作数所指定的数量向右移位,左端用第 31 位的值来填充。其中,操作数可以是通用寄存器,也可以是立即数(0～31)。操作示例:

```
MOV  R0,R1,ASR#2;将 R1 中的内容右移两位后传送到 R0 中,左端用第 31 位的值来填充
```

(4) ROR 操作

通用寄存器,ROR 操作数

ROR 可完成对通用寄存器中的内容进行循环右移的操作,按操作数所指定的数量向右循环移位,左端用右端移出的位来填充。其中,操作数可以是通用寄存器,也可以是立即数(0～31)。显然,当进行 32 位的循环右移操作时,通用寄存器中的值不改变。操作示例:

```
MOV  R0,R1,ROR#2;将 R1 中的内容循环右移两位后传送到 R0 中
```

(5) RRX 操作

通用寄存器,RRX 操作数

RRX 可完成对通用寄存器中的内容进行带扩展的循环右移的操作,按操作数所指定的数量向右循环移位,左端用进位标志位 C 来填充。其中,操作数可以是通用寄存器,也可以是立即数(0～31)。操作示例:

```
MOV  R0,R1,RRX#2;将 R1 中的内容进行带扩展的循环右移两位后传送到 R0 中
```

3.3.9　协处理器指令

ARM 微处理器可支持多达 16 个协处理器,用于各种协处理操作,在程序执行的过程中,每个协处理器只执行针对自身的协处理指令,忽略 ARM 处理器和其他协处理器的指令。ARM 的协处理器指令主要用于 ARM 处理器初始化 ARM 协处理器的数据处理操作,在 ARM 处理器的寄存器和协处理器的寄存器之间传送数据,在 ARM 协处理器的寄存器和存储器之间传送数据。ARM 协处理器指令包括以下5 条:

> ➤ CDP　协处理器数操作指令

➢ LDC　协处理器数据加载指令

➢ STC　协处理器数据存储指令

➢ ARM　处理器寄存器到协处理器寄存器的数据传送指令

➢ MRC　协处理器寄存器到 ARM 处理器寄存器的数据传送指令

(1) CDP 指令

CDP{条件} 协处理器编码,协处理器操作码 1,目的寄存器,源寄存器 1,源寄存器 2,协处理器操作码 2

CDP 指令用于 ARM 处理器通知 ARM 协处理器执行特定的操作,若协处理器不能成功完成特定的操作,则产生未定义指令异常。其中协处理器操作码 1 和协处理器操作码 2 为协处理器将要执行的操作,目的寄存器和源寄存器均为协处理器的寄存器,指令不涉及 ARM 处理器的寄存器和存储器。指令示例:

CDP　P3,2,C12,C10,C3,4　　　;该指令完成协处理器 P3 的初始化

(2) LDC 指令

LDC{条件}{L} 协处理器编码,目的寄存器,[源寄存器]

LDC 指令用于将源寄存器所指向的存储器中的字数据传送到目的寄存器中,若协处理器不能成功完成传送操作,则产生未定义指令异常。其中,{L}选项表示指令为长读取操作,如用于双精度数据的传输。指令示例:

LDC　P3,C4,[R0]　　;将 ARM 处理器的寄存器 R0 所指向的存储器中的字数据传送到协处理器
　　　　　　　　　　　;P3 的寄存器 C4 中

(3) STC 指令

STC{条件}{L} 协处理器编码,源寄存器,[目的寄存器]

STC 指令用于将源寄存器中的字数据传送到目的寄存器所指向的存储器中,若协处理器不能成功完成传送操作,则产生未定义指令异常。其中,{L}选项表示指令为长读取操作,如用于双精度数据的传输。指令示例:

STC　P3,C4,[R0]　　;将协处理器 P3 的寄存器 C4 中的字数据传送到 ARM 处理器的寄存器 R0
　　　　　　　　　　;所指向的存储器中

(4) MCR 指令

MCR{条件} 协处理器编码,协处理器操作码 1,源寄存器,目的寄存器 1,目的寄存器 2,协处理器操作码 2

MCR 指令用于将 ARM 处理器寄存器中的数据传送到协处理器寄存器中,若协处理器不能成功完成操作,则产生未定义指令异常。其中协处理器操作码 1 和协处理器操作码 2 为协处理器将要执行的操作,源寄存器为 ARM 处理器的寄存器,目的

寄存器 1 和目的寄存器 2 均为协处理器的寄存器。指令示例：

```
MCR  P3,3,R0,C4,C5,6  ;该指令将 ARM 处理器寄存器 R0 中的数据传送到协处理器 P3 的寄
                      ;存器 C4 和 C5 中
```

（5）MRC 指令

```
MRC｛条件｝协处理器编码,协处理器操作码 1,目的寄存器,源寄存器 1,源寄存器 2,协处理
器操作码 2
```

MRC 指令用于将协处理器寄存器中的数据传送到 ARM 处理器寄存器中,若协处理器不能成功完成操作,则产生未定义指令异常。其中协处理器操作码 1 和协处理器操作码 2 为协处理器将要执行的操作,目的寄存器为 ARM 处理器的寄存器,源寄存器 1 和源寄存器 2 均为协处理器的寄存器。指令示例：

```
MRC  P3,3,R0,C4,C5,6 ;该指令将协处理器 P3 的寄存器中的数据传送到 ARM 处理器寄存
                     ;器中
```

3.3.10　异常产生指令

ARM 微处理器所支持的异常指令为：SWI,软件中断指令；BKPT,断点中断指令。

（1）SWI 指令

```
SWI｛条件｝24 位的立即数
```

SWI 指令用于产生软件中断,以便用户程序能调用操作系统的系统例程。操作系统在 SWI 的异常处理程序中提供相应的系统服务,指令中 24 位的立即数指定用户程序调用系统例程的类型,相关参数通过通用寄存器传递,当指令中 24 位的立即数被忽略时,用户程序调用系统例程的类型由通用寄存器 R0 的内容决定,同时,参数通过其他通用寄存器传递。指令示例：

```
SWI  0x02        ;该指令调用操作系统编号为 02 的系统例程
```

（2）BKPT 指令

```
BKPT  16 位的立即数
```

BKPT 指令产生软件断点中断,可用于程序的调试。

3.4　Thumb 指令及应用

为兼容数据总线宽度为 16 位的应用系统,ARM 体系结构除了支持执行效率很高的 32 位 ARM 指令集以外,同时支持 16 位的 Thumb 指令集。Thumb 指令集是 ARM 指令集的一个子集,允许指令编码为 16 位的长度。与等价的 32 位代码相比

较,Thumb 指令集在保留 32 代码优势的同时,大大地节省了系统的存储空间。

所有的 Thumb 指令都有对应的 ARM 指令,而且 Thumb 的编程模型也对应于 ARM 的编程模型,在应用程序的编写过程中,只要遵循一定调用的规则,Thumb 子程序和 ARM 子程序就可以互相调用。当处理器在执行 ARM 程序段时,称 ARM 处理器处于 ARM 工作状态;当处理器在执行 Thumb 程序段时,称 ARM 处理器处于 Thumb 工作状态。

与 ARM 指令集相比较,Thumb 指令集中的数据处理指令的操作数仍然是 32 位,指令地址也为 32 位,但 Thumb 指令集为实现 16 位的指令长度,舍弃了 ARM 指令集的一些特性。如大多数的 Thumb 指令是无条件执行的,而几乎所有的 ARM 指令都是有条件执行的;大多数的 Thumb 数据处理指令的目的寄存器与其中一个源寄存器相同。

由于 Thumb 指令的长度为 16 位,即只用 ARM 指令一半的位数来实现同样的功能,所以,要实现特定的程序功能,所需的 Thumb 指令的条数较 ARM 指令多。在一般的情况下,Thumb 指令与 ARM 指令的时间效率和空间效率关系为:

➢ Thumb 代码所需的存储空间约为 ARM 代码的 60%～70%;
➢ Thumb 代码使用的指令数比 ARM 代码多 30%～40%;
➢ 若使用 32 位的存储器,ARM 代码比 Thumb 代码快 40%;
➢ 若使用 16 位的存储器,Thumb 代码比 ARM 代码快 40%～50%;
➢ 与 ARM 代码相比较,使用 Thumb 代码,存储器的功耗会降低约 30%。

显然,ARM 指令集和 Thumb 指令集各有其优点,若对系统的性能有较高要求,应使用 32 位的存储系统和 ARM 指令集;若对系统的成本及功耗有较高要求,则应使用 16 位的存储系统和 Thumb 指令集。当然,若两者结合使用,充分发挥其各自的优点,会取得更好的效果。

3.5　本章小结

本章系统地介绍了 ARM 指令集中的基本指令,以及各指令的应用场合及方法。由基本指令还可以派生出一些新的指令,但使用方法与基本指令类似。与常见的如 X86 体系结构的汇编指令相比较,ARM 指令系统无论是从指令集本身还是从寻址方式上,都相对复杂一些。

Thumb 指令集作为 ARM 指令集的一个子集,其使用方法与 ARM 指令集类似,在此未作详细的描述,但这并不意味着 Thumb 指令集不如 ARM 指令集重要,事实上,它们各自有其应用场合。

3.6 练习题

1. 分析大端模式和小端模式的存储方式。

2. 分析内部寄存器 R13、R14、R15 的功能。

3. 编写一条 ARM 指令完成 R2＝R3 * 5。

4. 存储一个 32 位数 0x27168465～2000H～2003H 这 4 个字节单元中，若以小端格式存储，则 2000H 存储单元的内容为（　　）。

5. 将高速缓存分为指令缓存（I Cache）和数据缓存（D Cache）的体系结构是哪种指令集？

6. IRQ 中断的入口地址是多少？

7. ARM 寄存器组有多少个寄存器？

8. ARM 汇编语句"ADD　R0，R2，R3，LSL♯1"的作用是什么？

第 **4** 章

ARM 程序设计基础

ARM 编译器一般都支持汇编语言的程序设计和 C/C++语言的程序设计，以及两者的混合编程。本章介绍 ARM 程序设计的一些基本概念，如 ARM 汇编语言的伪指令、汇编语言的语句格式、汇编语言的程序结构等，同时介绍 C/C++和汇编语言的混合编程等问题。

本章的主要内容：
➢ ARM 汇编器所支持的伪指令；
➢ 汇编语言的语句格式；
➢ 汇编语言的程序结构；
➢ 汇编语言模块的结构。

4.1 ARM 汇编器所支持的伪指令

在 ARM 汇编语言程序里，有一些特殊指令助记符，这些助记符与指令系统的助记符不同，没有相对应的操作码，通常称这些特殊指令助记符为伪指令，它们所完成的操作称为伪操作。伪指令在源程序中的作用是为完成汇编程序作各种准备工作的，这些伪指令仅在汇编过程中起作用，一旦汇编结束，伪指令的使命就完成。

在 ARM 的汇编程序中，有如下几种伪指令：符号定义伪指令、数据定义伪指令、汇编控制伪指令、宏指令以及其他伪指令。

4.1.1 符号定义伪指令

符号定义(Symbol Definition)伪指令用于定义 ARM 汇编程序中的变量、对变量赋值以及定义寄存器的别名等操作。常见的符号定义伪指令有如下几种：
➢ 用于定义全局变量的 GBLA、GBLL 和 GBLS；
➢ 用于定义局部变量的 LCLA、LCLL 和 LCLS；
➢ 用于对变量赋值的 SETA、SETL、SETS；
➢ 为通用寄存器列表定义名称的 RLIST。

(1) GBLA、GBLL 和 GBLS
语法格式：

GBLA(GBLL 或 GBLS) 全局变量名

　　GBLA、GBLL 和 GBLS 伪指令用于定义一个 ARM 程序中的全局变量，并将其初始化。GBLA 伪指令用于定义一个全局的数字变量，并初始化为 0；GBLL 伪指令用于定义一个全局的逻辑变量，并初始化为 F(假)；GBLS 伪指令用于定义一个全局的字符串变量，并初始化为空。这 3 条伪指令用于定义全局变量，因此在整个程序范围内变量名必须唯一。使用示例：

```
GBLA Test1              ;定义一个全局的数字变量,变量名为 Test1
Test1 SETA 0xaa         ;将该变量赋值为 0xaa
GBLL Test2              ;定义一个全局的逻辑变量,变量名为 Test2
Test2 SETL {TRUE}       ;将该变量赋值为真
GBLS Test3              ;定义一个全局的字符串变量,变量名为 Test3
Test3 SETS "Testing"    ;将该变量赋值为"Testing"
```

(2) LCLA、LCLL 和 LCLS
语法格式：

LCLA(LCLL 或 LCLS) 局部变量名

　　LCLA、LCLL 和 LCLS 伪指令用于定义一个 ARM 程序中的局部变量，并将其初始化。LCLA 伪指令用于定义一个局部的数字变量，并初始化为 0；LCLL 伪指令用于定义一个局部的逻辑变量，并初始化为 F(假)；LCLS 伪指令用于定义一个局部的字符串变量，并初始化为空。这 3 条伪指令用于声明局部变量，在其作用范围内变量名必须唯一。使用示例：

```
LCLA Test4              ;声明一个局部的数字变量,变量名为 Test4
Test3 SETA 0xaa         ;将该变量赋值为 0xaa
LCLL Test5              ;声明一个局部的逻辑变量,变量名为 Test5
Test4 SETL {TRUE}       ;将该变量赋值为真
LCLS Test6              ;定义一个局部的字符串变量,变量名为 Test6
Test6 SETS "Testing"    ;将该变量赋值为"Testing"
```

(3) SETA、SETL 和 SETS
语法格式：

变量名 SETA(SETL 或 SETS) 表达式

　　伪指令 SETA、SETL、SETS 用于给一个已经定义的全局变量或局部变量赋值。SETA 伪指令用于给一个数学变量赋值；SETL 伪指令用于给一个逻辑变量赋值；SETS 伪指令用于给一个字符串变量赋值。其中，变量名为已经定义过的全局变量或局部变量，表达式为将要赋给变量的值。使用示例：

```
LCLA Test3              ;声明一个局部的数字变量,变量名为 Test3
Test3 SETA 0xaa         ;将该变量赋值为 0xaa
```

```
LCLL Test4            ;声明一个局部的逻辑变量,变量名为 Test4
Test4 SETL {TRUE}     ;将该变量赋值为真
```

(4) RLIST

语法格式:

```
名称　RLIST {寄存器列表}
```

RLIST 伪指令可用于对一个通用寄存器列表定义名称,使用该伪指令定义的名称可在 ARM 指令 LDM/STM 中使用。在 LDM/STM 指令中,列表中的寄存器访问次序是根据寄存器的编号由低到高进行,而与列表中的寄存器排列次序无关。使用示例:

```
RegList RLIST {R0~R5,R8,R10};将寄存器列表名称定义为 RegList,可在 ARM 指令 LDM/STM
                           ;中通过该名称访问寄存器列表
```

4.1.2　数据定义伪指令

数据定义(Data Definition)伪指令一般用于为特定的数据分配存储单元,同时可完成已分配存储单元的初始化。常见的数据定义伪指令有如下几种:

> ➤ DCB　用于分配一片连续的字节存储单元,并用指定的数据初始化。
> ➤ DCW(DCWU)　用于分配一片连续的半字存储单元,并用指定的数据初始化。
> ➤ DCD(DCDU)　用于分配一片连续的字存储单元,并用指定的数据初始化。
> ➤ DCFD(DCFDU)　用于为双精度的浮点数分配一片连续的字存储单元,并用指定的数据初始化。
> ➤ DCFS(DCFSU)　用于为单精度的浮点数分配一片连续的字存储单元,并用指定的数据初始化。
> ➤ DCQ(DCQU)用于分配一片以 8 字节为单位的连续的存储单元,并用指定的数据初始化。
> ➤ SPACE　用于分配一片连续的存储单元。
> ➤ MAP　用于定义一个结构化的内存表首地址。
> ➤ FIELD　用于定义一个结构化的内存表的数据域。

(1) DCB

语法格式:

```
标号　DCB 表达式
```

DCB 伪指令用于分配一片连续的字节存储单元,并用伪指令中指定的表达式初始化。其中,表达式可以为 0~255 的数字或字符串。DCB 也可用"="代替。使用示例:

55

Str DCB "This is a test!" ;分配一片连续的字节存储单元并初始化

(2) DCW(或 DCWU)

语法格式：

标号　DCW(或 DCWU) 表达式

DCW(或 DCWU)伪指令用于分配一片连续的半字存储单元,并用伪指令中指定的表达式初始化。其中,表达式可以为程序标号或数字表达式。用 DCW 分配的字存储单元是半字对齐的,而用 DCWU 分配的字存储单元并不严格半字对齐。使用示例：

DataTest DCW　1,2,3 ;分配一片连续的半字存储单元并初始化

(3) DCD(或 DCDU)

语法格式：

标号　DCD(或 DCDU) 表达式

DCD(或 DCDU)伪指令用于分配一片连续的字存储单元,并用伪指令中指定的表达式初始化。其中,表达式可以为程序标号或数字表达式。DCD 也可用"&"代替。用 DCD 分配的字存储单元是字对齐的,而用 DCDU 分配的字存储单元并不严格字对齐。使用示例：

DataTest DCD　4,5,6 ;分配一片连续的字存储单元并初始化

(4) DCFD(或 DCFDU)

语法格式：

标号　DCFD(或 DCFDU) 表达式

DCFD(或 DCFDU)伪指令用于为双精度的浮点数分配一片连续的字存储单元,并用伪指令中指定的表达式初始化。每个双精度的浮点数占据两个字单元。用 DCFD 分配的字存储单元是字对齐的,而用 DCFDU 分配的字存储单元并不严格字对齐。使用示例：

FDataTest DCFD 2E115,-5E7 ;分配一片连续的字存储单元并初始化为指定的双精度数

(5) DCFS(或 DCFSU)

语法格式：

标号　DCFS(或 DCFSU) 表达式

DCFS(或 DCFSU)伪指令用于为单精度的浮点数分配一片连续的字存储单元,并用伪指令中指定的表达式初始化。每个单精度的浮点数占据一个字单元。用 DCFS 分配的字存储单元是字对齐的,而用 DCFSU 分配的字存储单元并不严格字对齐。使用示例：

FDataTest DCFS 2E5，-5E-7 ;分配一片连续的字存储单元并初始化为指定的单精度数

(6) DCQ(或 DCQU)

语法格式：

　标号　DCQ(或 DCQU) 表达式

DCQ(或 DCQU)伪指令用于分配一片以 8 个字节为单位的连续存储区域，并用伪指令中指定的表达式初始化。用 DCQ 分配的存储单元是字对齐的，而用 DCQU 分配的存储单元并不严格字对齐。使用示例：

　DataTest DCQ　100 ;分配一片连续的存储单元并初始化为指定的值

(7) SPACE

语法格式：

　标号　SPACE 表达式

SPACE 伪指令用于分配一片连续的存储区域并初始化为 0。其中，表达式为要分配的字节数。SPACE 也可用"％"代替。使用示例：

　DataSpace SPACE 100 ;分配连续 100 字节的存储单元并初始化为 0

(8) MAP

语法格式：

　MAP　表达式{,基址寄存器}

MAP 伪指令用于定义一个结构化的内存表的首地址。MAP 也可用"·"代替。表达式可以为程序中的标号或数学表达式，基址寄存器为可选项，当基址寄存器选项不存在时，表达式的值即为内存表的首地址，当该选项存在时，内存表的首地址为表达式的值与基址寄存器的和。MAP 伪指令通常与 FIELD 伪指令配合使用来定义结构化的内存表。使用示例：

　MAP　0x100,R0　;定义结构化内存表首地址的值为 0x100+R0

(9) FILED

语法格式：

　标号　FIELD 表达式

FIELD 伪指令用于定义一个结构化内存表中的数据域。FILED 也可用"♯"代替。表达式的值为当前数据域在内存表中所占的字节数。FIELD 伪指令常与 MAP 伪指令配合使用来定义结构化的内存表。MAP 伪指令定义内存表的首地址，FIELD 伪指令定义内存表中的各个数据域，并可以为每个数据域指定一个标号供其他的指令引用。注意，MAP 和 FIELD 伪指令仅用于定义数据结构，并不实际分配存储单元。使用示例：

```
MAP  0x100        ;定义结构化内存表首地址的值为 0x100
A  FIELD 16       ;定义 A 的长度为 16 字节,位置为 0x100
B  FIELD 32       ;定义 B 的长度为 32 字节,位置为 0x110
S  FIELD 256      ;定义 S 的长度为 256 字节,位置为 0x130
```

4.1.3　汇编控制伪指令

汇编控制（Assembly Control）伪指令用于控制汇编程序的执行流程,常用的有 IF…ELSE…ENDIF、WHILE…WEND、MACRO…MEND、MEXIT。

(1) IF…ELSE…ENDIF

语法格式:

```
IF 逻辑表达式
  指令序列 1
ELSE
  指令序列 2
ENDIF
```

IF…ELSE…ENDIF 伪指令能根据条件的成立与否决定是否执行某个指令序列。当 IF 后面的逻辑表达式为真,则执行指令序列 1,否则执行指令序列 2。其中, ELSE 及指令序列 2 可以没有,此时,当 IF 后面的逻辑表达式为真,则执行指令序列 1,否则继续执行后面的指令。IF…ELSE…ENDIF 伪指令可以嵌套使用。使用示例:

```
GBLL Test         ;声明一个全局的逻辑变量,变量名为 Test
…
IF Test = TRUE
  指令序列 1
ELSE
  指令序列 2
ENDIF
```

(2) WHILE…WEND

语法格式:

```
WHILE 逻辑表达式
  指令序列
WEND
```

WHILE…WEND 伪指令能根据条件的成立与否决定是否循环执行某个指令序列。当 WHILE 后面的逻辑表达式为真,则执行指令序列,该指令序列执行完毕后, 再判断逻辑表达式的值,若为真则继续执行,一直到逻辑表达式的值为假。

WHILE…WEND 伪指令可以嵌套使用。使用示例:

```
GBLA Counter          ;声明一个全局的数学变量,变量名为 Counter
Counter SETA   3      ;由变量 Counter 控制循环次数
…
WHILE Counter < 10
   指令序列
WEND
```

(3) MACRO…MEND

语法格式:

```
$ 标号 宏名  $ 参数 1,$ 参数 2,…
指令序列
MEND
```

MACRO…MEND 伪指令可以将一段代码定义为一个整体,称为宏指令,然后就可以在程序中通过宏指令多次调用该段代码。其中,$ 标号在宏指令被展开时,标号会被替换为用户定义的符号。宏指令可以使用一个或多个参数,当宏指令被展开时,这些参数被相应的值替换。

宏指令的使用方式和功能与子程序有些相似,子程序可以提供模块化的程序设计,节省存储空间并提高运行速度。但在使用子程序结构时需要保护现场,从而增加了系统的开销,因此,在代码较短且需要传递的参数较多时,可以使用宏指令代替子程序。

包含在 MACRO 和 MEND 之间的指令序列称为宏定义体,在宏定义体的第一行应声明宏的原型(包含宏名、所需的参数),然后就可以在汇编程序中通过宏名来调用该指令序列。在源程序被编译时,汇编器将宏调用展开,用宏定义中的指令序列代替程序中的宏调用,并将实际参数的值传递给宏定义中的形式参数。

MACRO…MEND 伪指令可以嵌套使用。

(4) MEXIT

语法格式:

```
MEXIT
```

MEXIT 用于从宏定义中跳转出去。

4.1.4　其他常用的伪指令

在汇编程序中还有一些其他的伪指令经常会被使用,包括 AREA、ALIGN、CODE16(或 CODE32)、ENTRY、END、EQU、EXPORT(或 GLOBAL)、IMPORT、EXTERN、GET(或 INCLUDE)、INCBIN、RN、ROUT。

(1) AREA

语法格式:

```
AREA 段名 属性 1,属性 2,…
```

AREA 伪指令用于定义一个代码段或数据段。其中，段名若以数字开头，则该段名需用"|"括起来，如|1_test|。属性字段表示该代码段（或数据段）的相关属性，多个属性用逗号分隔。常用的属性如下：

> CODE 属性用于定义代码段，默认为 READONLY。
> DATA 属性用于定义数据段，默认为 READWRITE。
> READONLY 属性指定本段为只读，代码段默认为 READONLY。
> READWRITE 属性指定本段为可读可写，数据段的默认属性为 READWRITE。
> ALIGN 属性使用方式为 ALIGN 表达式。在默认时，ELF（可执行链接文件）的代码段和数据段是按字对齐的，表达式的取值范围为 0~31，相应的对齐方式为 2 表达式次幂。
> COMMON 属性该属性定义一个通用的段，不包含任何的用户代码和数据。各源文件中同名的 COMMON 段共享同一段存储单元。

一个汇编语言程序至少要包含一个段，当程序太长时，也可以将程序分为多个代码段和数据段。

使用示例：

```
AREA Init,CODE,READONLY
指令序列
;该伪指令定义了一个代码段,段名为 Init,属性为只读
```

(2) ALIGN

语法格式：

```
ALIGN {表达式{,偏移量}}
```

ALIGN 伪指令可通过添加填充字节的方式，使当前位置满足一定的对其方式。其中，表达式的值用于指定对齐方式，可能的取值为 2 的幂，如 1、2、4、8、16 等。若未指定表达式，则将当前位置对齐到下一个字的位置。偏移量也为一个数字表达式，若使用该字段，则当前位置的对齐方式为：2 的表达式次幂＋偏移量。使用示例：

```
AREA Init,CODE,READONLY,ALIEN = 3 ;指定后面的指令为 8 字节对齐
指令序列
END
```

(3) CODE16(或 CODE32)

语法格式：

```
CODE16(或 CODE32)
```

CODE16 伪指令通知编译器，其后的指令序列为 16 位的 Thumb 指令。

CODE32 伪指令通知编译器，其后的指令序列为 32 位的 ARM 指令。若在汇编源程序中同时包含 ARM 指令和 Thumb 指令时，可用 CODE16 伪指令通知编译器其后的指令序列为 16 位的 Thumb 指令，CODE32 伪指令通知编译器其后的指令序列为 32 位的 ARM 指令。因此，在使用 ARM 指令和 Thumb 指令混合编程的代码里，可用这两条伪指令进行切换，但注意它们只通知编译器其后指令的类型，并不能对处理器进行状态的切换。使用示例：

```
AREA Init,CODE,READONLY
…
CODE32              ;通知编译器其后的指令为 32 位的 ARM 指令
LDR R0 , = NEXT + 1 ;将跳转地址放入寄存器 R0
BX R0               ;程序跳转到新的位置执行,并将处理器切换到 Thumb 工作状态
…
CODE16              ;通知编译器其后的指令为 16 位的 Thumb 指令
NEXT LDR R3 , = 0x3FF
…
END                 ;程序结束
```

(4) ENTRY

语法格式：

```
ENTRY
```

ENTRY 伪指令用于指定汇编程序的入口点。在一个完整的汇编程序中至少要有一个 ENTRY（也可以有多个，当有多个 ENTRY 时，程序的真正入口点由链接器指定），但在一个源文件里最多只能有一个 ENTRY（可以没有）。使用示例：

```
AREA Init,CODE,READONLY
ENTRY       ;指定应用程序的入口点
…
```

(5) END

语法格式：

```
END
```

END 伪指令用于通知编译器已经到了源程序的结尾。使用示例：

```
AREA Init,CODE,READONLY
…
END        ;指定应用程序的结尾
```

(6) EQU

语法格式：

```
名称   EQU 表达式{,类型}
```

EQU 伪指令用于为程序中的常量、标号等定义一个等效的字符名称,类似于 C 语言中的♯define。其中 EQU 可用"＊"代替。名称为 EQU 伪指令定义的字符名称,当表达式为 32 位的常量时,可以指定表达式的数据类型,可以有以下三种类型:CODE16、CODE32 和 DATA。使用示例:

```
Test EQU 50              ;定义标号 Test 的值为 50
Addr EQU 0x55,CODE32     ;定义 Addr 的值为 0x55,且该处为 32 位的 ARM 指令
```

(7) EXPORT(或 GLOBAL)

语法格式:

```
EXPORT    标号{[WEAK]}
```

EXPORT 伪指令用于在程序中声明一个全局的标号,该标号可在其他的文件中引用。EXPORT 可用 GLOBAL 代替。标号在程序中区分大小写,[WEAK]选项声明其他的同名标号优先于该标号被引用。使用示例:

```
AREA Init,CODE,READONLY
EXPORT    Stest     ;声明一个可全局引用的标号 Stest
…
END
```

(8) IMPORT

语法格式:

```
IMPORT    标号{[WEAK]}
```

IMPORT 伪指令用于通知编译器要使用的标号在其他的源文件中定义,但要在当前源文件中引用,而且无论当前源文件是否引用该标号,该标号均会被加入到当前源文件的符号表中。标号在程序中区分大小写,[WEAK]选项表示当所有的源文件都没有定义这样一个标号时,编译器也不给出错误信息,在多数情况下将该标号置为0;若该标号为 B 或 BL 指令引用,则将 B 或 BL 指令置为 NOP 操作。使用示例:

```
AREA Init,CODE,READONLY
IMPORT  Main ;通知编译器当前文件要引用标号 Main,但 Main 在其他源文件中定义
…
END
```

(9) EXTERN

语法格式:

```
EXTERN    标号{[WEAK]}
```

EXTERN 伪指令用于通知编译器要使用的标号在其他的源文件中定义,但要在当前源文件中引用,如果当前源文件实际并未引用该标号,该标号就不会被加入到当

前源文件的符号表中。标号在程序中区分大小写,[WEAK]选项表示当所有的源文件都没有定义这样一个标号时,编译器也不给出错误信息,在多数情况下将该标号置为 0,若该标号为 B 或 BL 指令引用,则将 B 或 BL 指令置为 NOP 操作。使用示例:

```
AREA Init,CODE,READONLY
EXTERN  Main ;通知编译器当前文件要引用标号 Main,但 Main 在其他源文件中定义
...
END
```

(10) GET(或 INCLUDE)

语法格式:

```
GET   文件名
```

GET 伪指令用于将一个源文件包含到当前的源文件中,并将被包含的源文件在当前位置进行汇编处理。可以使用 INCLUDE 代替 GET。汇编程序中常用的方法是在某源文件中定义一些宏指令,用 EQU 定义常量的符号名称,用 MAP 和 FIELD 定义结构化的数据类型,然后用 GET 伪指令将这个源文件包含到其他的源文件中。使用方法与 C 语言中的 include 相似。GET 伪指令只能用于包含源文件,包含目标文件需要使用 INCBIN 伪指令。使用示例:

```
AREA Init,CODE,READONLY
GET a1.s          ;通知编译器当前源文件包含源文件 a1.s
GE T C:\a2.s      ;通知编译器当前源文件包含源文件 C:\ a2.s
...
1END
```

(11) INCBIN

语法格式:

```
INCBIN   文件名
```

INCBIN 伪指令用于将一个目标文件或数据文件包含到当前的源文件中,被包含的文件不作任何变动地存放在当前文件中,编译器从其后开始继续处理。使用示例:

```
AREA Init,CODE,READONLY
INCBIN  a1.dat       ;通知编译器当前源文件包含文件 a1.dat
INCBIN  C:\a2.txt    ;通知编译器当前源文件包含文件 C:\a2.txt
...
END
```

(12) RN

语法格式:

名称　RN　表达式

RN 伪指令用于给一个寄存器定义一个别名。采用这种方式可以方便程序员记忆该寄存器的功能。其中，名称为给寄存器定义的别名，表达式为寄存器的编码。使用示例：

Temp RN R0　;将 R0 定义一个别名 Temp

(13) ROUT

语法格式：

〈名称〉ROUT

ROUT 伪指令用于给一个局部变量定义作用范围。在程序中未使用该伪指令时，局部变量的作用范围为所在的 AREA；而使用 ROUT 后，局部变量的作用范围为当前 ROUT 和下一个 ROUT 之间。

4.2　汇编语言的语句格式

ARM（Thumb）汇编语言的语句格式为：

〈标号〉〈指令或伪指令〉〈;注释〉

在汇编语言程序设计中，每一条指令的助记符可以全部用大写或全部用小写，但不用许在一条指令中大、小写混用。同时，如果一条语句太长，可将该长语句分为若干行来书写，在行的末尾用"\"表示下一行与本行为同一条语句。

4.2.1　在汇编语言程序中常用的符号

在汇编语言程序设计中，经常使用各种符号代替地址、变量和常量等，以增加程序的可读性。尽管符号的命名由编程者决定，但并不是任意的，必须遵循以下的约定：

➢ 符号区分大小写，同名的大、小写符号会被编译器认为是两个不同的符号。

➢ 符号在其作用范围内必须唯一。

➢ 自定义的符号名不能与系统的保留字相同。

➢ 符号名不应与指令或伪指令同名。

(1) 程序中的变量

程序中的变量是指其值在程序的运行过程中可以改变的量。ARM（Thumb）汇编程序所支持的变量有数字变量、逻辑变量和字符串变量。数字变量用于在程序的运行中保存数字值，但注意数字值的大小不应超出数字变量所能表示的范围。逻辑变量用于在程序的运行中保存逻辑值，逻辑值只有两种取值情况：真或假。字符串变量用于在程序的运行中保存一个字符串，但注意字符串的长度不应超出字符串变量所能表示的范围。

在 ARM(Thumb)汇编语言程序设计中,可使用 GBLA、GBLL、GBLS 伪指令声明全局变量,使用 LCLA、LCLL、LCLS 伪指令声明局部变量,并可使用 SETA、SETL 和 SETS 对其进行初始化。

(2) 程序中的常量

程序中的常量是指其值在程序的运行过程中不能被改变的量。ARM(Thumb)汇编程序所支持的常量有数字常量、逻辑常量和字符串常量。数字常量一般为 32 位的整数,当作为无符号数时,其取值范围为 $0 \sim 2^{32}-1$;当作为有符号数时,其取值范围为 $-2^{31} \sim 2^{31}-1$。逻辑常量只有两种取值情况:真或假。字符串常量为一个固定的字符串,一般用于程序运行时的信息提示。

(3) 程序中的变量代换

程序中的变量可通过代换操作取得一个常量。代换操作符为“$”。如果在数字变量前面有一个代换操作符“$”,编译器会将该数字变量的值转换为十六进制的字符串,并将该十六进制的字符串代换“$”后的数字变量。如果在逻辑变量前面有一个代换操作符“$”,编译器会将该逻辑变量代换为它的取值(真或假)。如果在字符串变量前面有一个代换操作符“$”,编译器会将该字符串变量的值代换“$”后的字符串变量。使用示例:

```
LCLS S1          ;定义局部字符串变量 S1 和 S2
LCLS S2
S1    SETS    "Test!"
S2    SETS    "This is a $S1"   ;字符串变量 S2 的值为"This is a Test!"
```

4.2.2　汇编语言程序中的表达式和运算符

在汇编语言程序设计中,也经常使用各种表达式,表达式一般由变量、常量、运算符和括号构成。常用的表达式有数字表达式、逻辑表达式和字符串表达式,其运算次序遵循如下的优先级:优先级相同的双目运算符的运算顺序为从左到右;相邻的单目运算符的运算顺序为从右到左,且单目运算符的优先级高于其他运算符;括号运算符的优先级最高。

(1) 数字表达式及运算符

数字表达式一般由数字常量、数字变量、数字运算符和括号构成。与数字表达式相关的运算符如下:

① “+”、“−”、“×”、“/” 及 MOD 算术运算符。这些算术运算符分别代表加、减、乘、除和取余数运算。例如,以 X 和 Y 表示两个数字表达式,则:

```
X + Y          表示 X 与 Y 的和
X − Y          表示 X 与 Y 的差
X × Y          表示 X 与 Y 的乘积
```

X/Y   表示 X 除以 Y 的商

X:MOD:Y   表示 X 除以 Y 的余数

② ROL、ROR、SHL 及 SHR 移位运算符。以 X 和 Y 表示两个数字表达式,这些移位运算符代表的运算如下:

X:ROL:Y   表示将 X 循环左移 Y 位

X:ROR:Y   表示将 X 循环右移 Y 位

X:SHL:Y   表示将 X 左移 Y 位

X:SHR:Y   表示将 X 右移 Y 位

③ AND、OR、NOT 及 EOR 按位逻辑运算符。以 X 和 Y 表示两个数字表达式,这些按位逻辑运算符代表的运算如下:

X:AND:Y   表示将 X 和 Y 按位作逻辑与的操作

X:OR:Y   表示将 X 和 Y 按位作逻辑或的操作

:NOT:Y   表示将 Y 按位作逻辑非的操作

X:EOR:Y   表示将 X 和 Y 按位作逻辑异或的操作

(2) 逻辑表达式及运算符

逻辑表达式一般由逻辑量、逻辑运算符和括号构成,其表达式的运算结果为真或假。与逻辑表达式相关的运算符如下:

① "="、">"、"<"、">="、"<="、"/="、"<>" 运算符。以 X 和 Y 表示两个逻辑表达式,这些运算符代表的运算如下:

X = Y   表示 X 等于 Y

X > Y   表示 X 大于 Y

X < Y   表示 X 小于 Y

X >= Y   表示 X 大于等于 Y

X <= Y   表示 X 小于等于 Y

X /= Y   表示 X 不等于 Y

X <> Y   表示 X 不等于 Y

② LAND、LOR、LNOT 及 LEOR 运算符。以 X 和 Y 表示两个逻辑表达式,这些逻辑运算符代表的运算如下:

X:LAND:Y   表示将 X 和 Y 作逻辑与的操作

X:LOR:Y   表示将 X 和 Y 作逻辑或的操作

:LNOT:Y   表示将 Y 作逻辑非的操作

X:LEOR:Y   表示将 X 和 Y 作逻辑异或的操作

(3) 字符串表达式及运算符

字符串表达式一般由字符串常量、字符串变量、运算符和括号构成。编译器所支持的字符串最大长度为 512 字节。常用的与字符串表达式相关的运算符如下:

① LEN 运算符,返回字符串的长度(字符数),以 X 表示字符串表达式,语法格

式如下:

```
:LEN:X
```

② CHR 运算符,将 0~255 之间的整数转换为一个字符,以 M 表示某一个整数,其语法格式如下:

```
:CHR:M
```

③ STR 运算符,将一个数字表达式或逻辑表达式转换为一个字符串。对于数字表达式,STR 运算符将其转换为一个以十六进制组成的字符串;对于逻辑表达式,STR 运算符将其转换为字符串 T 或 F,其语法格式如下:

```
:STR:X
```

其中,X 为一个数字表达式或逻辑表达式。

④ LEFT 运算符,返回某个字符串左端的一个子串,其语法格式如下:

```
X:LEFT:Y
```

其中,X 为源字符串,Y 为一个整数,表示要返回的字符个数。

⑤ RIGHT 运算符,与 LEFT 运算符相对应,RIGHT 运算符返回某个字符串右端的一个子串,其语法格式如下:

```
X:RIGHT:Y
```

其中,X 为源字符串,Y 为一个整数,表示要返回的字符个数。

⑥ CC 运算符,CC 运算符用于将两个字符串连接成一个字符串,其语法格式如下:

```
X:CC:Y
```

其中,X 为源字符串 1,Y 为源字符串 2,CC 运算符将 Y 连接到 X 的后面。

(4) 与寄存器和程序计数器(PC)相关的表达式及运算符

① BASE 运算符,返回基于寄存器的表达式中寄存器的编号,其语法格式如下:

```
:BASE:X
```

其中,X 为与寄存器相关的表达式。

② INDEX 运算符,返回基于寄存器的表达式中相对于其基址寄存器的偏移量,其语法格式如下:

```
:INDEX:X
```

其中,X 为与寄存器相关的表达式。

(5) 其他常用运算符

① "?"运算符,返回某代码行所生成的可执行代码的长度,例如:

? X；返回定义符号 X 的代码行所生成的可执行代码的字节数

② DEF 运算符，判断是否定义某个符号，例如：

:DEF:X

如果符号 X 已经定义，则结果为真，否则为假。

4.3　汇编语言的程序结构

4.3.1　汇编语言的程序结构

在 ARM(Thumb)汇编语言程序中，以程序段为单位组织代码。段是相对独立的指令或数据序列，具有特定的名称。段可以分为代码段和数据段，代码段的内容为执行代码，数据段存放代码运行时需要用到的数据。一个汇编程序至少应该有一个代码段，当程序较长时，可以分割为多个代码段和数据段，多个段在程序编译链接时最终形成一个可执行的映象文件。可执行映象文件通常由以下几部分构成：

➤ 一个或多个代码段，代码段的属性为只读。

➤ 零个或多个包含初始化数据的数据段，数据段的属性为可读/写。

➤ 零个或多个不包含初始化数据的数据段，数据段的属性为可读/写。

链接器根据系统默认或用户设定的规则，将各个段安排在存储器中的相应位置。因此，源程序中段之间的相对位置与可执行的映象文件中段的相对位置一般不会相同。

以下是一个汇编语言源程序的基本结构：

```
AREA Init,CODE,READONLY
ENTRY
Start
LDR   R0, = 0x3FF5000
LDR   R1,0xFF
STR   R1,[R0]
LDR   R0, = 0x3FF5008
LDR   R1,0x01
STR   R1,[R0]
...
END
```

在汇编语言程序中，用 AREA 伪指令定义一个段，并说明所定义段的相关属性。本例定义一个名为 Init 的代码段，属性为只读。ENTRY 伪指令标识程序的入口点，接下来为指令序列，程序的末尾为 END 伪指令，该伪指令告诉编译器源文件的结束。每一个汇编程序段都必须有一条 END 伪指令，指示代码段的结束。

4.3.2　汇编语言的子程序调用

在 ARM 汇编语言程序中,子程序的调用一般是通过 BL 指令来实现的。在程序中,使用指令:

　　BL　　子程序名

即可完成子程序的调用。

该指令在执行时完成如下操作:将子程序的返回地址存放在连接寄存器 LR 中,同时将程序计数器 PC 指向子程序的入口点,当子程序执行完毕需要返回调用处时,只需要将存放在 LR 中的返回地址重新复制给程序计数器 PC 即可。在调用子程序的同时,也可以完成参数的传递和从子程序返回运算的结果,通常可以使用寄存器 R0~R3 完成。

以下是使用 BL 指令调用子程序的汇编语言源程序的基本结构:

```
AREA Init,CODE,READONLY
ENTRY
Start
LDR  R0, = 0x3FF5000
LDR  R1,0xFF
STR  R1,[R0]
LDR  R0, = 0x3FF5008
LDR  R1,0x01
STR  R1,[R0]
BL  PRINT_TEXT
...
PRINT_TEXT
...
MOV  PC,BL
...
END
```

4.3.3　汇编语言程序示例

以下是一个基于 S3C6410 的串行通信程序,关于其工作原理可以参考第 6 章的相关内容,在此仅向读者说明一个完整汇编语言程序的基本结构。

```
;********************************************************
;Institute of Automation,Chinese Academy of Sciences
;Description: This example shows the UART communication!
;Author: JuGuang,Lee
;Date:
```

```
;**************************************************
UARTLCON0 EQU 0x3FFD000
UARTCONT0 EQU 0x3FFD004
UARTSTAT0 EQU 0x3FFD008
UTXBUF0 EQU 0x3FFD00C
UARTBRD0 EQU 0x3FFD014
    AREA Init,CODE,READONLY
    ENTRY
;;*************************************************
;LED Display
;;*************************************************
    LDR R1, = 0x3FF5000
    LDR R0, = &ff
    STR R0,[R1]
    LDR R1, = 0x3FF5008
    LDR R0, = &ff
    STR R0,[R1]
;;*************************************************
;UART0 line control register
;;*************************************************
    LDR R1, = UARTLCON0
    LDR R0, = 0x03
    STR R0,[R1]
;;*************************************************
;UART0 control regiser
;;*************************************************
    LDR R1, = UARTCONT0
    LDR R0, = 0x9
    STR R0,[R1]
;;*************************************************
;UART0 baud rate divisor regiser
;Baudrate = 19200,对应于 50 MHz 的系统工作频率
;;*************************************************
    LDR R1, = UARTBRD0
    LDR R0, = 0x500
    STR R0,[R1]
;**************************************************
;Print the messages!
;**************************************************
LOOP
    LDR R0, = Line1
    BL PrintLine
```

```
    LDR R0, = Line2
    BL PrintLine
    LDR R0, = Line3
    BL PrintLine
    LDR R0, = Line4
    BL PrintLine
    LDR R1, = 0x7FFFFF
LOOP1
    SUBS R1,R1,#1
    BNE LOOP1
    B LOOP
;***********************************************
;Print line
;***********************************************
PrintLine
    MOV R4,LR
    MOV R5,R0
Line
    LDRB R1,[R5],#1
    AND R0,R1,#&FF
    TST R0,#&FF
    MOVEQ PC,R4
    BL PutByte
    B Line
PutByte
    LDR R3, = UARTSTAT0
    LDR R2,[R3]
    TST R2,#&40
    BEQ PutByte
    LDR R3, = UTXBUF0
    STR R0,[R3]
    MOV PC,LR
Line1 DCB &A,&D,"*****************************************",0
Line2 DCB &A,&D,"Chinese Academy of Sciences,Institute of Automation,Complex System
Lab.",0
Line3 DCB &A,&D,"  ARM Development Board Based on Samsung ARM S3C4510B.",0
Line4   DCB &A,&D,&A,&D,&A,&D,&A,&D,&A,&D,&A,&D,&A,&D,&A,&D,&A,&D,&A,&D,&A,&D,&A,
&D,&A,&D,&A,&D,&A,&D,0
END
```

4.4　汇编语言模块的结构

汇编语言是指 ARM 汇编程序（armasm）进行分析并汇编生成对象代码的语言。默认情况下，汇编程序应使用 ARM 汇编语言编写源代码。

armasm 支持用旧版本的 ARM 汇编语言编写的源代码。在这种情况下，它无须获得相应的通知。armasm 还可支持用旧版本的 Thumb 汇编语言编写的源代码。在这种情况下，必须在源代码中使用——16 命令行选项或 CODE16 指令通知 armasm。旧版本的 Thumb 汇编语言不支持 Thumb－2 指令。

4.4.1　汇编语言源文件的编排

汇编语言的源代码行的一般格式是：

{label} {instruction|directive|pseudo-instruction} {;comment}

注意：即使没有标签，指令、伪指令和指令前面也必须使用空格或制表符等留出空白。源代码行的所有三部分都是可选的。使用空行可使代码更具可读性。大小写规则指令助记符、指令和符号寄存器名称可以用大写或小写编写，但不能混合使用大小写。

（1）行长度

为使源文件更容易阅读，可以在行尾放置反斜杠符（\），将较长的源代码行拆分为多个行。反斜杠后面不得有任何其他字符，包括空格和制表符。汇编程序将反斜杠（/）行尾序列视为空白。

注意：不要在带引号的字符串内使用反斜杠（/）行尾序列；行长度的最大值为 4 095 个字符，包括使用反斜杠的任何扩展在内。

（2）标　签

标签是表示地址的符号。在汇编期间，将计算由标签指定的地址。汇编程序计算标签相对于定义标签的节的原点的地址。引用同一节内的标签时，可以使用 PC 加上或减去偏移量，这称为程序相对寻址。其他节中标签的地址是在链接时计算的，此时链接器已在内存中为每一节分配了具体的位置。

局部标签是标签的一个子类。局部标签以 0～99 之间内的一个数字开头。与其他标签不同的是，局部标签可以被定义多次。如果用宏生成标签，局部标签就十分有用。当汇编程序找到对一个局部标签的引用时，就会将其链接到该局部标签的相邻实例上。局部标签的范围由 AREA 指令加以限制。使用 ROUT 指令可以更严格地限制其范围。

（3）注　释

行中第一个分号标记注释的开始，但不包括出现在字符串常数内的分号。行末就是注释的结束。一个注释本身就是一个有效的行。汇编程序将忽略所有注释。

(4) 常　量

常量可以是数值常量、逻辑常量和字符串常量。数值常量可以是以下的形式：

> 十进制数，例如 123。
> 十六进制数，例如 0x7B。
> n_xxx，其中：n 是 2～9 范围内的基数，xxx 是采用该基数的数字。
> 浮点数，例如 0.02、123.0 或 3.141 59，仅当系统具有使用浮点数的 VFP 或 NEON 时，浮点数才可用。
> 字符常量由左右单引号组成，中间括有单个字符或一个采用标准的 C 转义字符的转义字符。

逻辑常量只有两种取值情况{TRUE}和{FALSE}，注意带大括号。

字符串常量由用双引号括起的多个字符和空格组成。如果在一个字符串内使用了双引号或美元符号为文本字符，则这些符号必须用一对相应的字符来表示。例如，如果需要在字符串内使用单个"$"，则必须书写为"$$"。在字符串常量内可以使用标准的 C 转义序列。

4.4.2　ARM 汇编语言模块的示例

例 4-1 显示了汇编语言模块的一些核心成分。在主示例目录 install_directory\RVDS\Examples 中以 armex.s 文件形式提供了该示例。有关如何汇编、链接和执行该示例的说明，请参阅如下代码。以下各小节详细介绍了此示例的组成部分。

【例 4-1】

```
    AREA ARMex,CODE,READONLY      //Name this block of code ARMex
    ENTRY                         //Mark first instruction to execute
Start:
    MOV r0,#10 ; Set up parameters
    MOV r1,#3
    ADD r0,r0,r1 ; r0 = r0 + r1
Stop:
    MOV r0,#0x18                  //angel_SWIreason_ReportException
    LDR r1, = 0x20026             //ADP_Stopped_ApplicationExit
    SVC #0x123456                 //ARM semihosting (formerly SWI)
    END                           //Mark end of file
```

(1) ELF 节和 AREA 指令

ELF 节是独立的、已命名的、不可分割的代码或数据序列。单个代码节是生成应用程序的最低要求。汇编或编译的输出内容可包括：

> 一个或多个代码节。它们通常是只读节。
> 一个或多个数据节。它们通常是读/写节。它们可以是零初始化的(ZI)。链

接器依照节位置规则，将每个节放在一个程序映像中。对于在源文件中相邻的节，在应用程序映像中不一定相邻。有关链接器如何放置节的详细信息，请参阅《RealView 编译工具链接器和实用程序指南》中的第 3 章内容（使用基本链接器功能）。在源文件中，AREA 指令标记一节的开始。该指令对节进行命名并设置其属性。属性放在名称后面，之间用逗号分隔。可以为节选择任何名称。但是，以任何非字母字符开头的名称必须括在竖线内，否则会生成 AREA name missing 错误。例如，|1_DataArea|。

例 4-1 定义了一个名为 ARMex 的单个节，其中包含代码并被标记为 READONLY。

(2) ENTRY 指令

ENTRY 指令标记的是第一个要执行的指令。在包含 C 代码的应用程序中，在 C 库初始化代码中也包含一个入口点。初始化代码和异常处理程序也包含入口点。

应用程序执行：ENTRY 码在标签 START 处开始执行，并在此处将十进制值 10 和 3 加载到寄存器 r0 和 r1 中。这些寄存器将一起相加，并且结果将存放到 r0 中。

应用程序终止：在执行主代码后，应用程序会将控制权返回调试器，以此来终止执行。此操作通过将 ARM 半主机 SVC（默认为 0x123456）与下列参数结合使用来完成：r0 等于 angel_SWIreason_ReportException(0x18)；r1 等于 ADP_Stopped_ApplicationExit(0x20026)。

(3) END 指令

此指令指示汇编程序停止处理此源文件。每个汇编语言源模块必须以仅包括 END 指令的一行结束。

4.4.3　调用子例程

若要调用子例程，应使用跳转和链接指令，其语法是：

```
BL destination
```

其中，destination 通常是位于子例程的第一个指令处的标签。destination 也可以是程序相对表达式。与 BL 指令指令相关的使用方法后面章节详细介绍。

➢ 将返回地址存放到链接寄存器中
➢ 将 pc 设置为子例程的地址。

例 4-2 显示了一个子例程，它将两个参数值相加并将结果返回 r0。在主示例目录 install_directory\RVDS\Examples 中以 subrout.s 文件形式提供了该示例。有关如何汇编、链接和执行请参考本书后面的介绍。

【例 4-2】

```
AREA subrout,CODE,READONLY     ; Name this block of code
ENTRY                          ; Mark first instruction to execute
```

```
start:
        MOV r0,#10              ; Set up parameters
        MOV r1,#3
        BL doadd                ; Call subroutine
stop:
        MOV r0,#0x18            ; angel_SWIreason_ReportException
        LDR r1,=0x20026         ; ADP_Stopped_ApplicationExit
        SVC #0x123456           ; ARM semihosting (formerly SWI)
        doadd ADD r0,r0,r1      ; Subroutine code
        BX lr                   ; Return from subroutine
        END                     ; Mark end of file
```

4.4.4　条件执行

在 ARM 状态下以及具有 Thumb－2 处理器上的 Thumb 状态下,大多数数据处理指令都具有一个选项,该选项可根据运算结果来更新应用程序状态寄存器(APSR)中的 ALU 状态标记。有些指令会更新所有标记,而有些指令仅更新部分标记。如果某一标记未得到更新,则会保留其原始值。每个指令的描述详细介绍了它对这些标记所具有的影响。未执行的条件指令对这些标记没有影响。

在早期体系结构中的 Thumb 状态下,大多数数据处理指令会自动更新 ALU 状态标记。没有用于更新这些标记的选项,而其他指令不能更新这些标记。

在 ARM 状态下以及具有 Thumb－2 处理器上的 Thumb 状态下,可以根据其他指令中设置的 ALU 状态标记有条件地执行指令,执行时间为:在更新这些标记的指令后立即执行;在尚未更新这些标记的任何数目的插入指令之后执行。

可以根据 APSR 中的 ALU 状态标记的状态有条件地执行几乎所有 ARM 指令。有关添加到指令中以使其有条件执行的后缀的列表,在 Thumb 态下,使用条件跳转是一种条件执行机制。在具有 Thumb－2 的处理器上的 Thumb 状态下,可以使用特殊的 IT (If－Then) 指令使指令有条件地执行。此外,还可以使用 CBZ(零条件跳转)和 CBNZ 指令将寄存器值与零进行比较。

(1) ALU 状态标记

APSR 包含下列 ALU 状态标记:

N　当运算结果为负值时设置此标记。

Z　当运算结果为零时设置此标记。

C　当运算导致进位时设置此标记。

V　当运算导致溢出时设置此标记。

如果加法的结果大于或等于 232,减法的结果为正值,或者是移动或逻辑指令中的内嵌滚筒式移位器运算的结果导致进位,则会产生进位。如果加法、减法或比较的结果大于或等于 231 或小于－231,则会发生溢出。

（2）条件执行

可有条件执行的指令具有可选条件代码，如{cond}中的语法描述所示。此条件在 ARM 指令中编码，也可在 Thumb－2 指令的前一 IT 指令中编码。仅当 APSR 中的条件代码标记满足指定的条件时，才会执行带有条件代码的指令。表 4.1 显示了可使用的条件代码，还显示了条件代码后缀与 N、Z、C 和 V 标记之间的关系。

在没有 Thumb－2 的 Thumb 处理器上，仅允许在某些跳转指令中使用{cond}字段。

表 4.1　条件代码后缀

后　缀	标　记	含　义
EQ	设置 Z	等于
NE	清除 Z	不等于
CS/HS	设置 C	大于或等于(无符号＞＝)
CC/LO	清除 C	小于(无符号＜)
MI	设置 N	负数
PL	清除 N	正数或零
VS	设置 V	溢出
VC	清除 V	无溢出
HI	设置 C 并清除 Z	大于(无符号＞)
LS	清除 C 或设置 Z	小于或等于(无符号＜＝)
GE	N 与 V 相同	有符号＞＝
LT	N 与 V 不同	有符号＜
GT	清除 Z,N 与 V 相同	有符号＞
LE	设置 Z,N 与 V 不同	有符号＜＝
AL	任何	始终。通常会忽略此后缀

显示了条件执行的示例如下：

```
ADD    r0,r1,r2       ; r0 = r1 + r2,don't update flags
ADDS   r0,r1,r2       ; r0 = r1 + r2,and update flags
ADDSCS r0,r1,r2       ; If C flag set then r0 = r1 + r2,and update flags
CMP    r0,r1          ; update flags based on r0 - r1
```

4.4.5　使用条件执行及其示例

可以利用 ARM 指令的条件执行来减少代码中跳转指令的数目，这样可提高代码密度。Thumb－2 中的 IT 指令也实现了类似的改进。

跳转指令在处理器周期中也是很耗时的。在没有跳转预测硬件的 ARM 处理器上，每执行一次跳转，通常就需要 3 个处理器周期来重填处理器管道。有些 ARM 处理器(如 ARM10 和 StrongARM)具有跳转预测硬件，在使用这些处理器的系统中，仅当存在误预测时才需要刷新和重填管道。

此示例使用最大公约数(gcd)算法(Euclid)的两种实现方法。它演示了如何使用条件执行来提高代码密度和执行速度。有关执行速度的详细分析仅适用于 ARM7 处理器。代码密度计算则适用于所有 ARM 处理器。

在 C 语言中,该算法可以表示为:

```
int gcd(int a,int b)
{
while (a ! = b)
{
if (a > b)
a = a - b;
else
b = b - a;
}
return a;
}
```

采用以下方法,可以只用跳转条件执行来实现 gcd 函数:

```
gcd CMP r0,r1
BEQ end
BLT less
SUBS r0,r0,r1 ; could be SUB r0,r0,r1 for ARM
B gcd
less
SUBS r1,r1,r0 ; could be SUB r1,r1,r0 for ARM
B gcd
end
```

由于跳转数目的限制,该代码的长度是 7 个指令。每执行一次跳转,处理器就必须重填管道并从新位置继续执行。其他指令和未执行的跳转各使用一个周期。

通过使用 ARM 指令集的条件执行功能,仅用 4 个指令即可执行 gcd 函数:

```
gcd
CMP r0,r1
SUBGT r0,r0,r1
SUBLE r1,r1,r0
BNE gcd
```

除了缩短代码长短之外,大多数情况下此代码的执行速度也比较快。表 4.2 和表 4.3 在 r0 等于 1 且 r1 等于 2 的情况下,显示了每种执行方法所使用的周期数目。在这种情况下,用有条件地执行所有指令来代替跳转可节省 3 个周期。在 r0 等于 r1 时的任何情况下,两种形式的代码的执行周期数都相等。在其他所有情况下,条件形式的代码的执行周期数较少。

表 4.2　仅使用条件跳转

r0:a	r1:b	指　令	周期数（ARM7）
1	2	CMP r0,r1	1
1	2	BEQ end	1（未执行）
1	2	BLT less	3
1	2	SUB r1,r1,r0	1
1	2	B gcd	3
1	1	CMP r0,r1	1
1	1	BEQ end	3

注：周期数总计 13 个。

表 4.3　所有指令都是条件指令

r0:a	r1:b	指　令	周期数（ARM7）
1	2	CMP r0,r1	1
1	2	SUBGT r0,r0,r1	1（未执行）
1	1	SUBLT r1,r1,r0	1
1	1	BNE gcd	3
1	1	CMP r0,r1	1
1	1	SUBGT r0,r0,r1	1（未执行）
1	1	SUBLT r1,r1,r0	1（未执行）
1	1	BNE gcd	1（未执行）

注：周期数总计 10 个。

（1）gcd 的 16 位 Thumb 版本

由于 B 是可以有条件执行的唯一的 16 位 Thumb 指令，因此必须用 Thumb 代码中的条件跳转来编写 gcd 算法。与 ARM 条件跳转执行方法类似，Thumb 代码也需要 7 个指令。在使用 Thumb 指令时，与较小的 ARM 代码执行的 16 字节相比，整个代码大小只有 14 字节。

此外，在使用 16 位内存的系统中，Thumb 版本比第二种 ARM 执行方法运行得快，因为每个 16 位 Thumb 指令只需要访问一次内存，而每个 ARM 32 位指令需要两次存取。

（2）gcd 的 Thumb-2 版本

通过使用 IT 指令使 SUB 成为条件指令，可以将此代码的 ARM 版本转换为 Thumb-2 代码：

```
gcd
CMP r0,r1
ITE GT
SUBGT r0,r0,r1
```

```
SUBLE r1,r1,r0
BNE gcd
```

上述代码会正常地同样汇编为 ARM 或 Thumb - 2 代码。汇编程序会检查 IT 指令，但在汇编为 ARM 代码时会忽略这些指令。读者可以忽略 IT 指令，在汇编为 Thumb - 2 代码时汇编程序会插入此类指令。

如果 Thumb - 2 代码中所需的指令比 ARM 代码多一个，则整个代码大小在 Thumb - 2 代码中为 10 字节，而在 ARM 代码中则为 16 字节。

4.4.6　Q 标记

在 ARMv5TE、ARMv6 及更高版本中，当饱和算术指令（QADD、QSUB、QDADD 和 QDSUB)中出现饱和或某些乘法指令中出现溢出时，会记录 Q 标记。Q 标记是一种粘性标记。虽然这些指令可以设置该标记，但不能清除它。可以执行一系列这种指令，然后测试该标记，以确定是否在指令系列中的任何点发生了饱和或溢出，而无须在每个指令之后检查该标记。

4.4.7　汇编语言与 C/C++的混合编程

在应用系统的程序设计中，若所有的编程任务均用汇编语言来完成，其工作量是可想而知的，同时，不利于系统升级或应用软件移植。事实上，ARM 体系结构支持 C/C++以及与汇编语言的混合编程，在一个完整的程序设计的中，除了初始化部分用汇编语言完成以外，其主要的编程任务一般都用 C/C++完成。

汇编语言与 C/C++的混合编程通常有以下几种方式：

➢ 在 C/C++代码中嵌入汇编指令。

➢ 在汇编程序和 C/C++的程序之间进行变量的互访。

➢ 汇编程序、C/C++程序间的相互调用。

在以上的几种混合编程技术中，必须遵守一定的调用规则，如物理寄存器的使用、参数的传递等，这对于初学者来说，无疑显得过于烦琐。在实际的编程应用中，使用较多的方式是：程序的初始化部分用汇编语言完成，然后用 C/C++完成主要的编程任务，程序在执行时首先完成初始化过程，然后跳转到 C/C++程序代码中，汇编程序和 C/C++程序之间一般没有参数的传递，也没有频繁地相互调用，因此，整个程序的结构显得相对简单，容易理解。以下是一个这种结构程序的基本示例，该程序基于第 6 章所描述的硬件平台。

```
;************************************************************
;Institute of Automation,Chinese Academy of Sciences
;File Name:    Init.s
;Description:
;Author:       JuGuang,Lee
```

```
;Date：
;* * * * * * * * * * * * * * * * * * * * * * * * * * * * * * * * * * * *
IMPORT Main              ;通知编译器该标号为一个外部标号
AREA   Init,CODE,READONLY  ;定义一个代码段
ENTRY                   ;定义程序的入口点
LDR R0, = 0x3FF0000      ;初始化系统配置寄存器
LDR R1, = 0xE7FFFF80
STR R1,[R0]
LDR SP, = 0x3FE1000      ;初始化用户堆栈
BL Main                 ;跳转到 Main()函数处的 C/C＋＋代码执行
END                     ;标识汇编程序的结束
```

以上的程序段完成一些简单的初始化，然后跳转到 Main()函数所标识的 C/C＋＋代码处执行主要的任务，此处的 Main 仅为一个标号，也可使用其他名称，与 C 语言程序中的 main()函数没有关系。

```
/ * * * * * * * * * * * * * * * * * * * * * * * * * * * * * * * * * * * *
* Institute of Automation,Chinese Academy of Sciences
* File Name:  main.c
* Description:P0,P1 LED flash.
* Author:     JuGuang,Lee
* Date：
* * * * * * * * * * * * * * * * * * * * * * * * * * * * * * * * * * * * */
void Main(void)
{
    int i;
    * ((volatile unsigned long * ) 0x3ff5000) = 0x0000000f;
    while(1)
    {
        * ((volatile unsigned long * ) 0x3ff5008) = 0x00000001;
        for(i = 0; i＜0x7fFFF; i + +);
        * ((volatile unsigned long * ) 0x3ff5008) = 0x00000002;
        for(i = 0; i＜0x7FFFF; i + +);
    }
}
```

4.5　本章小结

本章介绍了 ARM 程序设计的一些基本概念，以及在汇编语言程序设计中常见的伪指令、基本语句格式基本结构等，同时简单介绍了 C/C＋＋和汇编语言混合编程等问题，这些问题均为程序设计中的基本问题，希望读者掌握。注意本章最后的两个示例均与后面章节介绍的 S3C6410 硬件平台有关系，读者可参考第 6 章相关内容。

4.6　练习题

1. GET 伪指令的含义是什么？

2. CPSR 寄存器标志位的作用是什么？

3. 编程实现对内存地址 0x3000 开始的 100 个内存单元填入 0x10000001～0x10000064 字数据，然后将每个字单元进行 64 位累加结果保存于［R9：R8］（R9 中存放高 32 位）。

4. 8421 码是一种十进制数，它采用 4 个 bit 位表示一个十进制位，分别用 0000～1001 表示十进制的 0～9。设计汇编程序将一个可以表示 8 位十进制的 8421 码数据转换成等价的整数型数据。

第 **5** 章

ARM C 语言程序设计基础

C 语言是常见的一种高级语言，它的运算速度快，编译效率高，可读性强，移植性好。用 C 语言编写的程序，一条语句可以代替多条汇编语言语句，因此嵌入式程序设计中经常会用到 C 语言程序设计。对于大中型项目来说，用 C/C++语言编写软件其开发周期和开发成本通常要小于汇编语言。所以在做项目时，一般会提倡用 C/C++语言编写代码。

ARM 体系结构支持 C/C++以及汇编语言的混合编程。一个完整的程序设计中，除了初始化部分用汇编语言完成外，其主要的编程任务一般由 C 语言完成。

本章的主要内容：

➢ C 语言基础；

➢ 常用 C 语言语句；

➢ 函数与函数库；

➢ 汇编与 C 混合编程；

➢ ATPCS 规则。

5.1 嵌入式系统中的 C 语言编程基础

1. 理解嵌入式 C 编程环境

嵌入式软件开发的一个非常重要的特点就是交叉编译，也就是开发工具运行的环境和被调试的程序不是运行在同一个硬件平台（处理器）上。一般而言，编译器、汇编器、链接器等工具链软件以及调试工具都运行在通用的 PC 机平台上，调试工具通过一定的通信手段将链接器输出的可执行文件下载到嵌入式系统开发板（一般称为目标系统）的存储器中，并通过一定的机制控制和观测目标系统的寄存器、存储器等。这个开发过程往往需要使用多种不同的工具，对此初学者很容易感到困惑。只有真正理解开发过程中各个环节的作用，才能对嵌入式系统 C 编程有深入的认识。

另一个问题是，虽然 C 语言是一门高级语言，但是想真正用好 C 语言，程序员必须对编程过程中所使用的工具非常了解，清楚地知道每个工具的作用以及这些工具与硬件平台的相互关系。比如：编译器是如何处理全局变量和全局数组的？对于全局变量的处理与局部变量有什么不同？编译器是如何利用堆栈进行传递参数的？又比如：C 语言的编译器、链接器是如何处理一个项目中多个 C 文件之间的相互依赖关系的？链接器最终是如何生成可执行文件的？可执行文件的内存映像又是如何安排的？这些问题初看起来似乎与 C 程序本身没有什么关系，但因为在嵌入式软件的开发过程中，程序员要经常直接和底层的设备与工具打交道，所以一个嵌入式软件的程序员应该对这些问题了如指掌。

2. 认识和掌握 C 语言中的常见陷阱

C 语言不是一门面向初学者的编程语言，C 语言发明者的初衷是希望设计一种面向编译器和操作系统设计的高级语言，因此，C 语言中充满了各种各样对于初学者而言的陷阱。这些陷阱一方面来自于 C 语法本身的灵活性，另一方面来自于 C 语言对存储器边界的不检查，因此非常容易在代码中造成存储器越界访问的问题。在 C 语言中，最容易出错的地方是与存储器相关的内存访问越界以及内存泄漏的问题，C 语言的使用者必须非常小心地规避这些陷阱。

3. 掌握 C 语言程序设计过程中的调试方法

任何程序在编写的过程中都需要调试，尤其对于比较复杂的系统更是如此。面对程序编写过程中出现的问题，比较现实的问题应该是如何在最短的时间内发现程序错误的根源，修改这个错误，并且吸取教训争取在以后的程序中不再犯同样的错误。在这个环节中最重要也是最需要技巧的工作就是找到问题的根源。虽然很少有相关的参考书介绍这方面的内容，但事实上，程序的调试是有一定的方法和技巧的。

5.2　伪指令在嵌入式程序设计中的应用

伪指令不像机器指令一样在执行汇编后生成机器代码，它用于指导编译器编译代码完成诸如数据定义、存储器分配、指示程序开始/结束等功能，伪指令在编译的时候并不生成代码。如下面这个例子：

```
A    #include <string.h>
B    #define ULONG unsigned long
C    #if _BOSIZE == BOSIZE_BYTE
     typedef unsigned char pBOSIZE;
     #elif _BOSIZE == BOSIZE_SHORT
     typedef unsigned short pBOSIZE;
     #elif _BOSIZE == BOSIZE_WORD
     typedef unsigned long pBOSIZE;
     #endif
```

上例中 A 行是文件包含伪指令，其作用是将头文件包含到程序中。

1. 文件包含伪指令

格式：

```
# include <头文件名.h>;标准头文件
# include"头文件名.h"　;自定义头文件
```

由此可见,头文件可分为标准头文件与自定义头文件。尖括号内的头文件为标准头文件。标准头文件就是按 dos 系统的环境变量 include 所指定的目录顺序搜索头文件,也就是通常说的到系统指定的目录去搜索头文件。双引号内的头文件名为用户自定义头文件。搜索时,首先在当前目录(通常为源文件所在目录)中搜索,其次按环境变量 include 指定的目录顺序搜索。搜索到头文件后,就将该伪指令直接用头文件内容替换。

头文件中的内容一般是定义一些本程序要用到的符号常量、复合变量原型、用户定义的变量类型原型和函数的原型说明等。比如在 S3CEV40 开发板模块程序的设计过程中,程序员就把一些常量、地址宏定义、函数声明等设计在头文件中,这样当程序中用到这些定义及说明时只须将这些头文件包含进来即可。如:

```
* File: main.c
* Desc: c main entry
*******************************************************
/* - - - include files - - - */
# include "64blib.h"
# include "64b.h"
# include "rtc.h"
# include "../LCD_Test/bmp.h"
...
...
```

其中"64blib.h"对程序开发中的函数进行了声明,并用宏定义对一些常用的表达式或常量进行了预定义;"64blib.c"对开发中用到的一些库函数做了函数原型定义;"64b.h"主要是用宏的方式定义了各模块中寄存器的地址;"rtc.h"对实时时钟模块程序中用到的常量做了宏定义。

对于这里介绍的预处理伪指令,它本身不是 C 语言的组成部分,所以不能直接进行编译,而必须在编译前由预处理器将这些预处理伪指令用实际的内容代替。因此,也称为编译预处理命令或编译预处理伪指令。

注意:伪指令行都以 # 号打头。

2. 宏定义伪指令

格式:

```
# define 宏标识符 宏体
```

如同前面介绍的,宏定义伪指令必须在编译前由预处理器将程序中的宏标识符用相应的宏体替换。如" # define ULONG unsigned long"将所有的 ULONG 用 unsigned long 替换。宏定义伪指令的相关操作有以下几种:简单宏、参数宏、条件宏，宏释放。

参数宏说明如下：

```
#define SQR(x,y) sqrt((x)*(x)+(y)*(y))
```

源文件中有：

```
z=SQR(a+b,a-b);/*替换为 sqrt((a+b)*(a+b)+(a-b)*(a-b));*/
```

由上可见，参数宏类似于函数的调用。事实上，许多库函数是用参数宏写的。参数宏和函数的区别：一是形式参数表中没有类型说明符；二是参数宏在时空的开销上比函数都要小。

条件宏：先测试是否定义过某宏标识符，然后决定如何处理。这样做是为了避免重复定义。其格式如下：

① #ifdef 宏标识符。

```
#undef 宏标识符
#define 宏标识符 宏体
#else
#define 宏标识符 宏体
#endif
```

② #ifndef 宏标识符。

```
#define 宏标识符 宏体
#else
#undef 宏标识符
#define 宏标识符 宏体
#endif
```

其中：第①种格式是测试存在，第②种格式是测试不存在。

宏释放：用于释放原先定义的宏标识符。格式如下：

```
#undef 宏标识符
```

3. 条件编译伪指令

条件编译伪指令是写给编译器的，指示编译器只有在满足某一条件时才编译源文件中与之相应的部分。其格式如下：

```
#if(条件表达式 1)
…
#elif(条件表达式 2)
…
#elif(条件表达式 n)
…
```

```
#else
…
#endif
```

这样,编译时,编译器仅对 #if()… #endif 之间满足某一条件表达式的源文件部分进行编译。

5.3　嵌入式 C 语言程序设计中的函数及函数库

函数是 C 语言程序设计的核心,是 C 语言模块化设计的基础。一个较大的 C 语言程序一般是由一个主函数 main() 和若干个子函数组成,每个函数完成一个特定的功能。主函数可以调用其他函数,其他函数之间也可以相互调用。通过函数间的相互调用可以大大减少编程的工作量。函数定义的格式:

```
extern int starg(char a,int b,int *p)
```

extern static 是存储类型说明,extern 在 C 语言的函数都是全程序存在的,在不加任何存储类说明的情况下都是全程序可见的。但是,如果程序为多源文件时,非定义函数的文件要调用该函数时,需加原型说明。另外,即使在定义函数的源文件中,如果在函数定义之前超前调用,也需要加原型说明,而且原型说明中必须加存储类说明符 extern。

在进行函数的定义性说明时,加上 static,表示在本文件定义前和非本函数定义文件中,该函数将不能被调用,这是为了提高函数的安全性。

5.4　嵌入式程序设计中常用的 C 语言语句

C 语言语句格式为:

```
标号:语句 ;
```

其中:标号部分可有可无,由有效标志符后跟冒号组成。

C 语言的语句有以下几种:表达式语句、复合语句、条件语句、循环语句、switch 语句、break 语句、continue 语句、返回语句等,其中用的最多的是条件语句、switch 语句和循环语句,这里重点介绍这些。

1. 条件语句

两重选择:

```
if(条件表达式)
语句 1;
else
语句 2;
```

多重选择：

```
if(条件表达式1)
语句2;
else if(条件表达式2)
语句3;
…
else if(条件表达式n)
语句n
```

2. switch 语句

格式：

```
switch(开关表达式)
{ case 常量表达式1：[语句1;]
case 常量表达式2：[语句2;]
…
case 常量表达式n：[语句n;]
default：[语句n+1;]
}
```

注意：开关表达式的值必须是 int 整数。语句可以是复合语句，也可以是空，即没有语句。在 switch 语句中，可以通过 break 语句和 goto 语句跳出。例如：

```
void user_input_action(int value)
{
if(! ((value < 0x30)|(value > 0x39))) Uart_Printf(" %x",value-0x30);
switch(value)
{
case '0':
TS_Test();                /* 如果用户输入"0"，则进行触摸屏的测试 */
break;
case '1':
Digit_Led_Test();         /* 如果用户输入"1"，则进行8段数码管的测试 */
break;
case '2':
Uart_Printf("\nLook at LCD ...\n");
Lcd_Test();               /* 如果用户输入"2"，则进行 LCD 的测试 */
break;
case '3':
Uart_Printf("\nKeyboard function testing,please press Key and Look at 8LED ...\n");

Test_Keyboard();          /* 如果用户输入"3"，则进行键盘的测试 */
```

```
break;
case '4':
Test_Iis();                      /* 如果用户输入"4"，则进行 I²S 的声音测试 */
break;
case '5':
Test_Timer();                    /* 如果用户输入"5"，则进行定时器的测试 */
break;
case '6':
Dhcp_Test();                     /* 如果用户输入"6"，则进行以太网的 DHCP 测试 */
break;
case '7':
Test_Flash();                    /* 如果用户输入"7"，则进行 Flash 的测试 */
break;
case '8':
Test_Iic();                      /* 如果用户输入"8"，则进行 I²C 的测试 */
break;
case '9':
Tftp_Test();                     /* 如果用户输入"9"，则进行以太网的 TFTP 的测试 */
break;
default:
break;
}
}
```

3. 循环语句

在 C 语言中有 3 种循环语句：for 循环语句、while 循环语句、do while 循环语句。

(1) for 循环语句

格式：

```
for(表达式 1;表达式 2;表达式 3)
{语句;
}
```

其中：表达式 1 是对循环量赋初值，表达式 2 是对循环进行控制的条件语句，表达式 3 是对循环量进行增减变化。

(2) while 循环语句

格式：

```
while(条件表达式)
语句;
```

(3) do while 循环语句

格式：

```
do
语句;
while(条件表达式);
```

下面的例子采用单片机控制数码管,循环显示数字 0~9。

```
# include<reg51.h>
# include<intrins.h>
# define uchar unsigned char
# define uint unsigned int
uchar codeDSY_CODE[] = {0xc0,0xf9,0xa4,0xb0,0x99,0x92,0x82,0xf8,
0x80,0x90,0xff};
//延时
void DelayMS(uint x)
{
uchar t;
while(x - - ) for(t = 0;t<120;t + + );
}
//主程序
void main()
{
uchar i = 0;
P0 = 0x00;
while(1)
{
P0 = ~DSY_CODE[i];
i = (i + 1) % 10;
DelayMS(300);
}
}
```

5.5　汇编语言与 C/C++的混合编程

在嵌入式系统开发中,目前使用的主要编程语言是 C 语言和汇编语言,C++已经有相应的编译器,但是现在使用还是比较少的。在稍大规模的嵌入式软件中,例如含有 OS,大部分的代码都是用 C 语言编写的,主要是因为 C 语言的结构比较好,便于理解,而且有大量的支持库。尽管如此,很多地方还是要用到汇编语言,例如开机时硬件系统的初始化,包括 CPU 状态的设定、中断的使能、主频的设定以及 RAM 的控制参数及初始化,一些中断处理方面也可能涉及汇编。另外一个使用汇编的地方就是一些对性能非常敏感的代码块,这不能依靠 C 编译器的生成代码,而要手工编写汇编,达到优化的目的。而且,汇编语言和 CPU 的指令集紧密相连,作为涉及底层的嵌入式系统开发,熟练对应汇编语言的使用也是必须的。

1. 在 C 语言中内嵌汇编

在 C 语言中内嵌的汇编指令包含大部分的 ARM 和 Thumb 指令,不过其使用与汇编文件中的指令有些不同,存在一些限制,如下:

① 不能直接向 PC 寄存器赋值,程序跳转要使用 B 或者 BL 指令。

② 在使用物理寄存器时,不要使用过于复杂的 C 表达式,避免物理寄存器冲突。

③ R12 和 R13 可能被编译器用来存放中间编译结果,计算表达式值时可能将 R0~R3、R12、R14 用于子程序调用,因此要避免直接使用这些物理寄存器。

④ 一般不要直接指定物理寄存器,而让编译器进行分配。

内嵌汇编使用的标记是__asm 或者 asm 关键字,用法如下:

```
__asm
{
instruction [; instruction]
...
[instruction]
}
asm("instruction [; instruction]");
```

下面通过一个例子来说明如何在 C 语言中内嵌汇编语言。

```
#include <stdio.h>
void my_strcpy(const char * src,char * dest)
{
    char ch;
    __asm
    {
        loop:
        ldrb        ch,[src],#1
        strb        ch,[dest],#1
        cmp         ch,#0
        bne         loop
    }
}
int main()
{
    char * a = "forget it and move on!";
    char b[64];
    my_strcpy(a,b);
    printf("original: % s",a);
    printf("copyed:   % s",b);
```

```
        return 0;
}
```

在这里 C 语言和汇编之间的值传递是用 C 的指针来实现的,因为指针对应的是地址,所以汇编中也可以访问。

2. 在汇编程序中使用 C 语言定义的全局变量

内嵌汇编不用单独编辑汇编语言文件,比较简洁,但是有诸多限制,当汇编的代码较多时一般放在单独的汇编文件中。这时就需要在汇编和 C 语言之间进行一些数据的传递,最简便的办法就是使用全局变量。

```
/ *       cfile.c
 *      定义全局变量,并作为主调程序
 * /
# include <stdio.h>
int gVar_1 = 12;
extern asmDouble(void);
int main()
{
        printf("original value of gVar_1 is: % d",gVar_1);
        asmDouble();
        printf("     modified value of gVar_1 is: % d",gVar_1);
        return 0;
}
```

对应的汇编语言文件如下:

```
;called by main(in C),to double an integer,a global var defined in C is used.
    AREA asmfile,CODE,READONLY
    EXPORT    asmDouble
    IMPORT    gVar_1
asmDouble
    ldr       r0, = gVar_1
    ldr       r1,[r0]
    mov       r2,#2
    mul       r3,r1,r2
    str       r3,[r0]
    mov       pc,lr
    END
```

3. 在 C 程序中调用汇编的函数

在 C 程序中调用汇编文件中的函数,要做的主要工作有两个:一是在 C 中声明函数原型,并加 extern 关键字;二是在汇编文件中用 EXPORT 导出函数名,并用该

函数名作为汇编代码段的标识,最后用 mov pc,lr 返回。然后,就可以在 C 文件中使用该函数了。从 C 语言的角度,并不知道该函数的实现是用 C 语言还是汇编语言。更深的原因是因为 C 语言的函数名起到表明函数代码起始地址的左右,这个和汇编语言的 label 是一致的。

```
/* cfile.c
 * in C,call an asm function,asm_strcpy
 */
# include <stdio.h>
extern void asm_strcpy(const char * src,char * dest);
int main()
{
        const       char * s = "seasons in the sun";
        char        d[32];
        asm_strcpy(s,d);
        printf("source: %s",s);
        printf("destination: %s",d);
        return 0;
}
;asm function implementation
        AREA asmfile,CODE,READONLY
        EXPORT asm_strcpy
asm_strcpy
loop
        ldrb    r4,[r0],#1      ;address increment after read
        cmp     r4,#0
        beq     over
        strb    r4,[r1],#1
        b       loop
over
        mov     pc,lr
        END
```

在这里,C 语言和汇编语言之间的参数传递是通过 ATPCS(ARM Thumb Procedure Call Standard)的规定来进行的。简单的说,如果函数有不多于 4 个参数,对应的用 R0~R3 来进行传递;多于 4 个时借助栈,函数的返回值通过 R0 来返回。

4. 在汇编程序中调用 C 的函数

在汇编程序中调用 C 的函数,需要在汇编中 IMPORT 对应的 C 函数名,然后将 C 的代码放在一个独立的 C 文件中进行编译,剩下的工作由链接器来处理。

```
;the details of parameters transfer comes from ATPCS
```

```
;if there are more than 4 args,stack will be used
    EXPORT asmfile
    AREA asmfile,CODE,READONLY
    IMPORT   cFun
    ENTRY
    mov      r0,#11
    mov      r1,#22
    mov      r2,#33
    BL       cFun
    END
/ * C file,called by asmfile * /
int   cFun( int a,int b,int c)
{
    return a + b + c;
}
```

在汇编中调用 C 的函数,参数的传递也是通过 ATPCS 来实现的。需要指出的是:当函数的参数个数大于 4 时,要借助 stack,具体见 ATPCS 规范。

5.6　ATPCS 规则

为了使单独编译的 C 语言程序和汇编程序之间能够相互调用,必须为子程序之间的调用规定一定的规则,ATPCS 就是 ARM 程序和 Thumb 程序中子程序调用的基本规则。

ATPCS 规定了在子程序调用时的一些基本规则,包括:各寄存器的使用规则及其相应的名称,数据栈的使用规则,参数传递的规则,子程序结果的返回规则。

1. 寄存器的使用规则及其相应的名称

寄存器的使用必须满足下面的规则。

子程序间通过寄存器 R0~R3 来传递参数,被调用的子程序在返回前无须恢复寄存器 R0~R3 的内容。

在子程序中,使用寄存器 R4~R11 保存局部变量,这时寄存器可以记作 V1~V8。如果在子程序中用到了寄存器 V1~V8 中的某些寄存器,子程序进入时必须保存这些寄存器的值,在返回前必须恢复这些寄存器的值;对于子程序中没有用到的寄存器则不必进行这些操作。在 Thumb 程序中,通常只能使用寄存器 R4~R7 来保存局部变量。

寄存器 R12 用作子程序间的 Scratch 寄存器(用于保存 SP,在函数返回时使用该寄存器出栈),记作 IP。

寄存器 R13 用作数据栈指针,记作 SP。在子程序中寄存器 R13 不能用作其他用途。寄存器 SP 在进入子程序时的值和退出子程序的值必须相等。

寄存器 R14 称为连接寄存器,记作 LR。它用作保存子程序的返回地址。如果在子程序中保存了返回地址,寄存器 R14 则可以用作其他用途。

寄存器 R15 是程序计数器,记作 PC。它不能用作其他用途。

ATPCS 中的各寄存器在 ARM 编译器和汇编器中都是预定义的。表 5.1 总结了在 ATPCS 中各寄存器的使用规则及其名称。

表 5.1 寄存器的使用规则

寄存器	别 名	特殊名称	使用规则
R15		PC	程序计数器
R14		LR	连接寄存器
R13		SP	数据栈指针
R12		IP	子程序内部调用的 Scratch 寄存器
R11	V8		ARM 状态局部变量寄存器 8
R10	V7	Sl	ARM 状态局部变量寄存器 7,在支持数据检查的 AT-PCS 中为数据栈限制指针
R9	V6	SB	ARM 状态局部变量寄存器 6,在支持 RWPI 的 ATPCS 中为静态基址寄存器
R8	V5		ARM 状态局部变量寄存器 5
R7	V4	WR	ARM 状态局部变量寄存器 4,Thumb 状态工作寄存器
R6	V3		局部变量寄存器 3
R5	V2		局部变量寄存器 2
R4	V1		局部变量寄存器 1
R3	A4		参数/结果/Scratch 寄存器 4
R2	A3		参数/结果/Scratch 寄存器 3
R1	A2		参数/结果/Scratch 寄存器 2
R0	A1		参数/结果/Scratch 寄存器 1

2. 数据栈的使用规则

栈指针是保存了栈顶地址的寄存器值。栈指针通常可以指向不同的位置。一般栈可以有 4 种数据栈:FD,Full Descending;ED,Empty Descending;FA,Full Ascending;EA,Empty Ascending。

当栈指针指向与栈顶元素时,称为 Full 栈。当栈指针指向与栈顶元素相邻的一个元素时,称为 Empty 栈。数据栈的增长方向也可以不同,当数据栈向内存减少的地址方向增长时,称为 Descending 栈;反之称为 Ascending 栈。ARM 的 ATPCS 规定默认的数据栈为 Full Descending(FD)类型,并且对数据栈的操作是 8 字节对齐的。

3. 参数传递的规则

根据参数个数是否固定，可以将子程序参数传递规则分为以下两种。

① 参数个数可变的子程序参数传递规则。

对于参数个数可变的子程序，但参数不超过 4 个时，可以使用寄存器 R0～R3 来传递参数；当参数超过 4 个时，还可以使用数据栈来传递参数。在传递参数时，将所有参数看作是存放在连续的内存单元中的字数据。然后，依次将各字数据传送到寄存器 R0、R1、R2、R3 中，如果参数多于 4 个，则将剩余的字数据传送到数据栈中，入栈的顺序与参数顺序相反，即最后一个字数据先入栈。

② 参数个数固定的子程序参数传递规则。

对于参数个数固定的子程序，参数传递与参数个数可变的子程序参数传递的规则不同。如果系统包含浮点运算的硬件部件，浮点参数将按各个浮点参数按顺序处理和为每个浮点参数分配 FP 寄存器的规则传递。分配的方法是，满足该浮点参数需要的且编号最小的一组连续的 FP 寄存器中，第 1 个整数参数通过寄存器 R0～R3 来传递，其他参数通过数据栈传递。

4. 子程序结果返回规则

子程序中结果返回的规则为：如果结果为一个 32 位的整数，可以通过寄存器返回；如果结果为一个 64 位整数，可以通过寄存器 R0 和 R1 返回，以此类推；如果结果为一个浮点数，可以通过浮点运算的寄存器 F0、D0 或 S0 返回；如果结果为复合型的浮点数（如复数），可以通过寄存器 F0～FN 或 D0～DN 返回；对于位数更多的结果，需要通过内存来传递。

5.7　本章小结

本章主要介绍 ARM 处理器应用 C 语言开发的总体流程，以及在开发过程中所有涉及 C 语言调试、程序编写方面的问题。通过本章的介绍使读者能够比较清楚地了解 ARM 处理器应用 C 语言开发的总体方法。

5.8　练习题

1. 嵌入式系统总是要用户对变量或寄存器进行位操作。给定一个整型变量 a，写两段代码，第 1 个设置 a 的 bit 3，第 2 个清除 a 的 bit 3。在以上两个操作中，要保持其他位不变。

2. 中断是嵌入式系统中重要的组成部分，这导致了很多编译开发商提供一种扩展，即让标准 C 支持中断。其代表事实是，产生了一个新的关键字 __interrupt。下面的代码就使用了 __interrupt 关键字去定义了一个中断服务子程序（ISR），请分析一下这段代码。

```
__interrupt double compute_area (double radius)
{       double area = PI * radius * radius;
        printf(" Area = % f", area);
        return area;
}
```

第 **6** 章

S3C6410 系统设计与调试

本章主要介绍基于 S3C6410 的硬件系统的详细设计步骤、实现细节、硬件系统、调试方法等,通过对本章的阅读,可以使绝大多数的读者具有根据自身的需求、设计特定应用系统的能力。由于 ARM 体系结构的一致性以及外围电路的通用性,本章的所有内容对设计其他基于 ARM 内核芯片的应用系统,也具有很大的参考价值。

本章的主要内容:

➢ 嵌入式系统设计的基本方法;

➢ S3C6410 概述;

➢ S3C6410 的基本工作原理;

➢ 基于 S3C6410 的硬件系统设计详述;

➢ 硬件系统的调试方法。

6.1 系统设计概述

根据用户需求,设计出特定的嵌入式应用系统,是每一个嵌入式系统设计工程师应该达到的目标。嵌入式应用系统的设计包含硬件系统设计和软件系统设计两部分,并且这两部分的设计是互相关联、密不可分的,嵌入式应用系统的设计经常需要在硬件和软件的设计之间进行权衡与折衷。因此,这就要求嵌入式系统设计工程师具有较深厚的硬件和软件基础,并具有熟练应用的能力。这也是嵌入式应用系统设计与其他纯粹软件设计或硬件设计最大的区别。

本章以北京中芯优电信息科技有限公司(http://www.top-elec.com)设计生产的 TOP6410 开发板为原型,详细分析系统的软硬件设计步骤、实现细节以及调试技巧等。TOP6410 开发板的设计以学习与应用兼顾为出发点,在保证用户完成 ARM 技术的学习开发的同时,考虑了系统的扩展、电路板的面积、散热、电磁兼容性以及安装等问题。因此,该板也可作为嵌入式系统主板,直接应用在一些实际系统中。

图 6.1 是 TOP6410 开发板的结构框图,各部分基本功能描述如下:

➢ 串行接口电路用于 S3C6410 系统与其他应用系统的短距离双向串行通信;

➢ 复位电路可完成系统上电复位和在系统工作时用户按键复位;

ARM嵌入式系统原理与应用教程（第2版）

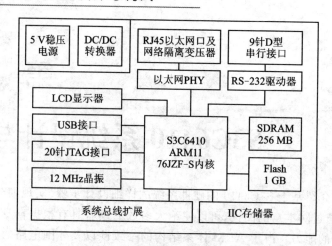

图 6.1　TOP6410 开发板的结构框图

➤ 电源电路为 5 V 到 1.2 V 的 DC – DC 转换器,给 S3C6410 及其他需要 1.2 V 电源的外围电路供电;

➤ 12 MHz 晶振为系统提供工作时钟,通过片内 PLL 电路倍频为 533 MHz 作为微处理器的工作时钟;

➤ Flash 存储器可存放已调试好的用户应用程序、嵌入式操作系统或其他在系统掉电后需要保存的用户数据等;

➤ SDRAM 存储器作为系统运行时的主要区域,系统及用户数据、堆栈均位于 SDRAM 存储器中;

➤ 10M/100M 以太网接口为系统提供以太网接入的物理通道,通过该接口,系统可以 10 Mb/s 或 100 Mb/s 的速率接入以太网;

➤ JTAG 接口可对芯片内部的所有部件进行访问,通过该接口可对系统进行调试、编程等;

➤ I²C 存储器可存储少量需要长期保存的用户数据;

➤ 系统总线扩展引出了数据总线、地址总线和必须的控制总线,便于用户根据自身的特定需求,扩展外围电路。

6.2　S3C6410 概述

6.2.1　S3C6410 及片内外围简介

　　S3C6410 是一个 16/32 位 RISC 微处理器,旨在提供一个具有成本效益、功耗低、性能高的应用处理器解决方案,像移动电话和一般的应用。它为 2.5G 和 3G 通信服务提供优化的 H/W 性能,S3C6410 采用了 64/32 位内部总线架构。该 64/32 位内部总线结构由 AXI、AHB 和 APB 总线组成。它还包括许多强大的硬件加速器,像视频处理、音频处理、二维图形、显示操作和缩放。一个集成的多格式编解码器(MFC)支持 MPEG4/H. 263/H. 264 编码、译码以及 VC1 的解码。这个 H/W 编码器/解码器支持实时视频会议和 NTSC、PAL 模式的 TV 输出。

S3C6410 有一个优化的接口连线到外部存储器。存储器系统具有双重外部存储器端口、DRAM 和 Flash/ROM/DRAM 端口。DRAM 的端口可以配置为支持移动 DDR、DDR、移动 SDRAM 和 SDRAM。Flash/ROM/DRAM 端口支持 NOR Flash、NAND Flash、OneNAND、CF、ROM 类型外部存储器和移动 DDR、DDR、移动 SDRAM 和 SDRAM。

为减少系统总成本和提高整体功能,S3C6410 包括许多硬件外设,如一个相机接口、TFT 24 位真彩色液晶显示控制器、系统管理器(电源管理等)、4 通道 UART、32 通道 DMA、4 通道定时器、通用的 I/O 端口、I²S 总线接口、I²C 总线接口、USB 主设备,在高速(480 Mb/s)时 USB OTG 操作、SD 主设备和高速多媒体卡接口、用于产生时钟的 PLL。

S3C6410 提供了丰富的内部设备,下面讲述它的整体特性、多媒体加速特性、视频接口、USB 接口等丰富外设。S3C6410 结构框图如图 6.2 所示。

S3C6410 的特性描述如下:

① 基于 CPU 的子系统的 ARM1176JZF-S 具有 JAVA 加速引擎和 16 KB/16 KB I/D 缓存和 16 KB/16 KB I/D TCM。

② 在各自地 TBD V 和 TBD V 的 400/533/667 MHz 操作频率。

③ 一个 8 位 ITU 601/656 相机接口,能对 4M 像素图像、固定的 16M 像素图像进行缩放。

④ 多标准编解码器支持 MPEG-4/H. 263/H. 264 编码格式,解码速率高达 30 帧/s,VC1 视频解码速率也能达到 30 帧/s。

⑤ 具有 BITBLIT 和轮换的 2D 图形加速。

⑥ AC-97 音频编解码器接口和 PCM 串行音频接口。

⑦ I²S 和 I²C 接口支持。

⑧ 专用的 IRDA 端口,用于 FIR、MIR 和 SIR。

⑨ 灵活配置 GPIO。

⑩ 端口 USB 2.0 OTG 支持高速(480 Mb/s,片上收发器)。

⑪ 端口 USB 1.1 主设备支持全速(12 Mb/s,片上收发器)。

⑫ 高速 MMC/SD 卡支持。

⑬ 实时时钟,锁相环,具有 PWM 的定时器和看门狗定时器。

⑭ 32 通道 DMA 控制器。

⑮ 支持 8×8 键盘矩阵变换电路。

⑯ 用于移动应用的先进的电源管理。

⑰ 存储器子系统:

ARM嵌入式系统原理与应用教程（第2版）

100

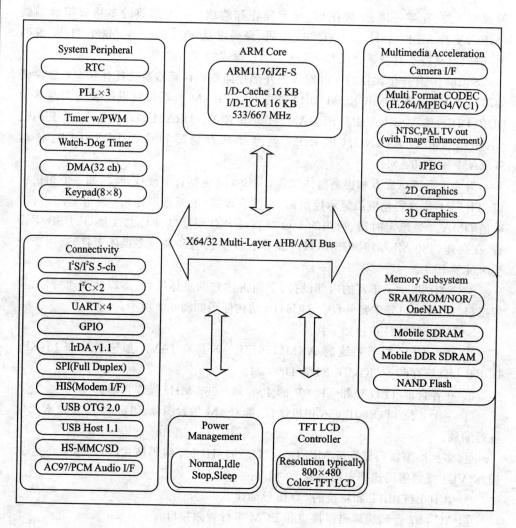

图 6.2　S3C6410 结构框

➤ 具有 8 倍或 16 倍数据总线的 SRAM/ROM/NOR Flash 接口。

➤ 具有 16 倍数据总线的 MUXED、OneNAND 接口。

➤ 具有 8 倍数据总线的 NAND Flash 接口。

➤ 具有 16 倍或 32 倍数据总线的 SDRAM 接口。

➤ 具有 16 倍或 32 倍数据总线(133 Mb/s/引脚率)的移动 SDRAM 接口。

➤ 具有 16 倍或 32 倍数据总线(266 Mb/s/引脚 DDR)的移动 DDR 接口。

6.2.2　S3C6410 的引脚分布及信号描述

图 6.3 是 S3C6410 的引脚分布图,各引脚信号描述如表 6.1 所列。

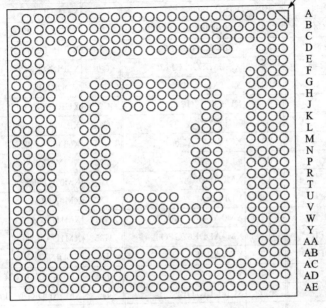

图 6.3　S3C6410 的引脚分布图

表 6.1　S3C6410 的引脚信号描述

引脚号	引脚名称	引脚号	引脚名称	引脚号	引脚名称
A2	NC_C	B3	XPCMEXTCLK1/GPE1	C3	XPCMSOUT1/GPE4
A3	XPCMSOUT0/GPD4	B4	XPCMSIN0/GPD3	C4	XPCMFSYNC1/GPE2
A4	VDDPCM	B5	XPCMEXTCLK0/GPD1	C5	XPCMDCLK1/GPE0
A5	XM1DQM0	B6	XM1DATA0	C6	XM1DATA4
A6	XM1DATA1	B7	XM1DATA3	C7	XM1DATA2
A7	VDDINT	B8	VDDM1	C8	XM1DATA5
A8	VDDARM	B9	VDDM1	C9	XM1DATA7
A9	XM1DATA6	B10	XM1DATA13	C10	VDDARM
A10	XM1DATA9	B11	VDDARM	C11	XM1DATA14
A11	XM1DATA12	B12	XM1DATA16	C12	XM1DATA10
A12	XM1DATA18	B13	XM1DATA17	C13	XM1DATA19
A13	XM1SCLK	B14	XM1DQS2	C14	VDDM1
A14	XM1SCLKN	B15	XM1DATA22	C15	XM1DATA20

ARM嵌入式系统原理与应用教程（第 2 版）

102

引脚号	引脚名称	引脚号	引脚名称	引脚号	引脚名称
A15	XMMCDATA1_4/GHP6	B16	XMMCDATA1_2/GPH4	C16	XMMCDATA1_6/GPH8
A16	XMMCCMD1/GPH1	B17	VDDMMC	C17	XMMCDATA1_1/GPH3
A17	XMMCCDN0/GPG6	B18	XMMCDATA0_0/GPG2	C18	XMMCDATA0_2/GPG4
A18	XMMCCLK0/GPG0	B19	XSPIMISO1/GPC4	C19	XSPIMOSI1/GPC6
A19	XSPIMOSI0/GPC2	B20	XSPIMISO0/GPC0	C20	XSPICS0/GPC3
A20	XI2CSCL/GPB5	B21	XUTXD3/GPB3	C21	VDDEXT
A21	XUTXD2/GPB1	B22	XUTXD1/GPA5	C22	XURTSN1/GPA7
A22	XURTSN0/GPA3	B23	XCIYDATA7/GPF12	C23	XPWMECLK/GPF13
A23	XUTXD0/GPA1	B24	XCIYDATA5/GPF10	C24	XCIYDATA2/GPF7
A24	NC_D	B25	NC_F	C25	XCIYDATA0/GPF5
B1	NC_B	C1	XM0ADDR0	D1	XM0ADDR2
B2	XPCMSIN1/GPE3	C2	VDDARM	D2	XM0ADDR3
D3	VDDARM	F1	XM0ADDR8/GPO8	G24	XM1DATA27
D6	XPCMFSYNC0/GPD2	F2	XM0ADDR6/GPO6	G25	XM1DATA30
D7	XPCMDCLK0/GPD0	F3	VDDARM	H1	VDDINT
D8	VDDARM	F4	VDDM0	H2	XM0ADDR13/GPO13
D9	XM1DQS0	F22	XCIPCLK/GPF2	H3	XM0ADDR15/GPO15
D10	XM1DATA15	F23	XM1DATA24	H4	XM0ADDR12/GPO12
D11	XM1DATA11	F24	XM1DATA25	H7	XM0ADDR4
D12	XM1DATA8	F25	XM1DATA26	H8	VSSIP
D13	VDDINT	G1	XM0ADDR11/GPO11	H9	XMMCDATA1_7/GPH9
D14	XM1DQM2	G2	XM0ADDR10/GPO10	H10	XMMCDATA1_3/GPH5
D15	XM1DATA21	G3	VDDM0	H11	XMMCDATA1_0/GPH2
D16	XM1DATA23	G4	XM0ADDR7/GPO7	H12	XSPICLK1/GPC5
D17	XSPICS1/GPC7	G8	XM1DQM1	H13	XMMCDATA0_1/GPG3
D18	VDDINT	G9	XM1DQS1	H14	XSPICLK0/GPC1
D19	XURXD2/GPB0	G10	VDDM1	H15	XUCTSN1/GPA6
D20	XURXD0/GPA0	G11	XMMCDATA1_5/GPH7	H16	XPWMTOUT0/GPF14
D23	XPWMTOUT1/GPF15	G12	XMMCDATA0_3/GPG5	H17	XCIYDATA4/GPF9
D24	XCIVSYNC/GPF4	G13	XMMCCMD0/GPG1	H18	VSSPERI
D25	XCIHREF/GPF1	G14	XI2CSDA/GPB6	H19	XCIRSTN/GPF3
E1	XM0ADDR5	G15	XIRSDBW/GPB4	H22	XM1DQM3
E2	VDDARM	G16	XUCTSN0/GPA2	H23	XM1DATA31
E3	XM0ADDR1	G17	XCIYDATA6/GPF11	H24	XM1ADDR0
E23	XCIYDATA1/GPF6	G18	XCIYDATA3/GPF8	H25	XM1ADDR3
E24	XM1DATA28	G22	XCICLK/GPF0	J1	XM0ADDR16/GPQ8
E25	XM1DQS3	G23	XM1DATA29	J2	XM0WEN

引脚号	引脚名称	引脚号	引脚名称	引脚号	引脚名称
J3	VDDARM	K24	XM1ADDR12	M19	XM1WEN
J4	XM0ADDR14/GPO14	K25	XM1ADDR5	M22	VDDINT
J7	VSSMEM	L1	XM0BEN0	M23	XM1ADDR10
J8	XM0ADDR9/GPO9	L2	XM0DATA13	M24	XM1CKE1
J11	XMMCCLK1/GPH0	L3	XM0SMCLK/GPp1	M25	XHIDATA17/GPL14
J12	VSSIP	L4	XM0OEN	N1	XM0DATA1
J13	VSSPERI	L7	XM0DATA10	N2	XM0DATA0
J14	XURXD3/GPB2	L8	XM0DATA12	N3	XM0DATA3
J15	XURXD1/GPA4	L9	VSSIP	N4	XM0DATA6
J18	VDDINT	L17	VDDINT	N7	XM0CSN0
J19	VDDM1	L18	XM1CSN1	N8	XM0CSN5/GPO3
J22	XM1ADDR9	L19	XM1ADDR4	N9	VSSIP
J23	XM1ADDR2	L22	XM1RASN	N17	XHIDATA16/GPL13
J24	XM1ADDR1	L23	XM1CSN0	N18	XHIDATA14/GPK14
J25	XM1ADDR6	L24	XM1CASN	N19	VDDUH
K1	XM0DATA15	L25	XM1ADDR15	N22	XUHDP
K2	VDDM0	M1	VDDM0	N23	XHIDATA15/GPK15
K3	VDDARM	M2	XM0DATA8	N24	XHIDATA13/GPK13
K4	XM0DATA14	M3	XM0DATA11	N25	XHIDATA12/GPK12
K7	XM0BEN1	M4	XM0DATA9	P1	VDDINT
K8	VSSIP	M7	XM0DATA2	P2	XM0DATA5
K18	XM1ADDR7	M8	XM0DATA4	P3	XM0DATA7
K19	XM1ADDR11	M9	VSSMEM	P4	XM0CSN2/GPO0
K22	XM1ADDR13	M17	XM1ADDR14	P7	GPO5
K23	XM1ADDR8	M18	XM1CKE0	P8	XM0ADDR19/GPQ1
P9	VSSSS	T4	GPQ5	U25	XHIADR8/GPL8
P17	VSSIP	T7	XEFFVDD	V1	VDDSS
P18	XHIDATA11/GPK11	T8	VSSMPLL	V2	GPQ6
P19	XHIDATA9/GPK9	T18	XHIADR7/GPL7	V3	GPQ4
P22	XUHDN	T19	XHIADR9/GPL9	V4	XM0WEATA/GPP12
P23	XHIDATA10/GPK10	T22	XHIDATA1/GPK1	V7	VSSEPLL
P24	VDDHI	T23	XHIDATA3/GPK3	V8	XOM3
P25	XHIDATA8/GPK8	T24	XHIDATA2/GPK2	V9	XNRESET
R1	VDDM0	T25	XHIDATA0/GPK0	V10	XEINT1/GPN1
R2	XM0CSN3/GPO1	U1	GPQ3	V11	XEINT6/GPN6
R3	XM0CSN1	U2	XM0ADDR18/GPQ0	V12	XEINT12/GPN12
R4	XM0WAITN/GPP2	U3	XM0ADDR17/GPQ7	V13	XVVD3/GPI3

续表 6.1

引脚号	引脚名称	引脚号	引脚名称	引脚号	引脚名称
R7	XM0INTATA/GPP8	U4	XM0INTSM1_FREN/GPP6	V14	XVVD8/GPI8
R8	XM0RDY0_ALE/GPP3	U7	XM0CDATA/GPP14	V15	XVVD12/GPI12
R9	VSSIP	U8	VSSMEM	V16	XVVD16/GPJ0
R17	VSSPERI	U11	VSSPERI	V17	VSSPERI
R18	VDDALIVE	U12	VSSPERI	V18	XHICSN_MAIN/GPM1
R19	XHIADR12/GPL12	U13	VSSIP	V19	XVVCLK/GPJ11
R22	XHIDATA5/GPK5	U14	VSSPERI	V22	XHIOEN/GPM4
R23	XHIDATA4/GPK4	U15	VDDALIVE	V23	XHIADR6/GPL6
R24	XHIDATA6/GPK6	U18	XHIADR2/GPL2	V24	VDDHI
R25	XHIDATA7/GPK7	U19	XHIADR0/GPL0	V25	XHIADR5/GPL5
T1	GPQ2	U22	XHIADR4/GPL4	W1	VDDINT
T2	GPO4	U23	XHIADR11/GPL11	W2	XM0RDY1_CLE/GPP4
T3	XM0CSN4/GPO2	U24	XHIADR10/GPL10	W3	XM0RESETATA/GPP9
W4	VSSAPLL	AA2	XM0INPACKATA /GPP10	AB25	XVVD20/GPJ4
W8	VSSMEM	AA3	XM0REGATA/GPP11	AC1	XADCAIN0
W9	XOM1	AA23	XHICSN/GPM0	AC2	XADCAIN1
W10	VDDALIVE	AA24	XVDEN/GPJ10	AC3	XADCAIN7
W11	XEXTCLK	AA25	XVHSYNC/GPJ8	AC4	VDDADC
W12	XEINT8/GPN8	AB1	VDDEPLL	AC5	VSSDAC
W13	XEINT14/GPN14	AB2	VDDMPLL	AC6	XDACOUT0
W14	XVVD1/GPI1	AB3	XM0OEATA/GPP13	AC7	XDACCOMP
W15	XVVD6/GPI6	AB6	VSSMEM	AC8	XUSBREXT
W16	XVVD11/GPI11	AB7	VSSOTG	AC9	VDDOTG
W17	XVVD14/GPI14	AB8	VSSOTGI	AC10	VDDOTGI
W18	XVVD22/GPJ6	AB9	XRTCXTI	AC11	VDDRTC
W22	XVVSYNC/GPJ9	AB10	XJTRSTN	AC12	XJTDO
W23	XHIADR3/GPL3	AB11	XJTCK	AC13	XOM2
W24	XHIADR1/GPL1	AB12	XJTDI	AC14	VSSPERI
W25	XHIIRQN/GPM5	AB13	XJDBGSEL	AC15	VDDSYS
Y1	XM0RPN_RNB/GPP7	AB14	XXTO27	AC16	XXTI
Y2	XM0ADRVALID/GPP0	AB15	XXTI27	AC17	XXTO
Y3	XM0INTSM0_FWEN/GPP5	AB16	XSELNAND	AC18	XEINT5/GPN5
Y4	XPLLEFILTER	AB17	XEINT3/GPN3	AC19	XEINT7/GPN7
Y22	XVVD18/GPJ2	AB18	XEINT10/GPN10	AC20	VDDINT
Y23	XHIWEN/GPM3	AB19	VDDALIVE	AC21	XVVD9/GPI9
Y24	XHICSN_SUB/GPM2	AB20	XVVD5/GPI5	AC22	XVVD10/GPI10
Y25	VDDINT	AB23	XVVD23/GPJ7	AC23	VDDLCD

续表 6.1

引脚号	引脚名称	引脚号	引脚名称	引脚号	引脚名称
AA1	VDDAPLL	AB24	XVVD21/GPJ5	AC24	XVVD15/GPI15
AC25	XVVD19/GPJ3	AD17	XEINT2/GPN2	AE10	XUSBDP
AD1	NC_G	AD18	VDDSYS	AE11	XUSBDRVVBUS
AD2	XADCAIN2	AD19	XEINT11/GPN11	AE12	XJTMS
AD3	XADCAIN3	AD20	XEINT15/GPN15	AE13	XJRTCK
AD4	XADCAIN5	AD21	XVVD4/GPI4	AE14	XOM4
AD5	VSSADC	AD22	VDDLCD	AE15	XNBATF
AD6	VDDDAC	AD23	XVVD13/GPI13	AE16	VDDINT
AD7	XUSBXTI	AD24	XVVD17/GPJ1	AE17	XEINT0/GPN0
AD8	XUSBXTO	AD25	NC_I	AE18	XEINT4/GPN4
AD9	XUSBVBUS	AE2	NC_H	AE19	XEINT9/GPN9
AD10	XUSBID	AE3	XADCAIN4	AE20	XEINT13/GPN13
AD11	VDDOTG	AE4	XADCAIN6	AE21	XVVD0/GPI0
AD12	XRTCXTO	AE5	XDACOUT1	AE22	XVVD2/GPI2
AD13	XOM0	AE6	XDACIREF	AE23	XVVD7/GPI7
AD14	XPWRRGTON	AE7	XDACVREF	AE24	NC_J
AD15	WR_TEST	AE8	VSSOTG		
AD16	XNRSTOUT	AE9	XUSBDM		

6.2.3　外部存储器接口

S3C6410 共享存储器端口（SROMC/OneNAND/NAND/ATA/DRAM0）具体信号描述如表 6.2 所列。

表 6.2　S3C6410 共享存储器端口信号

信　号	I/O	描　　述
ADDR[15:0]	O	存储器端口 0
DATA[15:0]	O	存储器端口 0
nCS[7:6]	O	存储器端口 0 DRAM
nCS[5:4]	O	存储器端口 0 SROM/CF 片选支持高达两个存储页
nCS[3:2]	O	存储器端口 0 SROM/OneNAND/NAND
nCS[1:0]	O	存储器端口 0 SROM
nBE[1:0]	O	存储器端口 0 SROM 字节有效
WAITn	I	存储器端口 0 SROM
nOE	O	存储器端口 0 SROM/OneNAND

ARM嵌入式系统原理与应用教程（第2版）

106

续表 6.2

信　号	I/O	描　述
new	O	存储器端口 0 SROM/OneNAND
ADDRVALID	O	存储器端口 0 OneNAND
SMCLK	O	存储器端口 0 OneNAND
RDY[0]	I	存储器端口 0 OneNAND
RDY[1]	I	存储器端口 0 OneNAND
INT[0]	I	存储器端口 0 OneNAND
INT[1]	I	存储器端口 0 OneNAND
RP	O	存储器端口 0 OneNAND
ALE	O	存储器端口 0
CLE	O	存储器端口 0
ADDR[15:0]	O	存储器端口 0
FWEn	O	存储器端口 0
FREn	O	存储器端口 0
RnB	I	存储器端口 0
nIORD_CF	O	存储器端口 0
nIOWR_CF	O	存储器端口 0
IORDY	I	存储器端口 0
INT	I	存储器端口 0
RESET	O	存储器端口 0
INPACK	I	存储器端口 0
REG	O	存储器端口 0
WEn	O	存储器端口 0
OEn	O	存储器端口 0
CDn	I	存储器端口 0
DQM[1:0]	O	存储器端口 0
RAS	O	存储器端口 0
CAS	O	存储器端口 0
SCLK	O	存储器端口 0
SCLKn	O	存储器端口 0
SCKE	O	存储器端口 0
DQS[1:0]		I/O
WEn	O	存储器端口 0
AP		存储器端口 0

S3C6410 共享存储器端口（SROMC/DRAM1）具体信号描述如表 6.3 所列。

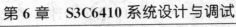

表 6.3　S3C6410 共享存储器端口(SROMC/ DRAM1)信号

信　号	I/O	描　述
Xm1CKE[1:0]	O	存储器端口 1DRAM
Xm1SCLK	O	存储器端口 1DRAM
Xm1SCLKn	O	存储器端口 1DRAM
Xm1CSn[1:0]	O	存储器端口 1DRAM
Xm1ADDR[15:0]	O	存储器端口 1DRAM
Xm1RASn	O	存储器端口 1DRAM
Xm1CASn	O	存储器端口 1DRAM
Xm1WEn	O	存储器端口 1DRAM
Xm1DATA[15:0]	I/O	存储器端口 1DRAM
Xm1DATA[31:16]	I/O	可以作为存储器端口 1DRAM 高于半数据总线使用,通过控制器设置
Xm1DQM[3:0]	O	存储器端口 1DRAM
Xm1DQS[3:0]	I/O	存储器端口 1DRAM

6.2.4　串行通信

UART/IrDA/CF 具体信号描述如表 6.4 所列。

表 6.4　UART/IrDA/CF 信号

信　号	I/O	描述	信　号	I/O	描述
XuRXD[0]	I	UART	XuCTSn[0]	I	UART
XuTXD[0]	O	UART0	XuRXD[2]	I	UART
XuCTSn[0]	I	UART	XuTXD[2]	O	UART
XuRTSn[0]	O	UART	XuRXD[3]	I	UART
XuRXD[1]	I	UART	XuTXD[3]	O	UART
XuTXD[1]	O	UART	XirSDBW	O	IrDA
XuCTSn[1]	I	UART	XirRXD		IrDA
XuRTSn[1]	O	UART	XirTXD	O	IrDA
XuRXD[0]	I	UART	ADDR_CF[2:0]	O	CF
XuTXD[0]	O	UART0	EINT1[12:0]	I	外部中断 1

I^2C 总线具体信号描述如表 6.5 所列。

表 6.5　I^2C 总线信号

信　号	I/O	描　述	信　号	I/O	描　述
Xi2cSCL	I/O	I^2C	Xi2cSCL	I/O	I^2C
Xi2cSDA	I/O	I^2C	Xi2cSDA	I/O	I^2C
EINT1[14:13]	I	外部中断 1	EINT1[14:13]	I	外部中断 1

SPI(2 通道)具体信号描述如表 6.6 所列。

PCM(2 通道)/I^{2}S/AC97 具体信号描述如表 6.7 所列。

表 6.6　SPI(2 通道)信号

信　号	I/O	描　述
XspiMISO[0]	I/O	SPI
XspiCLK[0]	I/O	SPI
XspiMOS[0]	I/O	SPI
XspiCS[0]	I/O	SPI
XspiMISO[1]	I/O	SPI
XspiCLK[1]	I/O	SPI
XspiMOS[1]	I/O	SPI
XspiCS[1]	I/O	SPI
ADDR_CF[2:0]	O	CF
EINT2[7:2]	I	外部中断 2
XmmcCMD2	I/O	命令/响应 (SD/SDIO/MMC)
XmmcCLK2	O	时钟 (SD/SDIO/MMC)
XspiMISO[0]	I/O	SPI
XspiCLK[0]	I/O	SPI
XspiMOS[0]	I/O	SPI
XspiCS[0]	I/O	SPI
XspiMISO[1]	I/O	SPI
XspiCLK[1]	I/O	SPI

6.7　PCM(2 通道)/IIS/AC97 信号

信　号	I/O	描　述
XpcmDCLK[0]	O	PCM
XpcmEXTCLK[0]	I	可选参考时钟
XpcmFSYNC[0]	O	PCM
XpcmSIN[0]	I	PCM
XpcmSOUT[0]	O	PCM
XpcmDCLK[1]	O	PCM
XpcmEXTCLK[1]	I	可选参考时钟
XpcmFSYNC[1]	O	PCM
XpcmSIN[1]	I	PCM
XpcmSOUT[1]	O	PCM
Xi2sLRCK[1:0]	I/O	I^{2}S
Xi2sCDCLK[1:0]	O	I^{2}S
Xi2sCLK[1:0]	I/O	I^{2}S
Xi2sDI[1:0]	I	I^{2}S
Xi2sDO[1:0]	O	I^{2}S
X97BITCLK	I	AC – Link
X97RESETn	O	AC – Link
X97SYNC	O	从 AC97
X97SDI	I	AC – Link
X97SDO	O	AC – Link

USB 主设备具体信号描述如表 6.8 所列。

表 6.8　USB 主设备信号

信　号	I/O	描　述
XuhDN	I/O	USB
XuhDP	I/O	USB

USB OTG 具体信号描述如表 6.9 所列。

表 6.9　USB OTG 信号

信　号	I/O	描　述
XusbDP	I/O	USB
XusbDM	I/O	USB
XusbXTI	I	晶体振荡器 XI

续表 6.9

信　号	I/O	描　述
XusbXTO	I	晶体振荡器 XO
XusbREXT	I/O	外部 3.4 kΩ(+/-1%)电阻连接
XusbVBUS	I/O	USB
XusbID	I	USB
XusbDRVVBUS	O	驱动 Vbus
XusbDP	I/O	USB
XusbDM	I/O	USB

相机接口具体信号描述如表 6.10 所列。

表 6.10　相机接口信号

信　号	I/O	描　述
XciCLK	O	主时钟相机处理器 A
XciHREF	I	水平同步,通过相机处理器 A
XciPCLK	I	像素时钟,通过相机处理器 A
XciVSYNC	I	垂直同步,通过相机处理器 A
XciRSTn	O	软件复位到相机处理器 A
XciYDATA[7:0]	I	在 8 位模式下,像素数据为 YCbCr,或在 16 位模式下为 Y,通过相机处理器 A 驱动
EINT4[12:0]	I	外部中断 4
XciCLK	O	主时钟相机处理器 A
XciHREF	I	水平同步,通过相机处理器 A
XciPCLK	I	像素时钟,通过相机处理器 A
XciVSYNC	I	垂直同步,通过相机处理器 A

6.2.5　显示器控制

通道 DAC 具体信号描述如表 6.11 所列。

表 6.11　2 通道 DAC 信号

信　号	I/O	描　述
XdacVREF	AI	参考电压输入
XdaclREF	AI	外部寄存器连接
XdacCOMP	AI	外部电容器连接
XdacOUT_0	AO	DAC
XdacOUT_1	AO	DAC

ADC 具体信号是 Xdac_AIN,位 7～0。

PLL 具体信号是 XpllEFILTER,为环路滤波器电容器。

MMC 2 通道具体信号描述如表 6.12 所列。

表 6.12　MMC 2 通道信号

信　号	I/O	描　述
XmmcCLK0	O	时钟（SD/SDIO/MMC）
XmmcCMD0	I/O	命令/响应（SD/SDIO/MMC）
XmmcDAT0[3:0]	I/O	数据（SD/SDIO/MMC）
XmmcCDN0	I	卡删除（SD/SDIO/MMC）
XmmcCLK1	O	时钟（SD/SDIO/MMC）
XmmcCMD1	I/O	命令/响应（SD/SDIO/MMC）
XmmcDAT1[7:0]	I/O	数据（SD/SDIO/MMC）
XmmcCLK2	O	时钟（SD/SDIO/MMC）
XmmcCMD2	I/O	命令/响应（SD/SDIO/MMC）
XmmcDAT2[3:0]	I/O	数据（SD/SDIO/MMC）
ADDR_CF[2:0]	O	CF 卡地址
EINT5[6:0]	I	外部中断 5
EINT6[9:0]	I	外部中断 6

复位具体信号描述如表 6.13 所列。

表 6.13　引脚复位信号

信　号	I/O	描　述
XnRESET	I	XnRESET 暂停任何操作，恢复到一个已知的复位状态。对于复位，在处理器功率稳定下来之后，XnRESET 必须保持 L 电平至少 4 个 FCLK
XnWRESET	I	系统热复位。当保持 SDRAM 中存储内容时复位整个系统
XsRSTOUTn	O	外部设备复位控制（sRSTOUTn = nRESET & nWDTRST & SW_RESET）

时钟具体信号描述如表 6.14 所列。

表 6.14　时钟信号

信　号	I/O	描　述
XrtcXTI	I	RTC
XrtcXTO	O	RTC 32 kHz
X27mXTI	I	显示器模式 27 MHz
X27mXTO	O	显示器模式 27 MHz
XXTI	I	内部振荡器电路晶体输入
XXTO	O	内部振荡器电路晶体输出
XEXTCLK	I	外部时钟源
XrtcXTI	I	RTC
XrtcXTO	O	RTC 32 kHz
X27mXTI	I	显示器模式 27 MHz

JTAG 具体信号描述如表 6.15 所列。

表 6.15 JTAG 信号

信 号	I/O	描 述
XjTRSTn	I	XjTRSTn(TAP 控制器复位)在开始复位 TAP 控制器。如果使用调试器,一个 10 kΩ 上拉电阻必须被连通。如果不使用调试器,XjTRSTn 引脚必须接低电平或电平低且幅值小的脉冲信号
XjTMS	O	XjTMS(TAP 控制器模式选择)控制 TAP 控制器状态的顺序。一个 10 kΩ 的上拉电阻必须被连接到 TMS 引脚
XjTCK	I	XjTCK(TAP 控制器时钟)提供 JTAG 逻辑的时钟输入。一个 10 kΩ 的下拉电阻必须被连接到 TMS 引脚
XjRTCK	O	XjRTCK(TAP 控制器返回的时钟)提供 JTAG 逻辑时钟输出
XjTDI	I	XjTDI(TAP 控制器数据输入)是测试指令和数据的串行输入。一个 10 kΩ 的上拉电阻必须连接到 TDI 引脚
XjTDO	O	XjTDO(TAP 控制器数据输出)测试指令和数据的串行输入。它可能通过 GPIO 电阻控制下拉
XjDBGSEL	I	JTAG 选择。1:外设 JTAG,0:ARM1176JZF-S 核心 JTAG

MISC 具体信号描述如表 6.16 所列。

表 6.16 MISC 信号

信 号	I/O	描 述
XOM[4:0]	I	操作模式选择
XPWRRGTON	O	功率调节器使能
XSELNAND	I	选择 Flash

VDD 具体信号描述如表 6.17 所列。

表 6.17 VDD 信号

信 号	I/O	描 述	信 号	I/O	描 述
VDDALIVE	P	带电组件的内部 VDD	VDDMMC	P	USB
VDDARM	P	ARM1176	VDDHI	P	SDMM
VDDINT	P	逻辑的内部 VDD	VDDLCD	P	主设备 I/F
VDDMPLL	P	MPLL	VDDPCM	P	LCD
VDDEPLL	P	APLL	VDDEXT	P	PCM
VDDOTG	P	EPLL	VDDSYS	P	外部 I/F
VDDOTGI	P	USB	VDDADC	P	ADC

注:P 指电源。

6.3　存储器映射

S3C6410 支持 32 位物理地址域,并且这些地址域分成两部分,一部分用于存储,另一部分用于外设。S3C6410 通过 SPINE 总线访问主存,主存的地址范围是 0x0000_0000~0x6FFF_FFFF。主存部分分成 4 个区域:引导镜像区、内部存储区、静态存储区和动态存储区。

引导镜像区的地址范围是 0x0000_0000~0x07FF_FFFF,但是没有实际的映射内存。引导镜像区反映一个镜像,这个镜像指向内存的一部分区域或者静态存储。引导镜像的开始地址是 0x0000_0000。

内部存储区用于启动代码访问内部 ROM 和内部 SRAM,也被称作 Stepping-stone。每块内部存储器的起始地址是确定的。内部 ROM 的地址范围是 0x0800_0000~0x0BFF_FFFF,但是实际存储仅 32 KB。该区域是只读的,并且当内部 ROM 启动被选择时,该区域能映射到引导镜像区。内部 SRAM 的地址范围是 0x0C00_0000~0x0FFF_FFFF,但是实际存储仅 4 KB。该区域能被读和写,当 NAND 闪存启动被选择时能映射到引导镜像区。

静态存储区的地址范围是 0x1000_0000~0x3FFF_FFFF。通过该地址区域能访问 SROM、SRAM、NOR Flash、同步 NOR 接口设备和 Steppingstone。每块区域代表一个芯片选择,例如,0x1000_0000~0x17FF_FFFF 代表 Xm0CSn[0]。每一个芯片选择的开始地址是固定的。NAND Flash 和 CF/ATAPI 不能通过静态存储区访问,因此,任何 Xm0CSn[5:2]映射到 NFCON 或 CFCON,相关地址区域应当被访问。一个例外,如果 Xm0CSn[2]用于 NAND Flash,Steppingstone 映射到存取区 0x2000_0000~27FF_FFFF。

动态存储区的地址范围是 0x4000_0000~0x6FFF_FFFF。DMC0 有权使用地址 0x4000_0000~0x4FFF_FFFF,DMC1 有权使用地址 0x5000_0000~0x6FFF_FFFF。对于每一块芯片选择的起始地址是可以进行配置的。

外设区域通过 PERI 总线被访问,它的地址范围是 0x7000_0000~0x7FFF_FFFF。这个地址范围的所有 SFR 能被访问。而且如果数据需要从 NFCON 或 CFCON 传输,这些数据需要通过 PERI 总线传输。存储器系统模块的地址映射图,如图 6.4 所示。

S3C6410 系统控制器由系统时钟控制和系统电源管理控制组成。系统时钟控制逻辑,在 S3C6410 中生成所需的系统时钟信号,用于 CPU 的 ARMCLK、AXI/AHB 总线外设的 HCLK 和 APB 总线外设的 PCLK。在 S3C6410 中有 3 个 PLL:一个仅用于 ARMCLK;一个用于 HCLK 和 PCLK;最后一个用于外设,特别用于音频相关的时钟。通过外部提供的时钟源,时钟控制逻辑产生慢速时钟信号 ARMCLK、HCLK 和 PCLK。该每个外设块的时钟信号可能被启用或禁用,由软件控制以减少

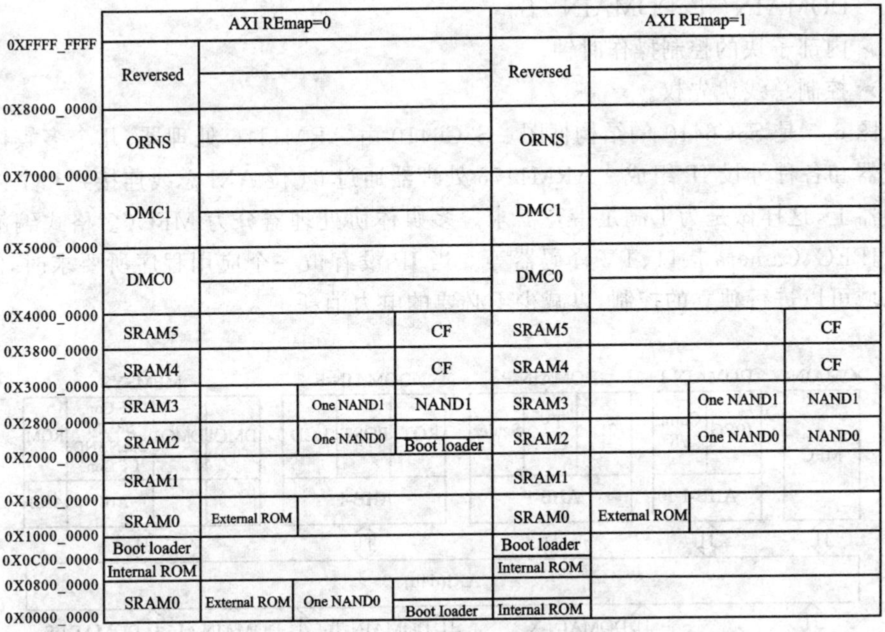

地址	AXI REmap=0			AXI REmap=1		
0XFFFF_FFFF						
	Reversed			Reversed		
0X8000_0000						
	ORNS			ORNS		
0X7000_0000						
	DMC1			DMC1		
0X5000_0000						
	DMC0			DMC0		
0X4000_0000						
	SRAM5		CF	SRAM5		CF
0X3800_0000						
	SRAM4		CF	SRAM4		CF
0X3000_0000						
	SRAM3	One NAND1	NAND1	SRAM3	One NAND1	NAND1
0X2800_0000						
	SRAM2	One NAND0	Boot loader	SRAM2	One NAND0	NAND0
0X2000_0000						
	SRAM1			SRAM1		
0X1800_0000						
	SRAM0	External ROM		SRAM0	External ROM	
0X1000_0000						
	Boot loader			Boot loader		
0X0C00_0000						
	Internal ROM			Internal ROM		
0X0800_0000						
	SRAM0	External ROM	One NAND0	Boot loader	Internal ROM	
0X0000_0000						

图 6.4　存储器系统模块的地址映射图

电源消耗。

在电源控制逻辑中,S3C6410 有多种电源管理方案,以保持电力系统的最佳消耗,用于一个给定的任务。在 S3C6410 中,电源管理由 4 个模块组成:通用时钟门控模式、空闲模式、停止模式和睡眠模式。在 S3C6410 中,通用时钟门控模式来控制内部外设时钟的开/关,可以通过用于外设所要求的特定应用提供时钟,使用通用时钟门控模式来优化 S3C6410 的电源消耗。例如:如果定时器没有要求,则可以中断时钟定时器,以降低功耗。闲置模式仅中断 ARMCLK 到 CPU 内核,它提供时钟给所有外设。通过使用闲置模式,电力消耗通过 CPU 内核而减少。停止模式通过禁用 PLL 冻结所有时钟到 CPU 及外设。在 S3C6410 中,电力消耗仅因为漏电流。睡眠模式断开内部电源。因此,电力消耗除了唤醒逻辑,CPU 和内部逻辑将为零。为了使用睡眠模式,两个独立的电源是必需的。两个电源中的一个用于唤醒逻辑提供电力,另一个提供其他内部逻辑,包括 CPU 和为了旋转开/关所必须进行的控制。

6.4　系统控制器

系统控制器包含的特性有以下几个方面。

➤ 3 个 PLL:ARM PLL、主 PLL、额外的 PLL(这些模块用于使用特殊频率)。

➤ 5 种省电模式:正常、闲置、停止、深度停止和睡眠。

➤ 5 种可控制的电源范围:DOMAIN‐V、DOMAIN‐I、DOMAIN‐P、

DOMAIN－F、DOMAIN－S。

➤ 内部子块的控制操作时钟。

➤ 控制总线优先权。

图 6.5 是 S3C6410 的结构框图。S3C6410 由 ARM1176 处理器、几个多媒体协处理器和各种外设 IP 组成。ARM1176 处理器通过 64 位 AXI 总线连接到几个内存控制器上，这样做是为了满足带宽需求。多媒体协处理器分为 MFC（多格式编解码器）、JPEG、Camera 接口、TV 译码器等。当 IP 没有被一个应用程序所要求时，5 个电源域可以进行独立的控制，以减少不必要的电力消耗。

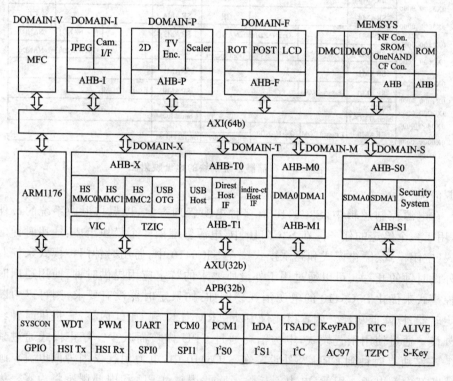

图 6.5　S3C6410 的结构框图

6.4.1　时钟源

时钟源在外部晶体（XXTIpll）和外部时钟（XEXTCLK）两者之间进行选择。该时钟发生器由 3 个 PLL（锁相环）组成，产生高频率的时钟信号可以到 1.6 GHz。

内部时钟会产生用于外部的时钟源，其说明如表 6.18 所列。当外部复位信号被声明时，OM[4:0]引脚决定了 S3C6410 的操作模式。OM[0]引脚选择外部时钟源，例如，如果 OM[0]是 0，则 XXTIpll（外部晶体）被选择；否则，XEXTCLK 被选择。

表 6.18　启动时设备操作模式的选择

OM[4:0]	启动设备	功　能	时钟源
0000X	NAND	AdvFlash＝0，AddrCycle＝3	
0001X		AdvFlash＝0，AddrCycle＝4	
0010X		AdvFlash＝1，AddrCycle＝4	
0011X		AdvFlash＝1，AddrCycle＝4	如果 OM[0] 是 0，XXTIpll 被选择。
0100X	SROM	—	
0101X	NOR（26 位）	—	如果 OM[0] 是 1，XEXTCLK 被选择
0101X	OneNAND	—	
0111X	MODEM	—	
RESERVED	保留	—	
1111X	内部 ROM	—	

6.4.2　锁相环

S3C6410 内部的 3 个 PLL，分别是 APLL、MPLL 和 EPLL。带有一个参考输入时钟操作频率和相位的同步输出信号。在这个应用当中，包括基本模块的说明，如图 6.6 所示。电压控制振荡器（VCO）产生的输出频率成正比，输入到直流电压。通过 P，前置配器划分输入频率（FIN）。通过 M，主分频器分割 VCO 的输出频率，用于输入到相位频率检测器（PFD）。通过 S，POST 定标器划分为 VCO 的输出频率。相位差探测器计算相位差和电荷泵的增加/减少输出电压。每个 PLL 的输出时钟频率是可以计算的。

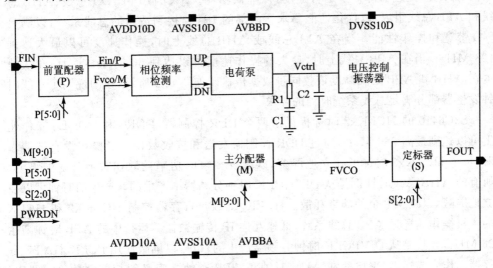

图 6.6　PLL 结构框图（只有 APLL 和 MPLL）

PLL 和输入参考时钟之间时钟选择如图 6.7 所示，说明了时钟发生器逻辑。

APLL 用于 ARM 时钟操作,MPLL 用于主时钟操作,EPLL 用于特殊用途。时钟操作被分为 3 组:第 1 组是 ARM 时钟,从 APLL 产生;MPLL 产生主系统时钟,用于操作 AXI、AHB 和 APB 总线操作;最后一组是从 EPLL 产生,产生的时钟主要用于外设 IPs,例如,UART、I^{2}S 和 I^{2}C 等。CLK_SRC 寄存器的最低 3 位控制 3 组时钟源。当位为 0 时,则输入时钟绕过组;否则,PLL 输出将被应用到组。

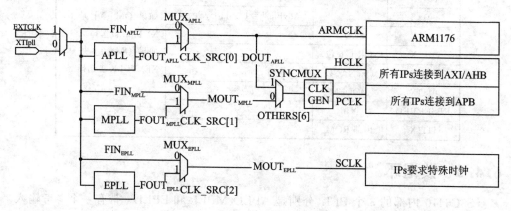

图 6.7　PLL 输出时钟发生器

6.4.3　ARM 和 AXI/AHB/APB 总线时钟发生器

S3C6410 的 ARM1176 处理器运行时最大可达 227 MHz。操作频率可以通过内部时钟分频器、DIVARM 寄存器来实现改变 PLL 的频率。该分频器的比率从 1~8 不同。ARM 处理器降低了运行速度,以降低功耗。S3C6410 由 AXI 总线、AHB 总线和 APB 总线组成,以优化性能要求。内部的 IPs 连接到适当的总线系统,以满足 I/O 带宽和操作性能。当在 AXI 总线或 AHB 总线上时,操作速度可以最大达到 133 MHz。当在 APB 总线上时,最大的操作速度可以达到 66 MHz。而且,总线速度在 AHB 和 APB 之间高度依赖同步数据传输。如图 6.8 所示,该图说明了总线时钟发生器部分满足总线系统时钟的要求。

S3C6410 的 HCLKx2 时钟提供了两个 DDR 控制器,DDR0 和 DDR1。操作速度可以达到最高 266 MHz,通过 DDR 控制器发送和接收数据。当操作没有被请求时,每个 HCLKx2 时钟可独立地屏蔽,以减少多余的功率耗散在时钟分配网络上。所有的 AHB 总线时钟都是从 DIVHCLK 时钟分频器中产生的。产生的时钟可以独立地屏蔽,以减少多余的功率耗散。HCLK_GATE 寄存器控制 HCLKX2 和 HCLK 的主机操作。通过 APB 总线系统,低速互连 IP 传输数据。运行中的 APB 时钟高达 66 MHz,并且是从 DIVPCLK 时钟分频器产生的,也可以屏蔽使用 PCLK_GATE 寄存器。作为描述,频率比率在 AHB 时钟和 APB 时钟之间必须相差整数倍。例如,如果 DIVHCLK 的 CLK_DIV0[8]位为 1,则 DIVPCLK 的 CLK_DIV0[15:12]必须是 1、3、7、9;否则,APB 总线系统上的 IP 不能正确地传输数据。在 AHB 总线系统

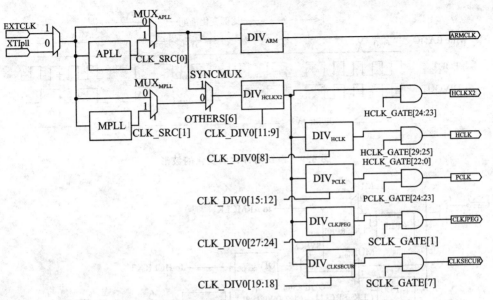

图 6.8　ARM 和 AXI/AHB/APB 总线时钟发生器

上,JPEG 和安全子系统在 133 MHz 时不能运行。AHB 总线时钟频率由 DIV-CLKJPEG 寄存器和 DIVCLKSECUR 寄存器产生。因此,作为 APB 时钟它们有相同的限制。表 6.19 列出了建议时钟分频器的比例。

表 6.19　时钟分频器典型值的设置(SFR 设置值/输出频率)

APLL	MPLL	DIVARM	DIVHCLKX2	DIVHCLK	DIVPCLK	DIVCLKJPEG	DIVCLKSECUR
266 MHz	266 MHz	0/266 MHz	0/266 MHz	1/133 MHz	3/66 MHz	3/66 MHz	3/66 MHz
400 MHz	266 MHz	0/400 MHz	0/266 MHz	1/133 MHz	3/66 MHz	3/66 MHz	3/66 MHz
533 MHz	266 MHz	0/533 MHz	0/266 MHz	1/133 MHz	3/66 MHz	3/66 MHz	3/66 MHz
667 MHz	266 MHz	0/667 MHz	0/266 MHz	1/133 MHz	3/66 MHz	3/66 MHz	3/66 MHz

　　注意: 表 6.19 所描述的是,该分频器用于 ARM 独立地使用 APLL 输出时钟,并没有约束时钟分频器的值。

1. 时钟比例的改变

　　时钟分频器产生各种操作时钟,包括系统操作时钟,如 ARMCLK、HCLKX2、HCLK 和 PCLK。图 6.9 表示的是一个转换波形,时钟分频器用于系统操作时钟从 1~2 变化比例。从图中的波形可以看出,PLL 输出时钟缓慢地改变周期的比例。这个周期是不固定的,在典型的例子中大约是 10~20 时钟周期。

　　因此,如果一些 IP 运行,必须特别注意比率改变的周期;否则,IP 操作将失败。

2. OneNAND 时钟发生器

　　OneNAND 接口控制器要求两个同步时钟,一个时钟的频率必须是其他时钟频率的一半,如图 6.10 所示。

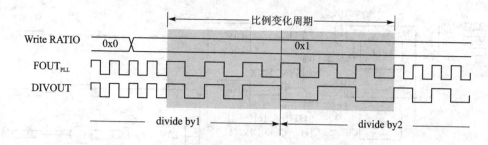

图 6.9　系统时钟比例变化的波形

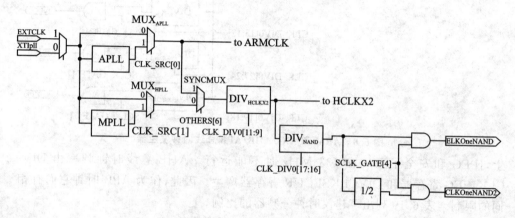

图 6.10　OneNAND 时钟发生器

6.4.4　MFC 时钟发生器

MFC 块在除了 HCLK 和 PCLK 外，还需要一个特殊的时钟。如图 6.11 所示，显示了这个特殊时钟的产生。

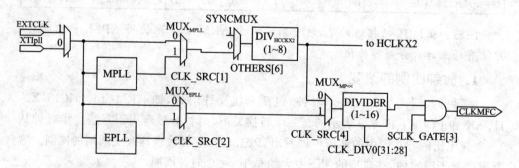

图 6.11　MFC 时钟发生器

时钟源在 HCLKX2 和 MOUTEPLL 之间进行选择。操作时钟使用 HCLKX2 进行分频，HCLKX2 的操作频率是固定的，默认为 266 MHz。因此，CLK_DIV0[31：28]必须是 4'b0001，以产生 133 MHz。当 MFC 不需要全性能时，有两种方法来减少操作频率：一种方法是当 CLK_SRC[4]设置为 1 时，使用 EPLL 输出时钟。通常，EPLL 是用于使音频时钟和输出时钟低于 MPLL 的输出频率。另一种方法是调节时钟分频器 CLK_DIV0[31:28]的比例。使用此值，较低的频率可以应用到 MFC 块，使用 CLK_SRC[4]区域，以减少多余的功率耗散，因为 EPLL 的输出频率 HCLKX2 或 HCLK 是独立的。

6.4.5　显示时钟发生器(POST,LCD 和 Scaler)

图 6.12 描述的是用于显示块的时钟发生器。通常 LCD 控制器需要图像后处理器和定标器的逻辑。操作时钟可以独立地控制这个时钟发生器。CLKLCD 和 CLK-POST 被连接到 DOMAIN-F 内的 LCD 控制器和后处理器。CLKSCALER 是连接到 DOMAIN-P 内的定标器块。

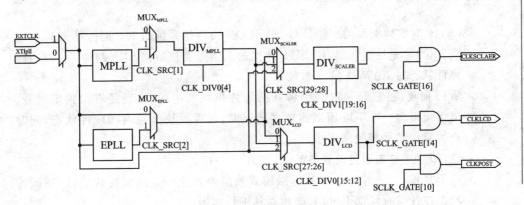

图 6.12　显示时钟发生器

用于 UART、SPI 和 MMC 的时钟发生器如图 6.13 所示。有一个额外的时钟源 CLK27M,给予了更多的灵活性。

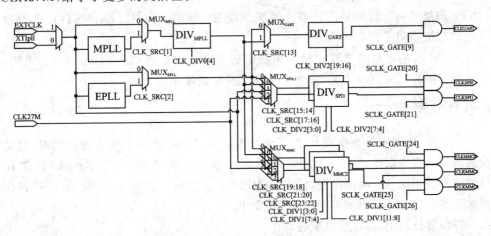

图 6.13　UART/SPI/MMC 时钟发生器

6.4.6　时钟开/关控制

从以上的图可以说明，HCLK_GATE，PCLK_GATE 和 SCLK_GATE 控制时钟操作。如果一个位被设置，则通过每个时钟分频器相应的时钟将会被提供；否则，将被屏蔽。HCLK_GATE 控制 HCLK，用于每个 IP。每个 IP 的 AHB 接口逻辑被独立地屏蔽，以减少动态电力消耗。

PCLK_GATE 控制 PCLK，用于每个 IP。某些 IP 需要特殊时钟正确的操作，通过 SCLK_GATE 时钟被控制。S3C6410 时钟输出采用输出端口，产生内部时钟这个时钟被用于正常的中断或调试用途。

6.5　S3C6410 复位信号

S3C6410 有 5 种类型的复位信号，SYSCON 可以把系统的 1/5 进行复位。

➢ 温复位：它是通过 XnWRESET 产生的。当需要初始化 S3C6410 和保存当前硬件状态时 XnWRESET 被使用。

➢ 看门狗复位：它是通过一个特殊的硬件模块产生的，也就是看门狗定时器。当系统发生一个不可预测的软件错误时，硬件模块监控内部硬件状态，同时产生复位信号来脱离该状态。

➢ 软件复位：它是通过设置 SW_RESET 产生的。

➢ 唤醒复位：它是 S3C6410 从睡眠模式唤醒时产生的。睡眠模式后，内部硬件状态在任何时候都不可用，必须对其进行初始化。

➢ 硬件复位：当 XnRESET 引脚被声明，系统内的所有单元（除了 RTC 之外）复位到预先定义好的状态时，硬件复位被调用。在这段期间，将发生下面的动作：所有内部寄存器和 ARM1176 内核都到预先定义好的复位状态。所有引脚都得到它们的复位状态。当 XnRESET 被声明的同时，XnRSTOUT 引脚就被声明了。

S3C6410 的电源调节器必须预先稳定到 XnRESET 的 deassertion 状态；否则，它可能会损害 S3C6410 芯片，发生不可预测的错误操作。

6.5.1　温复位

在正常、闲置和停止模式下，为了超过 100 ns，XnWRESET 引脚被声明时，温复位被调用。在睡眠模式下，它是作为一个唤醒事件被处理的。如果 XnBATFLT 保持低电平或系统处于唤醒时期，则 XnWRESET 被忽略。如图 6.14 所示，所有寄存器除了 SYSCON、RTC 和 GPIO 都被初始化。

在温复位期间，将发生以下的动作：

➢ 所有模块除了 ALIVE 和 RTC 模块之外，都到预先定义好的复位状态。

模块	寄存器	Software	Wakeup from SLEEP	Watchdog	XnWRESET	XnRESET
SYSCON	PWR_CFG, EINT_MASK, NORMAL_CFG, STOP_CFG, SLEEP_CFG, OSC_FREQ, OSC_STABLE, PWR_STABLE, FPC_STABLE, MTC_STABLE, OTHERS, RST_STAT, WAKEUP_STAT, BLK_PWR_STAT, INFORM0, INFORM1, INFORM2, INFORM3	X	X	X	X	O
RTC	RTCCON, TICCNT, RTCALM, ALMSEC, ALMMIN, ALMHOUR, ALMDAY, ALMMON, ALMYEAR, RTCRST	X	X	X	X	O
GPIO	GPICONSLP, GPIPUDSLP, GPJCONSLP, GPJPUDSLP, GPKCON0, GPKCON1, GPKDAT, GPKPUD, GPLCON0, GPLCON1, GPLDAT, GPLPUD, GPMCON, GPMDAT, GPMPUD, GPNCON, GPNDAT,GPNPUD, GPOCON, GPOPUD, GPPCON, GPPPUD, GPQCON, GPQPUD, EINT0CON0, EINT0CON1, EINT0FLTCON0, EINT0FLTCON1, EINT0FLTCON2, EINT0FLTCON3, EINT0MASK, EINT0PEND, SPCONSLP, SLPEN	X	X	X	X	O
其他	-	O	O	O	O	O

图 6.14　寄存器初始化的各种复位

- 所有引脚进入复位状态。
- 在看门狗复位期间,nRSTOUT 引脚被声明。

当 XnWRESET 信号被声明为 0,下列依次发生:

- SYSCON 请求 AHB 总线控制器,以完成当前 AHB 总线的处理。
- 在当前总线处理完成之后,AHB 总线控制器发送确认信息到 SYSCON。
- SYSCON 请求 DOMAIN - V,以完成当前 AXI 总线处理。
- 在当前总线处理完成后,AXI 总线控制器发送确认信息到 SYSCON。
- SYSCON 请求外部存储控制器进入到自刷新模式,当温复位被声明时,外部内存的内容必须被保存。
- 当自刷新模式时,存储控制器发送确认信息。
- SYSCON 声明内部复位信号和 XnRSTOUT。

温复位模块,在具体 ARM11 处理器中,代码实现如下:

```
void Test_WarmReset(void)
{
u32 uRstId;
u32 uInform0,uInform1;
uRstId = SYSC_RdRSTSTAT(1);
// Check Alive Reg
// Alive Register
uInform0 = 0x01234567;
uInform1 = 0x6400ABCD;
```

ARM嵌入式系统原理与应用教程(第2版)

```
// For Test
//WDT_operate(1,0,0,1,100,15625,15625);
if( ( uRstId = = 1 ) && ! ( g_OnTest) )
{
printf("Warm Reset - Memory data check \n");
CheckData_SDRAM(_DRAM_BaseAddress + 0x1000000,0x10000);
//Check Information Register Value
if( (uInform0 ! = Inp32Inform(0) )||(uInform1 ! = Inp32Inform(1)))
{
printf(" Information Register Value is wrong!!! \n");
}
else
{
printf(" Information Register Value is correct!!! \n");
}
printf("Warm Reset test is done\n");
g_OnTest = 1;
SYSC_BLKPwrONAll();
Delay(10);
SYSC_RdBLKPWR();
}
else
{
printf("[WarmReset Test]\n");
InitData_SDRAM(_DRAM_BaseAddress + 0x1000000,0x10000);
// Alive Register Write
Outp32Inform(0,uInform0);
Outp32Inform(1,uInform1);
//Added case : bus power down
SYSC_BLKPwrOffAll();
printf("HCLKGATE: 0x % x\n",Inp32(0x7E00F030));
printf("Now,Push Warm Reset Botton. \n");
while(1)
{
// test case
DMAC_InitCh(DMA0,DMA_ALL,&oDmac_0);
DMAC_InitCh(DMA1,DMA_ALL,&oDmac_1);
INTC_SetVectAddr(NUM_DMA0,Dma0Done_Test);
INTC_SetVectAddr(NUM_DMA1,Dma1Done_Test);
INTC_Enable(NUM_DMA0);
```

122

```
INTC_Enable(NUM_DMA1);
g_DmaDone0 = 0;
g_DmaDone1 = 0;
printf("DMA Start \n");
// 16 MB
DMACH_Setup(DMA_A,0x0,0x51f00000,0,0x51f01000,0,WORD,0x1000000,DEMAND,MEM,
MEM,BURST4,&oDmac_0);
DMACH_Setup(DMA_A,0x0,0x52000000,0,0x52001000,0,WORD,0x1000000,DEMAND,MEM,
MEM,BURST4,&oDmac_1);
// Enable DMA
DMACH_Start(&oDmac_0);
DMACH_Start(&oDmac_1);
while((g_DmaDone0 = = 0)||(g_DmaDone1 = = 0)) // Int.
{
Copy(0x51000000,0x51800000,0x1000000);
}
}
}
}
```

6.5.2　软件复位

当利用软件将 0x6410 写入到 SW_RST 时，软件复位被调用。行为与温复位的情况相同。软件复位在 ARM11 处理器中，代码实现如下：

```
void Test_SoftReset(void)
{
u32 uRstId;
u32 uInform0,uInform1;
printf("rINFORM0: 0x%x\n",Inp32Inform(0));
printf("rINFORM1: 0x%x\n",Inp32Inform(1));
uInform0 = 0xABCD6400;
uInform1 = 0x6400ABCD;
uRstId = SYSC_RdRSTSTAT(1);
SYSC_RdBLKPWR();
if( ( uRstId = = 5 ) && ! (g_OnTest) )
{
printf("Software Reset - Memory data check \n");
CheckData_SDRAM(_DRAM_BaseAddress + 0x1000000,0x10000);
//Check Information Register Value
if( (uInform0 ! = Inp32Inform(0) )||(uInform1 ! = Inp32Inform(1)))
```

```
{
printf(" Information Register Value is wrong!!! \n");
}
else
{
printf(" Information Register Value is correct!!! \n");
}
printf("software reset test is done\n");
g_OnTest = 1;
SYSC_BLKPwrONAll();
Delay(10);
SYSC_RdBLKPWR();
}
else
{
printf("[SoftReset Test]\n");
InitData_SDRAM(_DRAM_BaseAddress + 0x1000000,0x10000);
//Added case : bus power down
SYSC_BLKPwrOffAll();
// Added case : Clock Off Case
// Outp32SYSC(0x30,0xFDDFFFFE); //IROM,MEMO,MFC
// Outp32SYSC(0x30,0xFFFFFFFE); // MFC,MFC Block OFF OK
// Outp32SYSC(0x30,0xFDFFFFFF); // IROM OK
// Outp32SYSC(0x30,0xFFDFFFFF); // MEMO
printf("HCLKGATE: 0x% x\n",Inp32(0x7E00F030));
// Alive Register Write
Outp32Inform(0,uInform0);
Outp32Inform(1,uInform1);
//Outp32(0x7F008880,0x1000);
UART_TxEmpty();
printf("Now,Soft Reset causes reset on 6410 except SDRAM. \n");
SYSC_SWRST();
while(! UART_GetKey());
}
}
```

6.5.3　看门狗复位

当软件挂起时，看门狗复位被调用。因此，在用于看门狗复位的 WDT 和 WDT 超时信号里，软件不能初始化寄存器。在看门狗复位期间，有以下动作发生：

➢ 除了 ALIVE 和 RTC 模块,所有模块进入预先定义好的复位状态。

➢ 所有引脚都进入复位状态。

➢ 在看门狗复位期间,nRSTOUT 引脚被声明。

在正常模式和闲置模式下,看门狗可被激活,并可产生超时信号。当看门狗定时器和复位使能时,其被调用。因此,下列依次发生:

➢ WDT 产生超时信号。

➢ SYSCON 调用复位信号,初始化内部 IP。

➢ 包括 nRSTOUT 的复位被声明,直到复位计数器 RST_STABLE 被终止。

看门狗复位在具体 ARM11 处理器中,代码实现如下:

```
void Test_WDTReset(void)
{
printf("[WatchDog Timer Reset Test]\n");
INTC_Enable(NUM_WDT);
// 1. Clock division_factor 128
printf("\nClock Division Factor: 1(dec),Prescaler: 100(dec)\n");
// WDT reset enable
printf("\nI will restart after 2 sec.\n");
WDT_operate(1,1,0,1,100,15625,15625);
//Test Case - add SUB Block Off
SYSC_BLKPwrOffAll();
//Added case : Clock Off Case
Outp32(0x7E00F030,0xFDDFFFFE);
// Outp32SYSC(0x30,0xFFFFFFFE); // MFC,MFC Block OFF OK
// Outp32SYSC(0x30,0xFDFFFFFF); // IROM OK
// Outp32SYSC(0x30,0xFFDFFFFF); // MEM0
printf("HCLKGATE: 0x%x\n",Inp32(0x7E00F030));
//while(! UART_GetKey());
// Test Case - add Bus operation
while(1)
{
// test case
DMAC_InitCh(DMA0,DMA_ALL,&oDmac_0);
DMAC_InitCh(DMA1,DMA_ALL,&oDmac_1);
INTC_SetVectAddr(NUM_DMA0,Dma0Done_Test);
INTC_SetVectAddr(NUM_DMA1,Dma1Done_Test);
INTC_Enable(NUM_DMA0);
INTC_Enable(NUM_DMA1);
g_DmaDone0 = 0;
g_DmaDone1 = 0;
```

```
printf("DMA Start \n");
// 16MB
DMACH_Setup(DMA_A,0x0,0x51f00000,0,0x51f01000,0,WORD,0x1000000,DEMAND,MEM,
MEM,BURST4,&oDmac_0);
DMACH_Setup(DMA_A,0x0,0x52000000,0,0x52001000,0,WORD,0x1000000,DEMAND,MEM,
MEM,BURST4,&oDmac_1);
// Enable DMA
DMACH_Start(&oDmac_0);
DMACH_Start(&oDmac_1);
while((g_DmaDone0 = = 0)||(g_DmaDone1 = = 0)) // Int
Copy(0x51000000,0x51800000,0x1000000);
}
}
//INTC_Disable(NUM_WDT);
}
```

当 S3C6410 通过一个唤醒事件从睡眠模式唤醒时，唤醒复位被调用。

6.6　寄存器描述

系统控制器控制 PLL、时钟发生器、电源管理部分和其他系统部分。

6.6.1　部分 SFR 寄存器

下面描述了在系统控制器内，如何使用的 SFR(特殊功能寄存器)来控制这些部分。存储器映射表 6.20 所列系统控制器内的 34 个主要寄存器。

表 6.20　部分 SFR 寄存器

寄存器	地　址	读/写	描　　述	复位值
APLL_LOCK	0x7E00_F000	读/写	控制 PLL	锁定期 APLL
MPLL_LOCK	0x7E00_F004	读/写	控制 PLL	锁定期 MPLL
EPLL_LOCK	0x7E00_F008	读/写	控制 PLL	锁定期 EPLL
APLL_CON	0x7E00_F00C	读/写	控制 PLL	输出频率
MPLL_CON	0x7E00_F010	读/写	控制 PLL	输出频率
EPLL_CON0	0x7E00_F014	读/写	控制 PLL	输出频率
EPLL_CON1	0x7E00_F018	读/写	控制 PLL	输出频率
CLK_SRC	0x7E00_F01C	读/写	选择时钟源	0x0000_0000
CLK_DIV0	0x7E00_F020	读/写	设置时钟分频器的比例	0x0105_1000
CLK_DIV1	0x7E00_F024	读/写	设置时钟分频器的比例	0x0000_0000

寄存器	地　址	读/写	描　述	复位值
CLK_DIV2	0x7E00_F028	读/写	设置时钟分频器的比例	0x0000_0000
CLK_OUT	0x7E00_F02C	读/写	选择时钟输出	0x0000_0000
APLL_LOCK	0x7E00_F000	读/写	控制 PLL	锁定期 APLL
MPLL_LOCK	0x7E00_F004	读/写	控制 PLL	锁定期 MPLL
EPLL_LOCK	0x7E00_F008	读/写	控制 PLL	锁定期 EPLL
APLL_CON	0x7E00_F00C	读/写	控制 PLL	输出频率
MPLL_CON	0x7E00_F010	读/写	控制 PLL	输出频率
HCLK_GATE	0x7E00_F030	读/写	控制 HCLK	时钟选通
PCLK_GATE	0x7E00_F034	读/写	控制 PCLK	时钟选通
SCLK_GATE	0x7E00_F038	读/写	控制 SCLK	时钟选通
RESERVED	0x7E00_F03C～ 0x7E00_F0FC	—	保留	—
AHB_CON0	0x7E00_F100	读/写	配置 AHB	I/P/X/F
AHB_CON1	AHB_CON1	读/写	配置 AHB M1/M0/T1/ T0 总线	0x0000_0000
RESERVED	0x7E00_F10C	—	保留	—
SDMA_SEL	0x7E00_F110	读/写	选择安全 DMA	输入
SW_RST	0x7E00_F114	读/写	产生软件复位	0x0000_0000
SYS_ID	0x7E00_F118	读	系统 ID	版本和审查通过
RESERVED	0x7E00_F11C	—	保留	—
MEM_SYS_CFG	0x7E00_F120	读/写	配置存储子系统	0x0000_0080
QOS_OVERRIDE0	0x7E00_F124	读/写	取代 DMC0	QOS
QOS_OVERRIDE1	0x7E00_F128	读/写	取代 DMC1	QOS
MEM_CFG_STAT	0x7E00_F12C	读	存储器子系统建立状态	0x0000_0000
RESERVED	0x7E00_F200～ 0x7E00_F800	—	保留	—
PWR_CFG	0x7E00_F804	读/写	配置电源管理	0x0000_0001
EINT_MASK	0x7E00_F808	读/写	配置 EINT（外部中断） 屏蔽	0x0000_0000
RESERVED	0x7E00_F80C	—	保留	—
NORMAL_CFG	0x7E00_F810	读/写	NORMAL_CFG 0x7E00_F810 读/写	0xFFFF_FF00

寄存器	地　址	读/写	描　　述	复位值
STOP_CFG	0x7E00_F814	读/写	STOP_CFG 0x7E00_F814 读/写	0x2012_0100
SLEEP_CFG	0x7E00_F818	读/写	在睡眠模式下,配置电源管理	0x0000_0000
RESERVED	0x7E00_F81C	—	保留	—
OSC_FREQ	0x7E00_F820	读/写	振荡器频率刻度计数器	0x0000_000F
PWR_STABLE	0x7E00_F828	读/写	电源稳定计数器	0x0000_0001
RESERVED	0x7E00_F82C	—	保留	—
MTC_STABLE	0x7E00_F830	读/写	MTC	稳定计数器
RESERVED	0x7E00_F834~ 0x7E00_F8FC		保留	
OTHERS	0x7E00_F900	读/写	其他控制寄存器	0x0000_801E
RST_STAT	0x7E00_F904	读	复位状态寄存器	0x0000_0001
WAKEUP_STAT	0x7E00_F908	读/写	唤醒状态寄存器	0x0000_0000
BLK_PWR_STAT	0x7E00_F90C	读	块电源状态寄存器	0x0000_007F
INFORM0	0x7E00_FA00	读/写	信息寄存器 0	0x0000_0000
INFORM1	0x7E00_FA04	读/写	信息寄存器 1	0x0000_0000
INFORM2	0x7E00_FA08	读/写	信息寄存器 2	0x0000_0000
INFORM3	0x7E00_FA0C	读/写	信息寄存器 3	0x0000_0000

SFR 由 5 部分组成,地址为 0x7E00_F0XX,控制 PLL 和时钟发生器,控制 3 个 PLL 的输出频率、时钟源选择和时钟分频器的比例。SFR 的地址为 0x7E00_F1XX,控制总线系统、内存系统和软件复位。SFR 的地址为 0x7E00_F8XX、控制电源管理模块。SFR 的地址为 0x7E00_F9XX,显示内部状态。消息寄存器的地址为 0x7E00_FA0X,保留用户信息,直到硬件复位信号(XnRESET)被引用。

6.6.2　PLL 控制寄存器

S3C6410 有 3 个内部 PLL,分别是 APLL、MPLL 和 EPLL,它们通过 7 个特殊寄存器进行控制。PLL 控制寄存器工作状态如表 6.21 所列。

表 6.21　PLL 控制寄存器工作状态

寄存器	地　址	读/写	描　述	复位值
APLL_LOCK	0x7E00_F000	读/写	控制 PLL	锁定期 APLL
MPLL_LOCK	0x7E00_F004	读/写	控制 PLL	锁定期 MPLL
EPLL_LOCK	0x7E00_F008	读/写	控制 PLL	锁定期 EPLL
APLL_CON	0x7E00_F00C	读/写	控制 PLL	输出频率
MPLL_CON	0x7E00_F00C	读/写	控制 PLL	输出频率
EPLL_CON0	0x7E00_F00C	读/写	控制 PLL	输出频率
EPLL_CON1	0x7E00_F00C	读/写	控制 PLL	输出频率

当输入频率被改变或是分频值被改变时,PLL 要求锁周期。PLL_LOCK 寄存器指定的这个锁周期是基于 PLL 的时钟源。在这个周期内,输出将被屏蔽为 0。PLL_LOCK 寄存器工作状态如表 6.22 所列。

表 6.22　PLL_LOCK 寄存器工作状态

APLL_LOCK/ MPLL_LOCK/ EPLL_LOCK	位	描　　述	初始状态
RESERVED	[31:16]	保留	0x0000
PLL_LOCKTIME	[15:0]	在规定期间内,产生一个稳定的时钟输出	0xFFFF

PLL_CON 寄存器控制每个 PLL 的操作。如果 ENABLE 位被设置,相应的 PLL 发生输出后 PLL 锁定周期。PLL 的输出频率通过 MDIV、PDIV、SDIV 和 KDIV 的值进行控制。PLL_CON 寄存器工作状态如表 6.23 所列。

表 6.23　PLL_CON 寄存器工作状态

APLL_LOCK/ MPLL_LOCK/ EPLL_LOCK	位	描　　述	初始状态
ENABLE	[31]	PLL 使能控制(0:禁用,1:使能)	0
RESERVED	[30:26]	保留	0x00
MDIV	[25:16]	PLL 的 M 分频值	0x20
RESERVED	[15:14]	保留	0x0
PDIV	[13:8]	PLL 的 P 分频值	0x1
RESERVED	[7:3]	保留	0x00
SDIV	[2:0]	PLL 的 S 分频值	S 分频值

例如:输入时钟频率是 12 MHz,则 APLL_CON/MPLL_CON 的复位值分别产生 400 MHz 和 133 MHz 的输出时钟。

使用以下公式进行输出频率的计算:

$$FOUT = MDIV \times FIN/(PDIV \times 2SDIV)$$

这里,用于 APLL 和 MPLL 的 MDIV、PDIV、SDIV 必须符合以下条件:

$56 \leqslant MDIV \leqslant 1023$

$1 \leqslant PDIV \leqslant 63$

$0 \leqslant SDIV \leqslant 5$

$(= MDIV \times FIN/PDIV): 1\,000\ MHz \leqslant FVCO \leqslant 1\,600\ MHz$

$31.25\ MHz \leqslant FOUT \leqslant 1\,600\ MHz$

EPLL_CON0 寄存器的工作状态如表 6.24 和表 6.25 所列。

例如:输入时钟频率是 12 MHz,EPLL_CON0/EPLL_CON1 的复位值分别产生

97.70 MHz 的输出时钟。

表 6.24　EPLL_CON0 寄存器工作状态 1

EPLL_CON0	位	描　述	初始状态
ENABLE	[31]	PLL 使能控制(0:禁用,1:使能)	0
RESERVED	[30:24]	保留	0x00
MDIV	[23:16]	PLL 的 M 分频值	0x20
RESERVED	[15:14]	保留	0x0
PDIV	[13:8]	PLL 的 P 分频值	0x1
RESERVED	[7:3]	保留	0x00
SDIV	[2:0]	PLL 的 S 分频值	0x2

表 6.25　EPLL_CON0 寄存器工作状态 2

EPLL_CON1	位	描　述	初始状态
RESERVED	[31:16]	保留	0x0000
KDIV	[15:0]	PLL 的 K 分频值	0x9111

使用以下公式进行输出频率的计算：

$$FOUT = (MDIV + KDIV/216) \times FIN/(PDIV \times 2SDIV)$$

这里，用于 APLL 和 MPLL 的 MDIV、PDIV、SDIV 必须符合以下条件：

$13 \leqslant MDIV \leqslant 255$

$1 \leqslant PDIV \leqslant 63$

$0 \leqslant KDIV \leqslant 65\ 535$

$0 \leqslant SDIV \leqslant 5$

$250\ \text{MHz} \leqslant FVCO(=(MDIV + KDIV/216) \times FIN/PDIV) \leqslant 600\ \text{MHz}$

$16\ \text{MHz} \leqslant FOUT \leqslant 600\ \text{MHz}$

6.6.3　时钟源控制寄存器

　　S3C6410 有很多时钟源，从 GPIO 配置中，包括三个 PLL 输出，外部振荡器、外部时钟和其他时钟源。CLK_SRC 寄存器控制每个时钟分频器的时钟源，如表 6.26 和表 6.27 所列。

　　XnRESET 是不被屏蔽的，始终保持使能状态。XnRESET 的声明，无论先前为何模式，S3C6410 都进入复位状态。XnRSET 必须持有足够长的时间允许内部稳定和传播。

表 6.26　CLK_SRC 寄存器 1

寄存器	地　址	读/写	描　述	复位值
CLK_SRC	0x7E00_F01C	读/写	选择时钟源	0x0000_0000

表 6. 27　CLK_SRC 寄存器 2

CLK_SRC	位	描　述	初始状态
TV27_SEL	[31]	控制 MUXTV27,它是 TV 27 MHz 的时钟源。(0:27 MHz,1:FINEPLL)	0
DAC27_SEL	[30]	控制 MUXDAC27,它是 DAC27MHz 的时钟源。(0: 27MHz,1:FINEPLL)	0
SCALER_SEL	[29:28]	控制 MUXSCALER,它是 TVSCALER 的时钟源。(00: MOUTEPLL,01:DOUTMPLL,10:FINEPLL)	0x0
LCD_SEL	[27:26]	控制 MUXLCD,它是 LCD 的时钟源。(00:MOUTEPLL, 01:DOUTMPLL,10:FINEPLL)	0x0
IRDA_SEL	[25:24]	控制 MUXIRDA,它是 IRDA 的时钟源。(00:MOUTE-PLL,01:DOUTMPLL,10:FINEPLL,11:48 MHz)	0x0
MMC2_SEL	[23:22]	控制 MUXMMC2,它是 MMC2 的时钟源。(00:MOUTE-PLL,01:DOUTMPLL,10:FINEPLL,11:27 MHz)	0x0
MMC1_SEL	[21:20]	控制 MUXMMC1,它是 MMC1 的时钟源。(00:MOUTE-PLL,01:DOUTMPLL,10:FINEPLL,11:27 MHz	0x0
MMC0_SEL	[19:18]	控制 MUXMMC0,它是 MMC0 的时钟源。(00:MOUTE-PLL,01:DOUTMPLL,10:FINEPLL,11:27 MHz)	0x0
SPI1_SEL	[17:16]	控制 MUXSPI1,它是 SPI1 的时钟源。(00:MOUTEPLL, 01:DOUTMPLL,10:FINEPLL,11:27 MHz)	0x0
SPI0_SEL	[15:14]	控制 MUXSPI0,它是 SPI0 的时钟源。(00:MOUTEPLL, 01:DOUTMPLL,10:FINEPLL,11:27 MHz)	0x0
UART_SEL	[13]	控制 MUXUART0,它是 UART 的时钟源。(0:MOUTE-PLL,1:DOUTMPLL)	0
AUDIO1_SEL	[12:10]	控制 MUXAUDIO1,它是 IIS1,PCM1 和 AC97 1 的时钟源。(000:MOUTEPLL,0 01:DOUTMPLL,010:FINEPLL, 011:IISCDCLK1,100:PCMCDCLK)	0x0
AUDIO0_SEL	[9:7]	控制 MUXAUDIO0,它是 IIS0,PCM0 和 AC97 0 的时钟源。(000:MOUTEPLL,001:DOUTMPLL,010:FINEPLL, 011:IISCDCLK0,10x:PCMCDCLK)	0x0
UHOST_SEL	[6:5]	控制 MUXUHOST,它是 USB Host 的时钟源。(00: 48MHz,01:MOUTEPLL,10:DOUTMPLL,11:FINEPLL)	0x0
MFCCLK_SEL	[4]	控制 MUXMFC,它是 MFC 的时钟源	0
RESERVED	[3]	保留	0
EPLL_SEL	[2]	控制 MUXEPLL (0:FINEPLL,1:FOUTEPLL)	0
MPLL_SEL	[1]	控制 MUXMPLL (0:FINMPLL,1:FOUTMPLL)	0
APLL_SEL	[0]	控制 MUXAPLL (0:FINAPLL,1:FOUTAPLL)	0

操作模式会根据启动设备主要分为 6 种类别。启动设备可以是 NAND、SROM、NOR、OneNAND、MODEM 和内部 ROM 其中的一种。当 NAND Flash 设备被使用时，XSELNAND 引脚必须是 1，即使它用来作为启动设备或存储设备。当 OneNAND Flash 设备被使用时，XSELNAND 引脚必须是 0，即使它用来作为启动设备或存储设备。当 NAND/OneNAND 设备不使用时，XSELNAND 可以是 0 或 1。

6.7　系统的硬件选型与单元电路设计

本节将简要介绍系统的硬件选型与设计，希望通过对本节的学习，能使读者具有初步设计特定系统的能力。尽管硬件选型与单元电路设计部分的内容是基于 S3C6410 系统，但由于 ARM 体系结构的一致性和常见外围电路的通用性，只要读者能真正理解本部分的设计方法，想设计出基于其他 ARM 微处理器的系统，应该也是比较容易的。

6.7.1　电源电路

在该系统中，需要使用 5 V 和 3.3 V 的直流稳压电源，其中，S3C6410 及部分外围器件需 3.3 V 电源，另外部分器件需 5 V 电源，为简化系统电源电路的设计，要求整个系统的输入电压为高质量的 5 V 直流稳压电源。系统电源电路如图 6.15 所示。

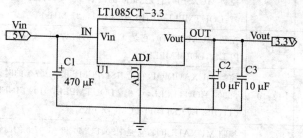

图 6.15　系统的电源电路

有很多 DC-DC 转换器可完成 5 V 到 3.3 V 的转换，在此选用 Linear Technology 的 LT108X 系列。常见的型号和对应的电流输出如下：LT1083，7.5 A；LT1084，5 A；LT1085，3 A；LT1086，1.5 A。设计者可根据系统的实际功耗，选择不同的器件。

6.7.2　晶振电路与复位电路

晶振电路用于向 CPU 及其他电路提供工作时钟。在该系统中，S3C6410 使用有源晶振。不同于常用的无源晶振，有源晶振的接法略有不同。常用的有源晶振的接法如图 6.16 所示。

　　根据 S3C6410 的最高工作频率以及 PLL 电路的工作方式,选择 10 MHz 的有源晶振,10 MHz 的晶振频率经过 S3C6410 片内的 PLL 电路倍频后,最高可以达到 50 MHz。片内的 PLL 电路兼有频率放大和信号提纯的功能,因此,系统可以较低的外部时钟信号获得较高的工作频率,以降低因高速开关时钟所造成的高频噪声。

　　在系统中,复位电路主要完成系统的上电复位和系统在运行时用户的按键复位功能。复位电路可由简单的 RC 电路构成,也可使用其他的相对较复杂但功能更完善的电路。本系统采用较简单的 RC 复位电路,经使用证明,其复位逻辑是可靠的。复位电路如图 6.17 所示。

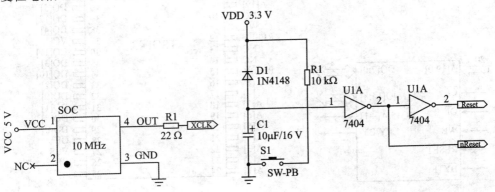

图 6.16　系统的晶振电路　　　　　　　图 6.17　系统的复位电路

　　该复位电路的工作原理如下:在系统上电时,通过电阻 R1 向电容 C1 充电,当 C1 两端的电压未达到高电平的门限电压时,Reset 端输出为低电平,系统处于复位状态;当 C1 两端的电压达到高电平的门限电压时,Reset 端输出为高电平,系统进入正常工作状态。

　　当用户按下按钮 S1 时,C1 两端的电荷被泻放掉,Reset 端输出为低电平,系统进入复位状态,再重复以上的充电过程,系统进入正常工作状态。

　　两级非门电路用于按钮去抖动和波形整形;nReset 端的输出状态与 Reset 端相反,以用于高电平复位的器件;通过调整 R1 和 C1 的参数,可调整复位状态的时间。

6.7.3　Flash 存储器接口电路

　　Flash 存储器是一种可在系统(In - System)进行电擦写,掉电后信息不丢失的存储器。它具有低功耗、大容量、擦写速度快、可整片或分扇区在系统编程(烧写)、擦除等特点,并且可由内部嵌入的算法完成对芯片的操作,因而在各种嵌入式系统中得到了广泛的应用。作为一种非易失性存储器,Flash 在系统中通常用于存放程序代码、常量表以及一些在系统掉电后需要保存的用户数据等。常用的 Flash 为 8 位或 16 位的数据宽度,编程电压为单 3.3 V。主要的生产厂商为 ATMEL、AMD、HYUN-DAI 等,它们生产的同型器件一般具有相同的电气特性和封装形式,可通用。

以该系统中使用的 Flash 存储器 HY29LV160 为例,简要描述一下 Flash 存储器的基本特性。HY29LV160 的逻辑框图、引脚分布如图 6.18 和图 6.19 所示,信号描述如表 6.28 所列。

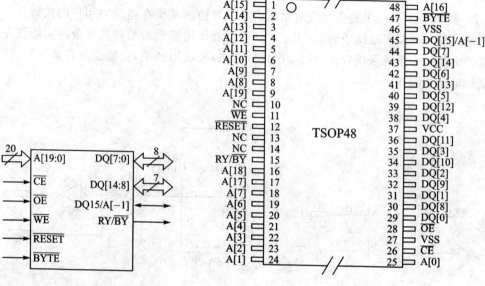

134

图 6.18　HY29LV160 的逻辑框图　　　　图 6.19　HY29LV160 引脚分布 (TSOP48 封装)

表 6.28　HY29LV160 的引脚信号描述

引　脚	类　型	描　述
A[19:0]	I	地址总线。在字节模式下,DQ[15]/A[−1]用作 21 位字节地址的最低位
DQ[15]/A[−1] DQ[14:0]	I/O 三态	数据总线。在读写操作时提供 8 位或 16 位的数据宽度。在字节模式下,DQ[15]/A[−1]用作 21 位字节地址的最低位,而 DQ[14:8]处于高阻状态
$\overline{BYTE}$	I	模式选择。低电平选择字节模式,高电平选择字模式
$\overline{CE}$	I	片选信号,低电平有效。在对 HY29LV160 进行读/写操作时,该引脚必须为低电平,当为高电平时,芯片处于高阻旁路状态
$\overline{OE}$	I	输出使能,低电平有效。在读操作时有效,写操作时无效
$\overline{WE}$	I	写使能,低电平有效。在对 HY29LV160 进行编程和擦除操作时,控制相应的写命令
$\overline{RESET}$	I	硬件复位,低电平有效。对 HY29LV160 进行硬件复位,复位时,HY29LV160 立即终止正在进行的操作
RY/$\overline{BY}$	O	就绪/忙状态指示。用于指示写或擦除操作是否完成。当 HY29LV160 正在进行编程或擦除操作时,该引脚为低电平,操作完成时为高电平,此时可读取内部的数据

引　脚	类　型	描　述
VCC	—	3.3 V 电源
VSS	—	接地

　　HY29LV160 的单片存储容量为 16M 位(2M 字节),工作电压为 2.7~3.6 V,采用 48 脚 TSOP 或 48 脚 FBGA 封装,16 位数据宽度,可以 8 位(字节模式)或 16 位(字模式)数据宽度的方式工作。

　　HY29LV160 仅需单 3 V 电压即可完成在系统的编程与擦除操作,通过对其内部的命令寄存器写入标准的命令序列,可对 Flash 进行编程(烧写)、整片擦除、按扇区擦除以及其他操作。

　　以上为一款常见的 Flash 存储器 HY29LV160 的简介,更具体的内容可参考 HY29LV160 的用户手册。其他类型的 Flash 存储器的特性与使用方法与之类似,用户可根据自己的实际需要选择不同的器件。

　　下面使用 HY29LV160 来构建 Flash 存储系统。由于 ARM 微处理器的体系结构支持 8 位/16 位/32 位的存储器系统,对应的可以构建 8 位的 Flash 存储器系统、16 位的 Flash 存储器系统或 32 位的 Flash 存储器系统。32 位的存储器系统具有较高的性能,而 16 位的存储器系统则在成本及功耗方面占有优势,而 8 位的存储器系统现在已经很少使用。在此,介绍 16 位的 Flash 存储器系统的构建。

　　在大多数的系统中,选用一片 16 位的 Flash 存储器芯片(常见单片容量有 1 MB、2 MB、4 MB、8 MB 等)构建 16 位的 Flash 存储系统已经足够,在此采用一片 HY29LV160 构建 16 位的 Flash 存储器系统,其存储容量为 2 MB。Flash 存储器在系统中通常用于存放程序代码,系统上电或复位后从此获取指令并开始执行,因此,应将存有程序代码的 Flash 存储器配置到 ROM/SRAM/Flash Bank0,即将 S3C6410 的 nRCS<0>(Pin75)接至 HY29LV160 的 $\overline{CE}$ 端。HY29LV160 的 $\overline{RESET}$ 端接系统复位信号;$\overline{OE}$ 端接 S3C6410 的 nOE(Pin72);$\overline{WE}$ 端 S3C6410 的 nWBE<0>(Pin100);$\overline{BYTE}$ 上拉,使 HY29LV160 工作在字模式(16 位数据宽度);RY/$\overline{BY}$ 指示 HY29LV160 编程或擦除操作的工作状态,但其工作状态也可通过查询片内的相关寄存器来判断,因此可将该引脚悬空;地址总线 A19~A0 与 S3C6410 的地址总线 ADDR19~ADDR0 相连;16 位数据总线 DQ15~DQ0 与 S3C6410 的低 16 位数据总线 XDATA15~XDATA0 相连。

　　注意:此时应将 S3C6410 的 B0SIZE[1:0]置为 10,选择 ROM/SRAM/Flash Bank0 为 16 位工作方式。

6.7.4　SDRAM 接口电路

　　与 Flash 存储器相比较,SDRAM 不具有掉电保持数据的特性,但其存取速度大大高于 Flash 存储器,且具有读/写的属性,因此,SDRAM 在系统中主要用作程序的

ARM嵌入式系统原理与应用教程（第2版）

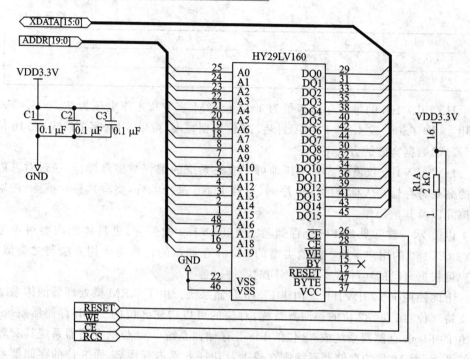

图 6.20　16 位 Flash 存储系统电路图

运行空间、数据及堆栈区。当系统启动时，CPU 首先从复位地址 0x0 处读取启动代码，在完成系统的初始化后，程序代码一般应调入 SDRAM 中运行，以提高系统的运行速度，同时，系统及用户堆栈、运行数据也都放在 SDRAM 中。

SDRAM 具有单位空间存储容量大和价格便宜的优点，已广泛应用在各种嵌入式系统中。SDRAM 的存储单元可以理解为一个电容，总是倾向于放电，为避免数据丢失，必须定时刷新（充电）。因此，要在系统中使用 SDRAM，就要求微处理器具有刷新控制逻辑，或在系统中另外加入刷新控制逻辑电路。S3C6410 及其他一些 ARM 芯片在片内具有独立的 SDRAM 刷新控制逻辑，可方便地与 SDRAM 接口。但某些 ARM 芯片则没有 SDRAM 刷新控制逻辑，就不能直接与 SDRAM 接口，在进行系统设计时应注意这一点。

目前常用的 SDRAM 为 8/16 位的数据宽度，工作电压一般为 3.3 V。主要的生产厂商为 HYUNDAI、Winbond 等，它们生产的同型器件一般具有相同的电气特性和封装形式，可通用。

以该系统中使用的 HY57V641620 为例，简要描述一下 SDRAM 的基本特性及使用方法：HY57V641620 存储容量为 4 组×16M 位（8M 字节），工作电压为 3.3 V，常见封装为 54 脚 TSOP，兼容 LVTTL 接口，支持自动刷新（Auto - Refresh）和自刷新（Self - Refresh），16 位数据宽度。HY57V641620 引脚分布及信号描述分别见图 6.21 和表 6.29。

图 6.21　HY57V641620 引脚分布

137

表 6.29　HY57V641620 引脚信号描述

引　脚	名　称	描　述
CLK	时钟	芯片时钟输入
CKE	时钟使能	片内时钟信号控制
$\overline{CS}$	片选	禁止或使能除 CLK，CKE 和 DQM 外的所有输入信号
BA0，BA1	组地址选择	用于片内 4 个组的选择
A11～A0	地址总线	行地址：A11～A0，列地址：A7～A0，自动预充电标志：A10
$\overline{RAS},\overline{CAS},\overline{WE}$	行地址锁存 列地址锁存 写使能	参照功能真值表，$\overline{RAS}$，$\overline{CAS}$ 和 $\overline{WE}$ 定义相应的操作
LDQM，UDQM	数据 I/O 屏蔽	在读模式下控制输出缓冲；在写模式下屏蔽输入数据
DQ15～DQ0	数据总线	数据输入输出引脚
VDD/VSS	电源/地	内部电路及输入缓冲电源/地
VDDQ/VSSQ	电源/地	输出缓冲电源/地
NC	未连接	未连接

ARM嵌入式系统原理与应用教程（第2版）

以上为一款常见的 SDRAM HY57V641620 的简介,更具体的内容可参考 HY57V641620 的用户手册。其他类型 SDRAM 的特性与使用方法与之类似,用户可根据自己的实际需要选择不同的器件。

根据系统需求,可构建 16 位或 32 位的 SDRAM 存储器系统,但为充分发挥 32 位 CPU 的数据处理能力,大多数系统采用 32 位的 SDRAM 存储器系统。HY57V641620 为 16 位数据宽度,单片容量为 8 MB,系统选用的两片 HY57V641620 并联构建 32 位的 SDRAM 存储器系统,共 16 MB 的 SDRAM 空间,可满足嵌入式操作系统及各种相对较复杂的算法的运行要求。图 6.22 为 32 位 SDRAM 存储器系统的实际应用电路图。

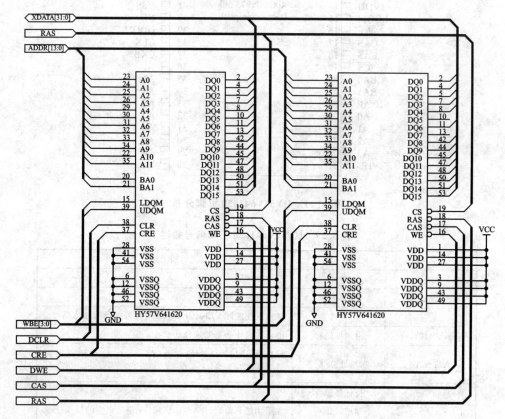

图 6.22　32 位 SDRAM 存储器系统的实际应用电路图

与 Flash 存储器相比,SDRAM 的控制信号较多,其连接电路也要相对复杂。

两片 HY57V641620 并联构建 32 位的 SDRAM 存储器系统,其中一片为高 16 位,另一片为低 16 位,可将两片 HY57V641620 作为一个整体配置到 DRAM/ SDRAM Bank0～DRAM/SDRAM Bank3 的任一位置,一般配置到 DRAM/SDRAM Bank0,即将 S3C6410 的 nSDCS[0](Pin89)接至两片 HY57V641620 的CS端。两片 HY57V641620 的 CLK 端接 S3C6410 的 SDCLK 端(Pin77);两片 HY57V641620 的

CLE 端接 S3C6410 的 CLE 端(Pin97);两片 HY57V641620 的 $\overline{RAS}$、$\overline{CAS}$、$\overline{WE}$ 端分别接 S3C6410 的 nSDRAS 端(Pin95)、nSDCAS 端(Pin96)、nDWE 端(Pin99);两片 HY57V641620 的 A11～A0 接 S3C6410 的地址总线 ADDR[11]～ADDR[0];两片 HY57V641620 的 BA1、BA0 接 S3C6410 的地址总线 ADDR[13]、ADDR[12];高 16 位片的 DQ15～DQ0 接 S3C6410 的数据总线的高 16 位 XDATA[31]～XDATA[16],低 16 位片的 DQ15～DQ0 接 S3C6410 的数据总线的低 16 位 XDATA[15]～XDATA[0];高 16 位片的 UDQM、LDQM 分别接 S3C6410 的 nWEB[3]、nWEB[2],低 16 位片的 UDQM、LDQM 分别接 S3C6410 的 nWEB[1]、nWEB[0]。

6.7.5　串行接口电路

　　几乎所有的微控制器、PC 都提供串行接口,使用电子工业协会(EIA)推荐的 RS - 232C 标准,这是一种很常用的串行数据传输总线标准。早期它被应用于计算机和终端通过电话线和 MODEM 进行远距离的数据传输,随着微型计算机和微控制器的发展,不仅远距离,近距离也采用该通信方式。在近距离通信系统中,不再使用电话线和 MODEM,而直接进行端到端的连接。RS - 232C 标准采用的接口是 9 芯或 25 芯的 D 型插头,以常用的 9 芯 D 型插头为例,各引脚定义如表 6.30 所列。

表 6.30　9 芯 D 型插头引脚信号描述

引　脚	名　称	功能描述	引　脚	名　称	功能描述
1	DCD	数据载波检测	6	DSR	数据设备准备好
2	RXD	数据接收	7	RTS	请求发送
3	TXD	数据发送	8	CTS	清除发送
4	DTR	数据终端准备好	9	RI	振铃指示
5	GND	地			

　　要完成最基本的串行通信功能,实际上只需要 RXD、TXD 和 GND 即可,但由于 RS - 232C 标准所定义的高、低电平信号与 S3C6410 系统的 LVTTL 电路所定义的高、低电平信号完全不同,LVTTL 的标准逻辑 1 对应 2～3.3 V,标准逻辑 0 对应 0～0.4 V;而 RS - 232C 标准采用负逻辑方式,标准逻辑 1 对应 -5～-15 V,标准逻辑 0 对应 +5～+15 V。显然,两者间要进行通信必须经过信号电平的转换,目前常使用的电平转换电路为 MAX232,其引脚分布如图 6.23 所示。

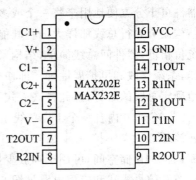

图 6.23　MAX232 引脚分布

更具体的内容可参考 MAX232 用户手册。图 6.24 为 MAX232 的常见应用电路图。

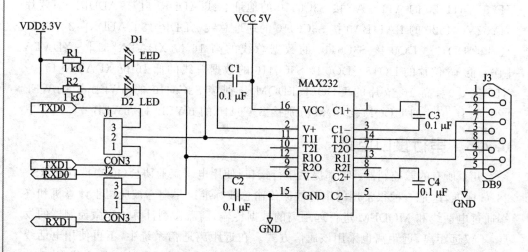

图 6.24　MAX232 的常见应用电路图

　　为缩小电路板面积，系统只设计了一个 9 芯的 D 型插头，通过两个跳线选择 S3C3410B 的 UART0 或 UART1，同时设计数据发送与接收的状态指示 LED。当有数据通过串行口传输时，LED 闪烁，便于用户掌握其工作状态以及进行软、硬件的调试。

6.7.6　I²C 接口电路

　　I²C 总线是一种用于 IC 器件之间连接的二线制总线。它通过 SDA（串行数据线）及 SCL（串行时钟线）两线在连接到总线上的器件之间传送信息，并根据地址识别每个器件是微控制器、存储器、LCD 驱动器还是键盘接口。带有 I²C 总线接口的器件可十分方便地用来将一个或多个微控制器及外围器件构成系统。尽管这种总线结构没有并行总线那样大的吞吐能力，但由于连接线和连接引脚少，因此其构成的系统价格低，器件间总线简单，结构紧凑，而且在总线上增加器件不影响系统的正常工作，系统修改和可扩展性好。即使有不同时钟速度的器件连接到总线上，也能很方便地确定总线的时钟，因此在嵌入式系统中得到了广泛的应用。

　　S3C6410 内含一个 I²C 总线主控器，可方便地与各种带有 I²C 接口的器件相连。在该系统中，外扩一片 AT24C01 作为 I²C 存储器。AT24C01 提供 128 字节的 E²PROM存储空间，可用于存放少量在系统掉电时需要保存的数据。AT24C01 引脚分布及信号描述和应用电路见图 6.25 和图 6.26。

140

引脚	功能
NC	未连接
SDA	串行数据
SCL	串行时钟
TEST	测试输入(GND或VCC)

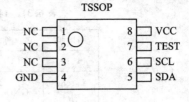

ARM 嵌入式系统原理与应用教程(第 2 版)

图 6.25　AT24C01 引脚分布及信号描述

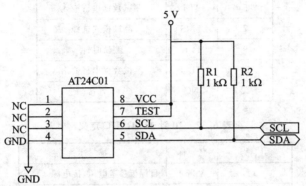

图 6.26　AT24C01 应用电路

6.7.7　JTAG 接口电路

141

JTAG(Joint Test Action Group,联合测试行动小组)是一种国际标准测试协议,主要用于芯片内部测试及对系统进行仿真、调试。JTAG 技术是一种嵌入式调试技术,它在芯片内部封装了专门的测试电路 TAP(Test Access Port,测试访问口),通过专用的 JTAG 测试工具对内部节点进行测试。目前大多数比较复杂的器件都支持 JTAG 协议,如 ARM、DSP、FPGA 等。标准的 JTAG 接口是 4 线:TMS、TCK、TDI、TDO,分别为测试模式选择、测试时钟、测试数据输入和测试数据输出。

JTAG 测试允许多个器件通过 JTAG 接口串联在一起,形成一个 JTAG 链,能实现对各个器件分别测试。JTAG 接口还常用于实现 ISP(In - System Programmable,在系统编程)功能,如对 Flash 器件进行编程等。

通过 JTAG 接口,可对芯片内部的所有部件进行访问,因而是开发调试嵌入式系统的一种简洁高效的手段。目前 JTAG 接口的连接有两种标准,即 14 针接口和20 针接口,其定义分别见图 6.27、图 6.28 和表 6.31、表 6.32。

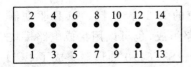

图 6.27　14 针 JTAG 接口定义

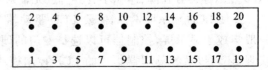

图 6.28　20 针 JTAG 接口定义

表 6.31　14 针 JTAG 接口定义

引　脚	名　称	描　述
1,13	VCC	接电源
2,4,6,8,10,14	GND	接地
3	nTRST	测试系统复位信号
5	TDI	测试数据串行输入
7	TMS	测试模式选择
9	TCK	测试时钟
11	TDO	测试数据串行输出
12	NC	未连接

表 6.32　20 针 JTAG 接口定义

引　脚	名　称	描　述
1	VTref	目标板参考电压,接电源
2	VCC	接电源
3	nTRST	测试系统复位信号
4,6,8,10,12,14,16,18,20	GND	接地
5	TDI	测试数据串行输入
7	TMS	测试模式选择
9	TCK	测试时钟
11	RTCK	测试时钟返回信号
13	TDO	测试数据串行输出
15	nRESET	目标系统复位信号
17,19	NC	未连接

6.7.8　S3C6410 与 LCD 接口设计

液晶显示屏 LCD 是常用的人机交互渠道,主要用于文本及图形信息的显示。LCD 显示屏具有轻薄、体积小、耗电低、无辐射等特点。

要使 LCD 显示屏工作,需要 LCD 驱动器与相应的 LCD 控制器。LCD 驱动器一般集成于显示屏,控制器可以选择专门的硬件电路组成,也可以用集成电路模块实现,还可以选择处理器集成的 LCD 控制模块实现。S3C6410 处理器集成了 LCD 控制器,可以产生 LCD 驱动器所需要的控制信号和数据信号,控制显示屏正常显示。

LCD 驱动接口有 4 种接口,如传统的 RGB 接口、I80 接口、NTSC/PAL 标准 TV 编码器接口和 IT - R BT.601 接口。显示控制器支持 5 层图像窗口,覆盖图像窗口支持多种颜色格式、16 级 alpha 混合、colour key、横纵坐标位置控制、软滚动、可变窗口尺寸等。显示控制器支持各种颜色格式,如 RGB、YcbCr 4:4:4,显示控制器的屏幕可以支持不同环境,环境与水平或垂直像素值、数据接口的数据行宽度、接口时序和刷新频率等有关。显示控制器用来转换视频数据,并产生需要的控制信号,如 RGB_VSYNC、RGB_HSYNC、RGB_VCLK、RGB_VDEN 和 SYS - CS0(作为控制信号)。显示控制器有视频数据端口,这些数据端口是 RGB_VD[23:0] 和 SYS_VD[17:0]。TV_OUT 如图 6.29 所示。

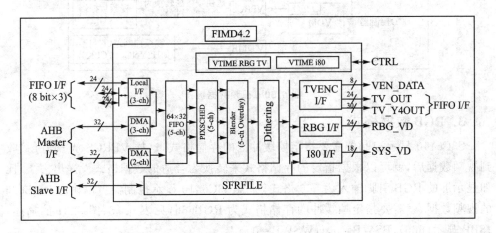

图 6.29　显示控制器顶层模块图

1. S3C6410 集成 LCD 显示控制器

显示控制器由 VSFR、VDMA、VPRCS、VTIME 和视频时钟产生器组成。VSFR 包括可编程寄存器设置和 2 个 256×25 的调色板存储器,VSFR 用于配置显示控制器。VDMA 专用于显示 DMA,VDMA 可以将帧存储器内(frame buffer)的视频数据转换到到 VPRCS。通过使用特殊 DMA - VDMA 机制,可以不使用 CPU,直接将视频数据显示在屏幕上。VPRCS 接收 VDMA 发出的视频数据,将其转换到适合的数据格式后(比如,每个像素 8 位的模式,或者每个像素 16 位的模式),将视频数据发送到显示设备上。VTIME 包括可编程逻辑,以支持在不同 LCD 驱动上发现的接口时序和速率的各种环境。VIIME 模块产生 RGB_VSYNC、RGB_HSYNC、RGB_VCLK、RBG_VDEN、SYS_CS、SYS_CS0 等。

2. S3C6410 显示控制器的视频数据流

S3C6410 显示控制器支持 5 层窗口显示,每层窗口都有一个专门的 VDMA,而每个 VDMA 中都有一个 FIFO。当 FIFO 全部为空或者部分为空时,VDMA 以突发内存传输的模式(每次突发请求可以获取 4/8/16 个字的连续的内存数据,总线传输数据期间不允许总线支配权的变化)从帧内存(frame memory)获取视频数据。当内存控制器的总线仲裁(bus arbitrator)接收此类型的传输请求时,4/8/16 个连续字数据从系统内存(system memory)中转移到内部的 FIFO 中,然后 VPRCS 接收到 VDMA 中 FIFO 发送过来的视频数据,经过转换为合适的数据格式后发送到视频数据端口,从而发送到显示设备。发送过程如图 6.30 所示。

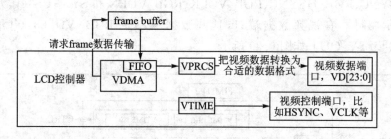

图 6.30　视频数据流

3. RGB 数据格式

S3C6410 显示控制器需要指定帧缓冲区的存储格式,这样 VPRCS 从 FIFO 接收到视频数据后,就可以根据指定的存储格式来转换为合适的数据格式发送出去了,比如显示屏的 RGB 引脚输入为 666 格式,那么 S3C6410 显示控制器可以输出 RGB666 的视频数据,就需要指定帧缓冲的存储格式为 RGB666,见表 6.33、图 6.31 的描述,18PP 显示(666)(BSWP=0,HWSWP=0)。

表 6.33　RGB 数据格式

数　据	D[31:18]	D[17:0]
000H	虚位	P1
004H	虚位	P2
008H	虚位	P3
…		

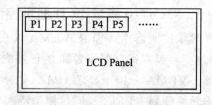

图 6.31　RGB 数据格式

注:D[17:12]=红数据,D[11:6]=绿数据,D[5:0]=蓝数据。其他 RGB 数据格式的存储格式请参考 S3C6410 说明书。

LCD 数据引脚的映射见表 6.34。

TOP - SEN 开发板采用 RGB666 的视频数据存储格式,由表 6.34 可知,VD[23:18]引脚用于输出对应的 R[5:0]数据,VD[15:10]引脚输出 G[5:0]数据,VD[7:2]引脚输出 B[5:0]数据。以 S3C6410 为接口的 LCD 电路如图 6.32、图 6.33 所示。

表 6.34 并行/串行 RGB,601 数据引脚映射

模 式	并联 RGB			串联 RGB		601
引脚	24BPP(888)	18BPP(666)	16BPP(565)	24BPP(888)	18BPP(666)	—
VD[23]	R[7]	R[5]	R[4]	D[7]	D[5]	—
VD[22]	R[6]	R[4]	R[3]	D[6]	D[4]	—
VD[21]	R[5]	R[3]	R[2]	D[5]	D[3]	—
VD[20]	R[4]	R[2]	R[1]	D[4]	D[2]	—
VD[19]	R[3]	R[1]	R[0]	D[3]	D[1]	—
VD[18]	R[2]	R[0]	—	D[2]	D[0]	—
VD[17]	R[1]	—	—	D[1]	—	—
VD[16]	R[0]	—	—	D[0]	—	—
VD[15]	G[7]	G[5]	G[5]	—	—	—
VD[14]	G[6]	G[4]	G[4]	—	—	—
VD[13]	G[5]	G[3]	G[3]	—	—	—
VD[12]	G[4]	G[2]	G[2]	—	—	—
VD[11]	G[3]	G[1]	G[1]	—	—	—
VD[10]	G[2]	G[0]	G[0]	—	—	—
VD[9]	G[1]	—	—	—	—	—
VD[8]	G[0]	—	—	—	—	—
VD[7]	B[7]	B[0]	—	—	VEN_DATA[7]	—
VD[6]	B[6]	B[0]	—	—	VEN_DATA[6]	—
VD[5]	B[5]	B[0]	—	—	VEN_DATA[5]	—
VD[4]	B[4]	B[0]	—	—	VEN_DATA[4]	—
VD[3]	B[3]	B[0]	—	—	VEN_DATA[3]	—
VD[2]	B[2]	B[0]	—	—	VEN_DATA[2]	—
VD[1]	B[1]	—	—	—	VEN_DATA[1]	—
VD[0]	B[0]	—	—	—	VEN_DATA[0]	—

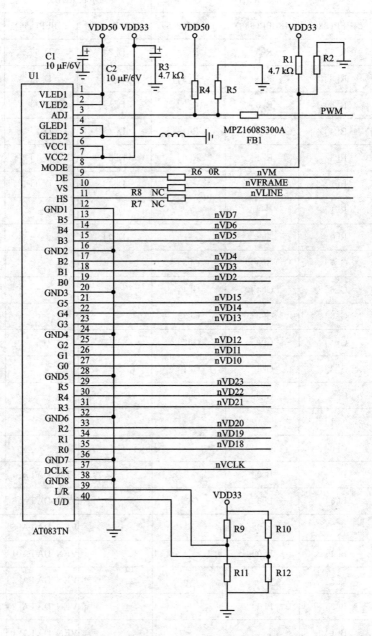

图 6.32　S3C6410 LCD 接口原理硬件图 1

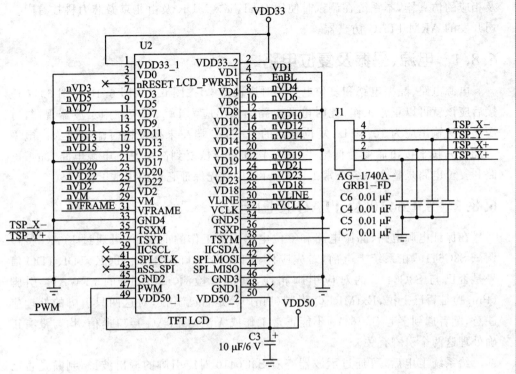

图 6.33　S3C6410LCD 接口原理硬件 2

6.8　硬件系统的调试

　　当系统设计制作完成时,必须经过仔细的调试,才能保证系统按照设计意图正常工作。尽管系统的调试与个人对电路工作原理的理解和实际的电路调试经验有很大的关系,但一定的调试方法也是必不可少的。掌握正确的调试方法可使调试工作变得容易,大大缩短系统的开发时间;反之,可能会使整个系统的开发前功尽弃,以失败告终。

　　本节以单元电路为单位,并结合笔者自身在系统调试时所遇到的一些具有代表性的问题,循序渐进地介绍整个系统的调试过程。在此,笔者建议:当用户的印制电路板制作完毕后,不要急于焊接元器件,请首先对照原理图仔细检查印制电路板的连线,确保无误后方可焊接。同时,尽可能地以各单元电路为单位,一个一个焊接调试,以便在调试过程中遇到困难时缩小故障范围。在系统上电后,应先检查电路工作有无异常,芯片在工作时有一定的发热是正常的,但如果有芯片特别发烫,则一定有故障存在,需断电检查确认无误后方可继续通电调试。

　　调试工具需要示波器、万用表等,同时需要 ARM 调试开发软件 RVDS 或 SDT

及相应的仿真器,本系统在调试时使用 RealView MDK 及由北京微芯力科技有限公司开发的 ARM JTAG 仿真器。

6.8.1　电源、晶振及复位电路

电源电路、晶振电路和复位电路相对比较简单,按图 6.15、图 6.16 和图 6.17 连接后应该就可以正常工作,此时电源电路的输出应为 DC 3.3V。用示波器观测,有源晶振的输出应为 10 MHz;复位电路的 RESET 端在未按按钮时输出应为高电平(3.3 V),按下按钮后变为低电平,按钮松开后应恢复到高电平。电源电路、晶振电路和复位电路是整个系统正常工作的基础,应首先保证它们的正常工作。

6.8.2　S3C6410 及 JTAG 接口电路

在保证电源电路、晶振电路和复位电路正常工作的前提下,可通过 JTAG 接口调试 S3C6410,在系统上电前,首先应检测 JTAG 接口的 TMS、TCK、TDI、TDO 信号是否已与 S3C6410 的对应引脚相连,其次应检测 S3C6410 的 nEWAIT 引脚(Pin71)是否已上拉,ExtMREQ 引脚(Pin108)是否已下拉,对这两只引脚的处理应注意,笔者遇到多起 S3C6410 不能正常工作或无法与 JTAG 接口通信,均与没有正确处理这两个引脚有关。

给系统上电后,可通过示波器查看 S3C6410 对应引脚的输出波形,判断是否已正常工作,若 S3C6410 已正常工作,在使能片内 PLL 电路的情况下,SDCLK/MCL-KO 引脚(Pin77)应输出频率为 50 MHz 的波形,同时,MDC 引脚(Pin50)和其他一些引脚也应有波形输出。

在保证 S3C6410 已正常工作的情况下,可使用 ADS 或 SDT 通过 JTAG 接口对片内的部件进行访问和控制。在此,首先通过对片内控制通用 I/O 口的特殊功能寄存器的操作,来点亮连接在 P3~P0 口上的 4 个 LED,用以验证 ADS 或 SDT 调试环境是否已正确设置,以及与 JTAG 接口的连接是否正常。

ADS 和 SDT 均为 ARM 公司为方便用户在 ARM 芯片上进行应用开发而推出的一整套集成开发工具,其中,ADS 为 SDT 的升级版本。该系统的调试以 ADS 为例,同时也适合于 SDT 开发环境。图 6.34 为调试系统的硬件连接。

图 6.34　调试系统的硬件连接

按图 6.34 连接好硬件后,打开 AXD Debugger,建立与目标板(待调试的系统板)的连接,AXD Debugger 有软件仿真方式和带目标系统的调试方式,此时应工作在带目标系统的调试方式。

选择菜单项 System Views→Command Line Interface,该选项为 AXD Debugger

的一个命令行窗口,可在该窗口内输入各种调试命令,使用非常方便。在命令行窗口输入:

```
>setmem   0x3FF5000,0xFFFF,32
>setmem   0x3FF5008,0xFFFF,32
```

setmem 命令用于对特定的地址设置特定的值,待设定的值可以是 8 位、16 位或 32 位,在此,对通用 I/O 口的模式寄存器和数据寄存器设置相应的值,点亮 LED。

S3C6410 复位后,特殊功能寄存器的基地址为 0x3FF0000,此时 I/O 口的模式寄存器偏移地址为 0x5000,因此,I/O 口的模式寄存器的物理地址为 0x3FF5000,设定该寄存器的值为 0xFFFF,将 I/O 口置为输出方式。I/O 口的数据寄存器的物理地址为 0x3FF5008,设定该寄存器的值为 0xFFFF,将 I/O 口的输出置为高电平。

在执行完以上两条命令后,连接在通用 I/O 口的 4 个 LED 应被点亮,表示调试系统的软、硬件连接完好,可进行下一步的调试工作;否则,应重新检查调试系统。

用户若使用 SDT 作为调试工具,操作方法类似。按图 6.34 连接好硬件后,打开 ARM Debugger for Windows,建立与目标板(待调试的系统板)的连接,选择菜单项 View→Command,即可显示命令行窗口,在命令行窗口输入:

```
Debug:let 0x3FF5000 = 0xFFFF
Debug:let 0x3FF5008 = 0xFFFF
```

执行完以上两条命令后,连接在通用 I/O 口的 4 个 LED 应被点亮。

关于通用 I/O 口更具体的工作原理和使用方法,可参考 S3C6410 用户手册。

用户系统若能正常完成上述操作并成功点亮连接在 P3~P0 口上的 LED 显示器,则表明 S3C6410 已在正常工作,且调试环境也已正确建立,以后的调试工作就相对简单。笔者曾遇到多个用户系统因为不能完成这步工作,使开发者失去信心而最终放弃。

6.8.3　SDRAM 接口电路的调试

在系统的两类存储器中,SDRAM 相对于 Flash 存储器控制信号较多,似乎调试应该困难一些,但由于 SDRAM 的所有刷新及控制信号均由 S3C6410 片内的专门部件控制,无须用户干预,在 S3C6410 正常工作的前提下,只要连线无误,SDRAM 就应能正常工作;反之,Flash 存储器的编程、擦除操作均需要用户编程控制,且程序还应在 SDRAM 中运行,因此,应先调试好 SDRAM 存储器系统,再进行 Flash 存储器系统的调试。

在进行存储器系统调试之前,用户必须深入了解 S3C6410 系统管理器关于存储器映射的工作原理。基于 S3C6410 系统的最大可寻址空间为 64 MB,采用统一编址的方式,将系统的 SDRAM、SRAM、ROM、Flash、外部 I/O 以及片内的特殊功能寄存器和 8K 一体化 SRAM 均映射到该地址空间。为便于使用与管理,S3C6410 又将

64 MB 的地址空间分为若干个组，分别由相应的特殊功能寄存器进行控制：

> ROM/SRAM/Flash 组 0～ROM/SRAM/Flash 组 5，用于配置 ROM、SRAM 或 Flash，分别由特殊功能寄存器 ROMCON0～ROMCON5 控制；

> DRAM/SDRAM 组 0～DRAM/SDRAM 组 3 用于配置 DRAM 或 SDRAM，分别由特殊功能寄存器 DRAMCON0～DRAMCON3 控制；

> 外部 I/O 组 0～外部 I/O 组 3 用于配置系统的其他外扩接口器件，由特殊功能寄存器 REFEXTCON 控制；

> 特殊功能寄存器组用于配置 S3C6410 片内特殊功能寄存器的基地址以及片内的 8K 一体化 SRAM，由特殊功能寄存器 SYSCFG 控制。

在该系统中，使用了 Flash 存储器和 SDRAM，分别配置在 ROM/SRAM/Flash 组 0 和 DRAM/SDRAM 组 0，暂未使用外扩接口器件。

参考 S3C6410 手册对应特殊功能寄存器的相关描述可知，当系统复位时，只有 ROM/SRAM/Flash 组 0 被映射到地址空间为 0x00000000～0x02000000 的位置，特殊功能寄存器的基地址被映射到 0x03FF0000，片内 8K 一体化 SRAM 的起始地址被映射到 0x03FE0000，它们是可访问的，而其他的存储器组均未被映射，是不可访问的。

因此，要调试 SDRAM 存储器系统，首先应配置相关的特殊功能寄存器，使系统中的 SDRAM 能被访问。

6.8.4　Flash 接口电路的调试

Flash 存储器的调试主要包括 Flash 存储器的编程（烧写）和擦除，与一般的存储器件不同，用户只需对 Flash 存储器发出相应的命令序列，Flash 存储器通过内部嵌入的算法即可完成对芯片的操作，由于不同厂商的 Flash 存储器在操作命令上可能会有一些细微的差别，Flash 存储器的编程与擦除工具一般不具有通用性，这也是为什么 Flash 接口电路相对较难调试的原因之一。因此，应在理解 Flash 存储器编程和擦除的工作原理的情况下，根据不同型号器件对应的命令集，编写相应的程序对其进行操作。

打开 AXD Debugger 的命令行窗口，执行 obey 命令：

```
>obey C:\memmap.txt
```

此时，2 MB 的 Flash 存储器映射到地址空间的 0x00000000～0x001FFFFF 处，选择菜单项 Processor Views→Memory，出现存储器窗口，在存储器起始地址栏输入 Flash 存储器的映射起始地址：0x0，数据区应显示 Flash 存储器中的内容。若 Flash 存储器为空，所显示的内容应全为 0xFF，否则应为已有的编程数据。双击其中的任一数据，输入新的值，对应存储单元的内容应不能被修改，此时可初步认定 Flash 存储器已能被访问，但是否能对其进行正确的编程与擦除操作，还需要编程验证。

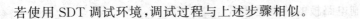

若使用 SDT 调试环境,调试过程与上述步骤相似。

6.9　印刷电路板的设计注意事项

在本章结束之前,对该系统的印刷电路板(PCB)设计中应注意的事项作一个简要的说明。在系统中,S3C6410 的片内工作频率为 50 MHz,其以太网接口电路的工作速率更高达 100 MHz 以上。因此,在印刷电路板的设计过程中,应该遵循一些高频电路的设计基本原则,否则会使系统工作不稳定甚至不能正常工作。印刷电路板的设计人员应注意以下几个方面:电源的质量与分配;同类型信号线应该成组、平行分布。

6.9.1　电源质量与分配

在设计印刷电路板时,能给各个单元电路提供高质量的电源,就会使系统的稳定性大幅度提高。但如何能提高电源的质量,常用的手段有以下几个。

(1) 电源滤波

为提高系统的电源质量,消除低频噪声对系统的影响,一般应在电源进入印刷电路板的位置和靠近各器件的电源引脚处加上滤波器,以消除电源的噪声,常用的方法是在这些位置加上几十到几百微法的电容。

同时,在系统中除了要注意低频噪声的影响,还要注意元器件工作时产生的高频噪声,一般的方法是在器件的电源和地之间加上 0.1 μF 左右的电容,可以很好地滤出高频噪声的影响。

(2) 电源分配

实际的工程应用和理论都证实,电源的分配对系统的稳定性有很大的影响,因此,在设计印刷电路板时,要注意电源的分配问题。

在印刷电路板上,电源的供给一般采用电源总线(双面板)或电源层(多层板)的方式。电源总线由两条或多条较宽的线组成,由于受到电路板面积的限制,一般不可能布得过宽,因此存在较大的直流电阻,但在双面板的设计中也只好采用这种方式了,只是在布线的过程中,应尽量注意这个问题。

在多层板的设计中,一般使用电源层的方式给系统供电。该方式专门拿出一层作为电源层而不再在其上布信号线。由于电源层遍及电路板的全面积,因此直流电阻非常小,采用这种方式可有效地降低噪声,提高系统的稳定性。

6.9.2　同类型信号线的分布

在各种微处理器的输入/输出信号中,总有相当一部分是相同类型的,例如数据线、地址线。对这些相同类型的信号线应该成组、平行分布,同时注意它们之间的长短差异不要太大,采用这种布线方式,不但可以减少干扰,增加系统的稳定性,还可以使布线变得简单,印刷电路板的外观更美观。

　　以本系统的印刷电路板设计为例,成组的信号线主要是数据线和地址线,可在元器件位置确定后,首先完成它们的布线,尽可能做到成组、平行分布,同时应尽可能得短。然后再进行各种控制信号的布线,最后处理电源和接地引脚。

6.10　本章小结

　　本章主要介绍 S3C6410 的基本结构和工作原理,同时介绍了设计一个基于 S3C6410 的最小硬件系统的详细步骤、实现细节以及硬件系统的调试方法等内容。

　　需要说明,本章中所使用的器件和电路等,可能不是最优化的,但可以保证是能正常工作的,在系统开发的过程中,不同的人会碰到不同的问题,本章的内容只是对 TOP-SEN 嵌入式开发系统开发过程的一个描述和简要的总结,希望能对读者的系统设计工作有一点帮助。

6.11　练习题

　　1. 简述串行通信与并行通信的概念。

　　2. 简述同步通信与异步通信的概念和区别。

　　3. 简述 RS-232C 串口通信接口规范。

　　4. 在 S3C6410X 串口控制器中,哪个寄存器用来设置串口波特率?

　　5. 简述 Nor Flash 和 Nand Flash 的特征及它们之间特性的对比。

　　6. 简述 Nor Flash 的读、写、擦擦操作方法。

　　7. 简述 Nand Flash 的读、写、擦擦操作方法。

　　8. 简述 SDRAM 和 RAM 的区别。

第 **7** 章

通用 GPIO 编程

7.1 GPIO 功能介绍

首先应该理解什么是 GPIO。GPIO 的英文全称为 General – Purpose I/O ports，也就是通用 I/O 接口。在嵌入式系统中常常有数量众多，但是结构却比较简单的外部设备/电路，对这些设备/电路，有的需要 CPU 为之提供控制手段，有的则需要被 CPU 用作输入信号。而且，许多这样的设备/电路只要求一位，即只要有开/关两种状态就够了。比如，控制某个 LED 灯亮与灭，或者通过获取某个引脚的电平属性来达到判断外围设备的状态。对这些设备/电路的控制，使用传统的串行口或并行口都不合适。所以，在微控制器芯片上一般都会提供一个通用可编程 I/O 接口，即 GPIO。接口至少有两个寄存器，即通用 I/O 控制寄存器与通用 I/O 数据寄存器。数据寄存器的各位都直接引到芯片外部，而对这种寄存器中每一位的作用，即每一位的信号流通方向，则可以通过控制寄存器中对应位独立地加以设置。比如，可以设置某个引脚的属性为输入、输出或其他特殊功能。

在实际的 MCU 中，GPIO 是有多种形式的。比如，有的数据寄存器可以按照位寻址，有些却不能按照位寻址，这在编程时就要区分了。比如传统的 8051 系列，就区分成可位寻址和不可位寻址两种寄存器。另外，为了使用的方便，很多 MCU 的 GPIO 接口除必须具备两个标准寄存器外，还提供上拉寄存器，可以设置 I/O 的输出模式是高阻，还是带上拉的电平输出，或者是不带上拉的电平输出。这在电路设计中，外围电路就可以简化不少。

7.2 S3C6410 芯片的 GPIO 控制器详解

7.2.1 S3C6410 GPIO 常用寄存器分类

S3C6410 包含了 187 个多功能输入/输出端口引脚，具有以下特性：

➤ 可以控制 127 个外部中断；

➤ 有 187 个多功能输入/输出端口；

➤ 控制引脚的睡眠模式状态，除了 GPK、GPL、GPM、和 GPN 引脚以外。

GPIO 包含两部分，分别是 alive 部分和 off 部分。alive 部分的电源由睡眠模式提供，off 部分与它不同。因此，寄存器可以在睡眠模式下保持原值。图 7.1 是 GPIO 模块图。

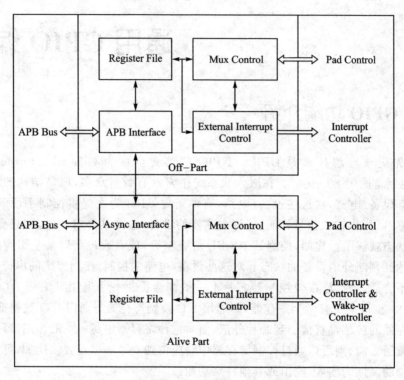

图 7.1　GPIO 模块图

① 端口配置寄存器（GPACON – GPQCON）。

在 S3C6410 中，大多数的引脚都可复用，所以必须对每个引脚进行配置。端口配置寄存器（GPnCON）定义了每个引脚的功能。

② 端口数据寄存器（GPADAT – GPQDAT）。

如果端口被配置成了输出端口，可以向 GPnDAT 的相应位写数据。如果端口被配置成了输入端口，可以从 GPnDAT 的相应位读出数据。

③ 端口上拉寄存器（GPAPUD – GPQPUD）

端口上拉寄存器控制了每个端口组的上拉电阻的允许/禁止。如果某一位为 0，相应的上拉电阻被允许；如果是 1，相应的上拉电阻被禁止。如果端口的上拉电阻被允许，无论在哪种状态（输入、输出、DATAn、EINTn 等）下，上拉电阻都起作用。

④ 端口睡眠模式配置寄存器（GPACONSLP – GPQCONSLP）。

⑤ 端口睡眠模式上拉/下拉寄存器（GPAPUDSLP – GPQPUDSLP）。

7.2.2　S3C6410 I/O 口常用寄存器详解

① 端口 A 控制寄存器包括 5 个控制寄存器,分别是 GPACON、GPADAT、GPAPUD、GPACONSLP、GPAPUDSLP,见表 7.1 和表 7.2。

表 7.1　端口 A 控制寄存器

寄存器	地　址	读/写	描　述	复位值
GPACON	0x7F008000	读/写	端口 A 配置寄存器	0x0000
GPADAT	0x7F008004	读/写	端口 A 数据寄存器	未定义
GPAPUD	0x7F008008	读/写	端口 A 上拉寄存器	0x0005555
GPACONSLP	0x7F00800C	读/写	端口 A 睡眠模式配置寄存器	0x0
GPAPUDSLP	0x7F008010	读/写	端口 A 睡眠模式上拉/下拉寄存器	0x0

表 7.2　GPACON 寄存器

GPACON	位	描　述	初始状态
GPA0	[3:0]	0000＝输入　0001＝输出　0010＝UART RXD[0]　0011＝保留 0100＝保留　0101＝保留　0110＝保留　0111＝外部中断组 1[0]	0000
GPA1	[7:4]	0000＝输入　0001＝输出　0010＝UART TXD[0]　0011＝保留 0100＝保留　0101＝保留　0110＝保留　0111＝外部中断组 1[1]	0000
GPA2	[11:8]	0000＝输入　0001＝输出　0010＝UART CTSn[0]　0011＝保留 0100＝保留　0101＝保留　0110＝保留　0111＝外部中断组 1[2]	0000
GPA3	[15:12]	0000＝输入　0001＝输出　0010＝UART RTSn[0]　0011＝保留 0100＝保留　0101＝保留　0110＝保留　0111＝外部中断组 1[3]	0000
GPA4	[19:16]	0000＝输入　0001＝输出　0010＝UART RXD[1]　0011＝保留 0100＝保留　0101＝保留　0110＝保留　0111＝外部中断组 1[4]	0000
GPA5	[23:20]	0000＝输入　0001＝输出　0010＝UART RTXD[1]　0011＝保留 0100＝保留　0101＝保留　0110＝保留　0111＝外部中断组 1[5]	0000
GPA6	[27:24]	0000＝输入　0001＝输出　0010＝UART CTSn[1]　0011＝保留 0100＝保留　0101＝保留　0110＝保留　0111＝外部中断组 1[6]	0000
GPA7	[31:28]	0000＝输入　0001＝输出　0010＝UART RTSn[1]　0011＝保留 0100＝保留　0101＝保留　0110＝保留　0111＝外部中断组 1[7]	0000

GPADAT 寄存器位[7:0]为 GPA[7:0],当端口作为输入时,相应的位处于引脚状态;当端口作为输出时,引脚状态与相应的位相同;当端口作为功能引脚时,读取未被定义的值。GPAPUD 寄存器位[2n+1:2n](n=0~7)为 GPA[n],00＝禁止上拉/下拉,01＝下拉使能,10＝上拉使能,11＝保留。GPACONSLP 寄存器位[2n+1:2n](n=0~7)为 GPA[n],00＝输出 0,01＝输出 1,10＝输入,11＝与先前状态相同,初始状态为 00。GPAPUDSLP 寄存器位[2n+1:2n](n=0~7)为 GPA[n],00＝禁止上拉/下拉,01＝下拉使能,10＝上拉使能,11＝保留。

② 端口 B 控制寄存器包括 5 个控制寄存器，分别是 GPBCON、GPBDAT、GPB-PUD、GPBCONSLP、GPBPUDSLP，见表 7.3 和表 7.4。

表 7.3　端口 B 控制寄存器

寄存器	地　址	读/写	描　　　述	复位值
GPBCON	0x7F008020	读/写	端口 B 配置寄存器	0x40000
GPBDAT	0x7F008024	读/写	端口 B 数据寄存器	未定义
GPBPUD	0x7F008028	读/写	端口 B 上拉寄存器	0x00005555
GPBCONSLP	0x7F00802C	读/写	端口 B 睡眠模式配置寄存器	0x0
GPBPUDSLP	0x7F008030	读/写	端口 B 睡眠模式上拉/下拉寄存器	0x0

表 7.4　GPBCON 寄存器

GPBCON	位	描　　　述	初始状态
GPB0	[3:0]	0000＝输入　0001＝输出　0010＝UART RXD[2] 0011＝Ext. DMA 请求　0100＝IrDA RXD　0101＝ADDR_CF[0] 0110＝保留　0111＝外部中断组 1[8]	0000
GPB1	[7:4]	0000＝输入　0001＝输出　0010＝UART TXD[2] 0011＝Ext. DMA Ack 0100＝IrDA TXD 0101＝ADDR_CF[1] 0110＝保留　0111＝外部中断组 1[9]	0000
GPB2	[11:8]	0000＝输入　0001＝输出　0010＝UART RXD[3] 0011＝IrDA RXD 0100＝Ext. DMA Req 0101＝ADDR_CF[2] 0110＝I2C SCL[1] 0111＝外部中断组 1[10]	0000
GPB3	[15:12]	0000＝输入　0001＝输出　0010＝UART TXD[3] 0011＝IrDA TXD 0100＝Ext. DMA Ack 0101＝保留 0110＝I2C SDA[1] 0111＝外部中断组 1[11]	0000
GPB4	[19:16]	0000＝输入　0001＝输出　0010＝IrDA SNBW 0011＝CAM FIELD 0100＝CF Data DIR 0101＝保留 0110＝保留　0111＝外部中断组 1[12]	0010
GPB5	[23:20]	0000＝输入　0001＝输出　0010＝I2C SCL[0] 0011＝保留 0100＝保留　0101＝保留 0110＝保留　0111＝外部中断组 1[13]	0000
GPB6	[27:24]	0000＝输入　0001＝输出 0010＝I2C SDA[0] 0011＝保留 0100＝保留　0101＝保留 0110＝保留　0111＝外部中断组 1[14]	0000

GPBDAT 寄存器位[6:0]为 GPB[6:0]，当端口作为输入时，相应的位处于引脚状态；当端口作为输出时，引脚状态与相应的位相同；当端口作为功能引脚时，读取未被定义的值。GPBPUD 寄存器位[2n+1:2n]（n＝0~6）为 GPB[n]，00＝禁止上拉/下拉，01＝下拉使能，10＝上拉使能，11＝保留。GPBCONSLP 寄存器位[2n+1:2n]（n＝0~6）为 GPB[n]，00＝输出 0，01＝输出 1，10＝输入，11＝与先前状态相同，初始状态为 00。GPBPUDSLP 寄存器位[2n+1:2n]（n＝0~6）为 GPB[n]，00＝禁止

上拉/下拉,01=下拉使能,10=上拉使能,11=保留。

③ 端口 C 控制寄存器包括 5 个控制寄存器,分别是 GPCCON、GPCDAT、GPC-PUD、GPCCONSLP、GPCPUDSLP,见表 7.5 和表 7.6。

表 7.5　端口 C 控制寄存器

寄存器	地　址	读/写	描　　述	复位值
GPCCON	0x7F008040	读/写	端口 C 配置寄存器	0x0000
GPCDAT	0x7F008044	读/写	端口 C 数据寄存器	未定义
GPCPUD	0x7F008048	读/写	端口 C 上拉寄存器	0x00005555
GPCCONSLP	0x7F00804C	读/写	端口 C 睡眠模式配置寄存器	0x0
GPCPUDSLP	0x7F008050	读/写	端口 C 睡眠模式上拉/下拉寄存器	0x0

表 7.6　GPCCON 寄存器

GPCCON	位	描　　述	初始状态
GPC0	[3:0]	0000=输入 0001=输出 0010=SPI MISO[0] 0011=保留 0100=保留 0101=保留 0110=保留 0111=外部中断组 2[0]	0000
GPC1	[7:4]	0000=输入 0001=输出 0010=SPI CLK [0] 0011=保留 0100=保留 0101=保留 0110=保留 0111=外部中断组 2[1]	0000
GPC2	[11:8]	0000=输入 0001=输出 0010=SPI MOSI [0] 0011=保留 0100=保留 0101=保留 0110=保留 0111=外部中断组 2[2]	0000
GPC3	[15:12]	0000=输入 0001=输出 0010=SPI CSn[0] 0011=保留 0100=保留 0101=保留 0110=保留 0111=外部中断组 2[3]	0000
GPC4	[19:16]	0000=输入 0001=输出 0010=SPI MISO[1] 0011=MMC CMD2 0100=保留 0101=I2S_V40 DO[0] 0110=保留 0111=外部中断组 2[4]	0000
GPC5	[23:20]	0000=输入 0001=输出 0010=SPI CLK[1] 0011=MMC CLK2 0100=保留 0101=I2S_V40 DO[1] 0110=保留 0111=外部中断组 2[5]	0000
GPC6	[27:24]	0000=输入 0001=输出 0010=SPI MOSI [1] 0011=保留 0100=保留 0101=保留 0110=保留 0111=外部中断组 2[6]	0000
GPC7	[31:28]	0000=输入 0001=输出 0010=SPI CSn [1] 0011=保留 0100=保留 0101=I2S_V40 DO[2] 0110=保留 0111=外部中断组 2[7]	0000

157

GPCDAT 寄存器位[7:0]为 GPC[7:0],当端口作为输入时,相应的位处于引脚状态;当端口作为输出时,引脚状态与相应的位相同;当端口作为功能引脚时,读取未被定义的值。GPCPUD 寄存器位[2n+1:2n](n=0~7)为 GPC[n],00=禁止上拉/下拉,01=下拉使能,10=上拉使能,11=保留。GPCCONSLP 寄存器位[2n+1:2n] （n=0～7）为 GPC[n],00=输出 0,01=输出 1,10=输入,11=与先前状态相同,初始状态为 00。GPCPUDSLP 寄存器位[2n+1:2n](n=0～7)为 GPC[n],00=禁止上拉/下拉,01=下拉使能,10=上拉使能,11=保留。

④ 端口 D 控制寄存器包括 5 个控制寄存器,分别是 GPDCON、GPDDAT、GPD-PUD、GPDCONSLP、GPDPUDSLP,见表 7.7 和表 7.8。

表 7.7　端口 D 控制寄存器

寄存器	地　址	读/写	描　　述	复位值
GPDCON	0x7F008060	读/写	端口 D 配置寄存器	0x00
GPDDAT	0x7F008064	读/写	端口 D 数据寄存器	未定义
GPDPUD	0x7F008068	读/写	端口 D 上拉寄存器	0x00000155
GPDCONSLP	0x7F00806C	读/写	端口 D 睡眠模式配置寄存器	0x0
GPDPUDSLP	0x7F008070	读/写	端口 D 睡眠模式上拉/下拉寄存器	0x0

表 7.8　GPDCON 寄存器

GPDCON	位	描　　述	初始状态
GPD0	[3:0]	0000=输入　0001=输出　0010=PCM SCLK[0] 0011=I2S CLK[0] 0100=AC97 BITCLK 0101=保留 0110=保留　0111=外部中断组 3[0]	0000
GPD1	[7:4]	0000=输入　0001=输出　0010=PCM EXTCLK [0] 0011=I2S CDCLK[0] 0100=AC97 RESETn 0101=保留 0110=保留　0111=外部中断组 3[1]	0000
GPD2	[11:8]	0000=输入　0001=输出　0010=PCM FSYNC [0] 0011=I2S LRCLK[0] 0100=AC97 SYNC 0101=保留 0110=保留　0111=外部中断组 3[2]	0000
GPD3	[15:12]	0000=输入　0001=输出　0010=PCM SIN[0] 0011=I2S DI[0] 0100=AC97 SDI 0101=保留 0110=保留　0111=外部中断组 3[3]	0000
GPD4	[19:16]	0000=输入　0001=输出　0010=PCM SOUT[0] 0011=I2S DO[0] 0100=AC97 SDO 0101=保留 0110=保留　0111=外部中断组 3[4]	0000

GPDDAT 寄存器位[4:0]为 GPD[4:0],当端口作为输入时,相应的位处于引脚状态;当端口作为输出时,引脚状态与相应的位相同;当端口作为功能引脚时,读取未被定义的值。GPDPUD 寄存器位[2n+1:2n](n=0～4)为 GPD[n],00=禁止上拉/下拉,01=下拉使能,10=上拉使能,11=保留。GPDCONSLP 寄存器位[2n+1:2n](n=0～4)为 GPD[n],00=输出 0,01=输出 1,10=输入,11=与先前状态相同,初始状态为 00。GPDPUDSLP 寄存器位[2n+1:2n](n=0～4)为 GPD[n],00=禁止上拉/下拉,01=下拉使能,10=上拉使能,11=保留。

⑤ 端口 E 控制寄存器包括 5 个控制寄存器,分别是 GPECON、GPEDAT、GPEPUD、GPECONSLP、GPEPUDSLP,见表 7.9 和表 7.10。

表 7.9　端口 E 控制寄存器

寄存器	地　址	读/写	描　述	复位值
GPECON	0x7F008080	读/写	端口 E 配置寄存器	0x00
GPEDAT	0x7F008084	读/写	端口 E 数据寄存器	未定义
GPEPUD	0x7F008088	读/写	端口 E 上拉寄存器	0x00000155
GPECONSLP	0x7F00808C	读/写	端口 E 睡眠模式配置寄存器	0x0
GPEPUDSLP	0x7F008090	读/写	端口 E 睡眠模式上拉/下拉寄存器	0x0

表 7.10　GPECON 寄存器

GPECON	位	描　述	初始状态
GPE0	[3:0]	0000=输入　0001=输出　0010=PCM SCLK[1]　0011=I2S CLK[1]　0100=AC97 BITCLK　0101=保留　0110=保留　0111=保留	0000
GPE1	[7:4]	0000=输入　0001=输出　0010=PCM EXTCLK [1]　0011=I2S CDCLK[1]　0100=AC97 RESETn　0101=保留　0110=保留　0111=保留	0000
GPE2	[11:8]	0000=输入　0001=输出　0010=PCM FSYNC [1]　0011=I2S LRCLK[1]　0100=AC97 SYNC　0101=保留　0110=保留 E　0111=保留	0000
GPE3	[15:12]	0000=输入　0001=输出　0010=PCM SIN[1]　0011=I2S DI[1]　0100=AC97 SDI　0101=保留　0110=保留　0111=保留	0000
GPE4	[19:16]	0000=输入　0001=输出　0010=PCM SOUT[1]　0011=I2S DO[1]　0100=AC97 SDO　0101=保留　0110=保留　0111=保留	0000

GPEDAT 寄存器位[4:0]为 GPE[4:0],当端口作为输入时,相应的位处于引脚状态;当端口作为输出时,引脚状态与相应的位相同;当端口作为功能引脚时,读取未被定义的值。GPEPUD 寄存器位[2n+1:2n](n=0～4)为 GPE[n],00=禁止上拉/下拉,01=下拉使能,10=上拉使能,11=保留。GPECONSLP 寄存器位[2n+1:2n](n=0～4)为 GPE[n],00=输出 0,01=输出 1,10=输入,11=与先前状态相同,初始状态为 00。GPEPUDSLP 寄存器位[2n+1:2n](n=0～4)为 GPE[n],00=禁止上拉/下拉,01=下拉使能,10=上拉使能,11=保留。

⑥ 端口 F 控制寄存器包括 5 个控制寄存器,分别是 GPFCON、GPFDAT、GPFPUD、GPFCONSLP、GPFPUDSLP,见表 7.11 和表 7.12。

表 7.11　端口 F 控制寄存器

寄存器	地　址	读/写	描　　述	复位值
GPFCON	0x7F0080A0	读/写	端口 F 配置寄存器	0x00
GPFDAT	0x7F0080A4	读/写	端口 F 数据寄存器	未定义
GPFPUD	0x7F0080A8	读/写	端口 F 上拉寄存器	0x55555555
GPFCONSLP	0x7F0080AC	读/写	端口 F 睡眠模式配置寄存器	0x0
GPFPUDSLP	0x7F0080B0	读/写	端口 F 睡眠模式上拉/下拉寄存器	0x0

表 7.12　GPFCON 寄存器

GPFCON	位	描　　述	初始状态
GPF0	[1:0]	00＝输入　01＝输出　10＝CAMIF CLK　11＝外部中断组 4[0]	00
GPF1	[3:2]	00＝输入　01＝输出　10＝CAMIF HREF　11＝外部中断组 4[1]	00
GPF2	[5:4]	00＝输入　01＝输出　10＝CAMIF PCLK　11＝外部中断组 4[2]	00
GPF3	[7:6]	00＝输入　01＝输出　10＝CAMIF RSTn　11＝外部中断组 4[3]	00
GPF4	[9:8]	00＝输入　01＝输出　10＝CAMIF VSYNC　11＝外部中断组 4[4]	00
GPF5	[11:10]	00＝输入　01＝输出　10＝CAMIF YDATA [0] 11＝外部中断组 4[5]	00
GPF6	[13:12]	00＝输入　01＝输出　10＝CAMIF YDATA [1] 11＝外部中断组 4[6]	00
GPF7	[15:14]	00＝输入　01＝输出　10＝CAMIF YDATA [2] 11＝外部中断组 4[7]	00
GPF8	[17:16]	00＝输入　01＝输出　10＝CAMIF YDATA [3] 11＝外部中断组 4[8]	00
GPF9	[19:18]	00＝输入　01＝输出　10＝CAMIF YDATA [4] 11＝外部中断组 4[9]	00
GPF10	[21:20]	00＝输入　01＝输出　10＝CAMIF YDATA [5] 11＝外部中断组 4[10]	00
GPF11	[23:22]	00＝输入　01＝输出　10＝CAMIF YDATA [6] 11＝外部中断组 4[11]	00
GPF12	[25:24]	00＝输入　01＝输出　10＝CAMIF YDATA [7] 11＝外部中断组 4[12]	00
GPF13	[27:26]	00＝输入　01＝输出　10＝PWM ECLK　11＝外部中断组 4[13]	00
GPF14	[29:28]	00＝输入　01＝输出　10＝PWM TOUT[0]　11＝CLKOUT[0]	00
GPF15	[31:30]	00＝输入　01＝输出　10＝PWM TOUT[1]　11＝保留	00

　　GPFDAT 寄存器位[15:0]为 GPF[15:0]，当端口作为输入时，相应的位处于引脚状态；当端口作为输出时，引脚状态与相应的位相同；当端口作为功能引脚时，读取未被定义的值。GPFPUD 寄存器位[2n+1:2n]($n=0\sim15$)为 GPF[n]，00＝禁止上拉/下拉，01＝下拉使能，10＝上拉使能，11＝保留。GPFCONSLP 寄存器位[2n+1:

2n](n=0～15)为 GPF[n],00=输出 0,01=输出 1,10=输入,11=与先前状态相同,初始状态为 00。GPFPUDSLP 寄存器位[2n+1:2n](n=0～15)为 GPF[n],00=禁止上拉/下拉,01=下拉使能,10=上拉使能,11=保留。

⑦ 端口 G 控制寄存器包括 5 个控制寄存器,分别是 GPGCON、GPGDAT、GPGPUD、GPGCONSLP、GPGPUDSLP,见表 7.13 和表 7.14。

表 7.13　端口 G 控制寄存器

寄存器	地　址	读/写	描　述	复位值
GPGCON	0x7F0080C0	读/写	端口 G 配置寄存器	0x00
GPGDAT	0x7F0080C4	读/写	端口 G 数据寄存器	未定义
GPGPUD	0x7F0080C8	读/写	端口 G 上拉寄存器	0x00001555
GPGCONSLP	0x7F0080CC	读/写	端口 G 睡眠模式配置寄存器	0x0
GPGPUDSLP	0x7F0080D0	读/写	端口 G 睡眠模式上拉/下拉寄存器	0x0

表 7.14　GPGCON 寄存器

GPGCON	位	描　述	初始状态
GPG0	[3:0]	0000=输入 0001=输出 0010=MMC CLK0 0011=保留 0100=IrDA RXD 0101=保留 0110=保留 0111=外部中断组 5[0]	0000
GPG1	[7:4]	0000=输入 0001=输出 0010=MMC CMD0 0011=保留 0100=保留 0101=ADDR_CF[1] 0110=保留 0111=外部中断组 5[1]	0000
GPG2	[11:8]	0000=输入 0001=输出 0010=MMC DATA[0] 0011=保留 0100=保留 0101=保留 0110=保留 0111=外部中断组 5[2]	0000
GPG3	[15:12]	0000=输入 0001=输出 0010=MMC DATA[1] 0011=保留 0100=保留 0101=保留 0110=保留 0111=外部中断组 5[3]	0000
GPG4	[19:16]	0000=输入 0001=输出 0010=MMC DATA0[2] 0011=保留 0100=保留 0101=保留 0110=保留 0111=外部中断组 5[4]	0000
GPG5	[23:20]	0000=输入 0001=输出 0010=MMC DATA0[3] 0011=保留 0100=保留 0101=保留 0110=保留 0111=外部中断组 5[5]	0000
GPG6	[27:24]	0000=输入 0001=输出 0010=MMC CDn0 0011=MMC CDn1 0100=保留 0101=保留 0110=保留 0111=外部中断组 5[6]	0000

GPGDAT 寄存器位[6:0]为 GPG[6:0],当端口作为输入时,相应的位处于引脚状态;当端口作为输出时,引脚状态与相应的位相同;当端口作为功能引脚时,读取未被定义的值。GPGPUD 寄存器位[2n+1:2n](n=0～6)为 GPG[n],00=禁止上拉/下拉,01=下拉使能,10=上拉使能,11=保留。GPGCONSLP 寄存器位[2n+1:2n](n=0～6)为 GPG[n],00=输出 0,01=输出 1,10=输入,11=与先前状态相同,初始状态为 00。GPGPUDSLP 寄存器位[2n+1:2n](n=0～6)为 GPG[n],00=禁止

上拉/下拉，01＝下拉使能，10＝上拉使能，11＝保留。

⑧ 端口 H 控制寄存器包括 6 个控制寄存器，分别是 GPHCON0、GPHCON1、GPHDAT、GPHPUD、GPHCONSLP、GPHPUDSLP，见表 7.15～表 7.17。

表 7.15　端口 H 控制寄存器

寄存器	地　址	读/写	描　　述	复位值
GPHCON0	0x7F0080E0	读/写	端口 H 配置寄存器	0x00
GPHCON1	0x7F0080E4	读/写	端口 H 配置寄存器	0x00
GPHDAT	0x7F0080E8	读/写	端口 H 数据寄存器	未定义
GPHPUD	0x7F0080EC	读/写	端口 H 上拉寄存器	0x00055555
GPHCONSLP	0x7F0080F0	读/写	端口 H 睡眠模式配置寄存器	0x0
GPHPUDSLP	0x7F0080F4	读/写	端口 H 睡眠模式上拉/下拉寄存器	0x0

表 7.16　GPHCON0 寄存器

GPHCON0	位	描　　述	初始状态
GPH0	[3:0]	0000＝输入 0001＝输出 0010＝MMC CLK1 0011＝保留 0100＝Key pad COL[0] 0101＝保留 0110＝保留 0111＝外部中断组 6[0]	0000
GPH1	[7:4]	0000＝输入 0001＝输出 0010＝MMC CMD1 0011＝保留 0100＝Key pad COL[1] 0101＝保留 0110＝保留 0111＝外部中断组 6[1]	0000
GPH2	[11:8]	0000＝输入 0001＝输出 0010＝MMC DATA1[0] 0011＝保留 0100＝Key pad COL[2] 0101＝保留 0110＝保留 0111＝外部中断组 6[2]	0000
GPH3	[15:12]	0000＝输入 0001＝输出 0010＝MMC DATA1[1] 0011＝保留 0100＝Key pad COL[3] 0101＝保留 0110＝保留 0111＝外部中断组 6[3]	0000
GPH4	[19:16]	0000＝输入 0001＝输出 0010＝MMC DATA1[2] 0011＝保留 0100＝Key pad COL[4] 0101＝保留 0110＝保留 0111＝外部中断组 6[4]	0000
GPH5	[23:20]	0000＝输入 0001＝输出 0010＝MMC DATA1[3] 0011＝保留 0100＝Key pad COL[5] 0101＝保留 0110＝保留 0111＝外部中断组 6[5]	0000
GPH6	[27:24]	0000＝输入 0001＝输出 0010＝MMC DATA1[4] 0011＝MMC DATA2[0] 0100＝Key pad COL[6] 0101＝I2S_V40 BCLK 0110＝保留 0111＝外部中断组 6[6]	0000
GPH7	[31:28]	0000＝输入 0001＝输出 0010＝MMC DATA1[5] 0011＝MMC DATA2[1] 0100＝Key pad COL[7] 0101＝I2S_V40 BCLK 0110＝ADDR_CF[1] 0111＝外部中断组 6[7]	0000

162

表 7.17　GPHCON1 寄存器

GPHCON1	位	描　述	初始状态
GPH8	[3:0]	0000＝输入　0001＝输出　0010＝MMC DATA1[6] 0011＝MMC DATA2[2]　0100＝保留　0101＝I2S_V40 LRCLK 0110＝ADDR_CF[2]　0111＝外部中断组 6[8]	0000
GPH9	[7:4]	0000＝输入　0001＝输出　0010＝MMC DATA1[7] 0011＝MMC DATA2[3]　0100＝保留　0101＝I2S_V40 DI 0110＝保留　0111＝外部中断组 6[9]	0000

GPHDAT 寄存器位[9:0]为 GPH[9:0]，当端口作为输入时，相应的位处于引脚状态；当端口作为输出时，引脚状态与相应的位相同；当端口作为功能引脚时，读取未被定义的值。GPHPUD 寄存器位[2n+1:2n]（n=0～9）为 GPH[n]，00＝禁止上拉/下拉，01＝下拉使能，10＝上拉使能，11＝保留。GPHCONSLP 寄存器位[2n+1:2n]（n=0～9）为 GPH[n]，00＝输出 0，01＝输出 1，10＝输入，11＝与先前状态相同，初始状态为 00。GPHPUDSLP 寄存器位[2n+1:2n]（n=0～9）为 GPH[n]，00＝禁止上拉/下拉，01＝下拉使能，10＝上拉使能，11＝保留。

⑨ 端口 I 控制寄存器包括 5 个控制寄存器，分别是 GPICON、GPIDAT、GPI-PUD、GPICONSLP、GPIPUDSLP，见表 7.18 和表 7.19。

表 7.18　端口 I 控制寄存器

寄存器	地　址	读/写	描　述	复位值
GPICON	0x7F008100	读/写	端口 I 配置寄存器	0x00
GPIDAT	0x7F008104	读/写	端口 I 数据寄存器	未定义
GPIPUD	0x7F008108	读/写	端口 I 上拉寄存器	0x55555555
GPICONSLP	0x7F00810C	读/写	端口 I 睡眠模式配置寄存器	0x0
GPIPUDSLP	0x7F008110	读/写	端口 I 睡眠模式上拉/下拉寄存器	0x0

表 7.19　GPICON 寄存器

GPICON	位	描　述	初始状态
GPI0	[1:0]	00＝输入　01＝输出　10＝LCD VD[0]　11＝保留	00
GPI1	[3:2]	00＝输入　01＝输出　10＝LCD VD[1]　11＝保留	00
GPI2	[5:4]	00＝输入　01＝输出　10＝LCD VD[2]　11＝保留	00
GPI3	[7:6]	00＝输入　01＝输出　10＝LCD VD[3]　11＝保留	00
GPI4	[9:8]	00＝输入　01＝输出　10＝LCD VD[4]　11＝保留	00
GPI5	[11:10]	00＝输入　01＝输出　10＝LCD VD[5]　11＝保留	00
GPI6	[13:12]	00＝输入　01＝输出　10＝LCD VD[6]　11＝保留	00
GPI7	[15:14]	00＝输入　01＝输出　10＝LCD VD[7]　11＝保留	00
GPI8	[17:16]	00＝输入　01＝输出　10＝LCD VD[8]　11＝保留	00

续表 7.19

GPICON	位	描 述	初始状态
GPI9	[19:18]	00=输入 01=输出 10=LCD VD[9] 11=保留	00
GPI10	[21:20]	00=输入 01=输出 10=LCD VD[10] 11=保留	00
GPI11	[23:22]	00=输入 01=输出 10=LCD VD[11] 11=保留	00
GPI12	[25:24]	00=输入 01=输出 10=LCD VD[12] 11=保留	00
GPI13	[27:26]	00=输入 01=输出 10=LCD VD[13] 11=保留	00
GPI14	[29:28]	00=输入 01=输出 10=LCD VD[14] 11=保留	00
GPI15	[31:30]	00=输入 01=输出 10=LCD VD[15] 11=保留	00

GPIDAT 寄存器位[15:0]为 GPI[15:0]，当端口作为输入时，相应的位处于引脚状态；当端口作为输出时，引脚状态与相应的位相同；当端口作为功能引脚时，读取未被定义的值。GPIPUD 寄存器位[2n+1:2n]（n=0～15）为 GPI[n]，00=禁止上拉/下拉，01=下拉使能，10=上拉使能，11=保留。GPICONSLP 寄存器位[2n+1:2n]（n=0～15）为 GPI[n]，00=输出 0,01=输出 1,10=输入,11=与先前状态相同，初始状态为 00。GPIPUDSLP 寄存器位[2n+1:2n]（n=0～15）为 GPI[n]，00=禁止上拉/下拉，01=下拉使能，10=上拉使能，11=保留。

⑩ 端口 J 控制寄存器包括 5 个控制寄存器，分别是 GPJCON、GPJDAT、GPJPUD、GPJCONSLP、GPJPUDSLP，见表 7.20 和表 7.21。

表 7.20　端口 J 控制寄存器

寄存器	地　址	读/写	描　述	复位值
GPJCON	0x7F008120	读/写	端口 J 配置寄存器	0x00
GPJDAT	0x7F008124	读/写	端口 J 数据寄存器	未定义
GPJPUD	0x7F008128	读/写	端口 J 上拉寄存器	0x05555555
GPJCONSLP	0x7F00812C	读/写	端口 J 睡眠模式配置寄存器	0x0
GPJPUDSLP	0x7F008130	读/写	端口 J 睡眠模式上拉/下拉寄存器	0x0

表 7.21　GPJCON 寄存器

GPJCON	位	描　述	初始状态
GPI0	[1:0]	00=输入 01=输出 10=LCD VD[16] 11=保留	00
GPJ1	[3:2]	00=输入 01=输出 10=LCD VD[17] 11=保留	00
GPJ2	[5:4]	00=输入 01=输出 10=LCD VD[18] 11=保留	00
GPJ3	[7:6]	00=输入 01=输出 10=LCD VD[19] 11=保留	00
GPJ4	[9:8]	00=输入 01=输出 10=LCD VD[20] 11=保留	00
GPJ5	[11:10]	00=输入 01=输出 10=LCD VD[21] 11=保留	00
GPJ6	[13:12]	00=输入 01=输出 10=LCD VD[22] 11=保留	00
GPJ7	[15:14]	00=输入 01=输出 10=LCD VD[23] 11=保留	00
GPJ8	[17:16]	00=输入 01=输出 10=LCD HSYNC 11=保留	00

续表 7.21

GPJCON	位	描　述	初始状态
GPJ9	[19:18]	00＝输入 01＝输出 10＝LCD VSYNC 11＝保留	00
GPJ10	[21:20]	00＝输入 01＝输出 10＝LCD VDEN 11＝保留	00
GPJ11	[23:22]	00＝输入 01＝输出 10＝LCD VCLK 11＝保留	00

GPJDAT 寄存器位[11:0]为 GPJ[11:0],当端口作为输入时,相应的位处于引脚状态;当端口作为输出时,引脚状态与相应的位相同;当端口作为功能引脚时,读取未被定义的值。GPJPUD 寄存器位[2n＋1:2n](n＝0～11)为 GPJ[n],00＝禁止上拉/下拉,01＝下拉使能,10＝上拉使能,11＝保留。GPJCONSLP 寄存器位[2n＋1:2n](n＝0～11)为 GPJ[n],00＝输出 0,01＝输出 1,10＝输入,11＝与先前状态相同,初始状态为 00。GPJPUDSLP 寄存器位[2n＋1:2n](n＝0～11)为 GPJ[n],00＝禁止上拉/下拉,01＝下拉使能,10＝上拉使能,11＝保留。

注意:当在睡眠模式下设置 LCD Bypass 模式时,GPJSLPCON 和 GPJPUDSLP 不能控制 J 端口。因为此情况下的 J 端口输入单元由主机 I/F 模块控制,信号由 K、L、M 端口单元发出。

⑪端口 K 控制寄存器包括 4 个控制寄存器,分别是 GPKCON0、GPKCON1、GPKDAT、GPKPUD,见表 7.22～表 7.24。

表 7.22　端口 K 控制寄存器

寄存器	地　址	读/写	描　述	复位值
GPKCON0	0x7F008800	读/写	端口 K 配置寄存器 0	0x22222222
GPKCON1	0x7F008804	读/写	端口 K 配置寄存器 1	0x22222222
GPKDAT	0x7F008808	读/写	端口 K 数据寄存器	未定义
GPKPUD	0x7F00880C	读/写	端口 K 上拉/下拉寄存器	0x55555555

表 7.23　GPKCON0 寄存器

GPKCON0	位	描　述	初始状态
GPK0	[3:0]	0000＝输入 0001＝输出 0010＝Host I/F DATA[0] 0011＝HIS RX READY 0100＝保留 0101＝DATA_CF[0] 0110＝保留 0111＝保留	0010
GPK1	[7:4]	0000＝输入 0001＝输出 0010＝Host I/F DATA[1] 0011＝HIS RX WAKE 0100＝保留 0101＝DATA_CF[1] 0110＝保留 0111＝保留	0010
GPK2	[11:8]	0000＝输入 0001＝输出 0010＝Host I/F DATA[2] 0011＝HIS RX FLAG 0100＝保留 0101＝DATA_CF[2] 0110＝保留 0111＝保留	0010

续表 7.23

GPKCON0	位	描　述	初始状态
GPK3	[15:12]	0000＝输入　0001＝输出　0010＝Host I/F DATA[3] 0011＝HIS RX DATA　0100＝保留　0101＝DATA_CF[3] 0110＝保留　0111＝保留	0010
GPK4	[19:16]	0000＝输入　0001＝输出　0010＝Host I/F DATA[4] 0011＝HIS TX READY　0100＝保留　0101＝DATA_CF[4] 0110＝保留　0111＝保留	0010
GPK5	[23:20]	0000＝输入　0001＝输出　0010＝Host I/F DATA[5] 0011＝HIS TX WAKE　0100＝保留　0101＝DATA_CF[5] 0110＝保留　0111＝保留	0010
GPK6	[27:24]	0000＝输入　0001＝输出　0010＝Host I/F DATA[6] 0011＝HIS TX FLAG　0100＝保留　0101＝DATA_CF[6] 0110＝保留　0111＝保留	0010
GPK7	[31:28]	0000＝输入　0001＝输出　0010＝Host I/F DATA[7] 0011＝HIS TX DATA　0100＝保留　0101＝DATA_CF[7] 0110＝保留　0111＝保留	0010

表 7.24　GPKCON1 寄存器

GPKCON1	位	描　述	初始状态
GPK8	[3:0]	0000＝输入　0001＝输出　0010＝Host I/F DATA[8] 0011＝Key pad ROW[0]　0100＝保留　0101＝DATA_CF[8] 0110＝保留　0111＝保留	0010
GPK9	[7:4]	0000＝输入　0001＝输出　0010＝Host I/F DATA[9] 0011＝Key pad ROW[1]　0100＝保留　0101＝DATA_CF[9] 0110＝保留　0111＝保留	0010
GPK10	[11:8]	0000＝输入　0001＝输出　0010＝Host I/F DATA[10] 0011＝Key pad ROW[2]　0100＝保留　0101＝DATA_CF[10] 0110＝保留　0111＝保留	0010
GPK11	[15:12]	0000＝输入　0001＝输出　0010＝Host I/F DATA[11] 0011＝Key pad ROW[3]　0100＝保留　0101＝DATA_CF[11] 0110＝保留　0111＝保留	0010
GPK12	[19:16]	0000＝输入　0001＝输出　0010＝Host I/F DATA[12] 0011＝Key pad ROW[4]　0100＝保留　0101＝DATA_CF[12] 0110＝保留　0111＝保留	0010
GPK13	[23:20]	0000＝输入　0001＝输出　0010＝Host I/F DATA[13] 0011＝Key pad ROW[5]　0100＝保留　0101＝DATA_CF[13] 0110＝保留　0111＝保留	0010

续表 7.24

GPKCON1	位	描　述	初始状态
GPK14	[27:24]	0000＝输入　0001＝输出 0010＝Host I/F DATA[14] 0011＝Key pad ROW[6] 0100＝保留　0101＝DATA_CF[14] 0110＝保留　0111＝保留	0010
GPK15	[31:28]	0000＝输入　0001＝输出 0010＝Host I/F DATA[15] 0011＝Key pad ROW[7] 0100＝保留　0101＝DATA_CF[15] 0110＝保留　0111＝保留	0010

　　GPKDAT 寄存器位[15:0]为 GPK[15:0]，当端口作为输入时，相应的位处于引脚状态；当端口作为输出时，引脚状态与相应的位相同；当端口作为功能引脚时，读取未被定义的值。GPKPUD 寄存器位[2n+1:2n](n=0～15)为 GPK[n]，00＝禁止上拉/下拉，01＝下拉使能，10＝上拉使能，11＝保留。

　　⑫ 端口 L 控制寄存器包括 4 个控制寄存器，分别是 GPLCON0、GPLCON1、GPLDAT、GPLPUD，见表 7.25～表 7.27。

表 7.25　端口 L 控制寄存器

寄存器	地址	读/写	描　述	复位值
GPLCON0	0x7F0088100	读/写	端口 L 配置寄存器	0x22222222
GPLCON1	0x7F008814	读/写	端口 L 配置寄存器 1	0x22222222
GPLDAT	0x7F008818	读/写	端口 L 数据寄存器	未定义
GPLPUD	0x7F00881C	读/写	端口 L 上拉/下拉寄存器	0x15555555

表 7.26　GPLCON0 寄存器

GPLCON0	位	描　述	初始状态
GPL0	[3:0]	0000＝输入　0001＝输出 0010＝Host I/F ADDR[0] 0011＝Key pad COL[0] 0100＝保留　0101＝保留 0110＝ADDR_CF[0] 0111＝保留	0010
GPL1	[7:4]	0000＝输入　0001＝输出 0010＝Host I/F ADDR[1] 0011＝Key pad COL[1] 0100＝保留　0101＝保留 0110＝ADDR_CF[1] 0111＝保留	0010
GPL2	[11:8]	0000＝输入　0001＝输出 0010＝Host I/F ADDR[2] 0011＝Key pad COL[2] 0100＝保留　0101＝保留 0110＝ADDR_CF[2] 0111＝保留	0010
GPL3	[15:12]	0000＝输入　0001＝输出 0010＝Host I/F ADDR[3] 0011＝Key pad COL[3] 0100＝保留　0101＝保留 0110＝MEM0_INTata 0111＝保留	0010

ARM嵌入式系统原理与应用教程(第2版)

168

续表 7.26

GPLCON0	位	描 述	初始状态
GPL4	[19:16]	0000=输入 0001=输出 0010=Host I/F ADDR[4] 0011=Key pad COL[4] 0100=保留 0101=保留 0110=MEM0_RESETata 0111=保留	0010
GPL5	[23:20]	0000=输入 0001=输出 0010=Host I/F ADDR[5] 0011=Key pad COL[5] 0100=保留 0101=保留 0110=MEM0_INPACKata 0111=保留	0010
GPL6	[27:24]	0000=输入 0001=输出 0010=Host I/F ADDR[6] 0011=Key pad COL[6] 0100=保留 0101=保留 0110=MEM0_REGata 0111=保留	0010
GPL7	[31:28]	0000=输入 0001=输出 0010=Host I/F ADDR[7] 0011=Key pad COL[7] 0100=保留 0101=保留 0110=MEM0_CData 0111=保留	0010

表 7.27　GPLCON1 寄存器

GPLCON1	位	描 述	初始状态
GPL8	[3:0]	0000=输入 0001=输出 0010=Host I/F ADDR[8] 0011=Ext. Interrupt[16] 0100=保留 0101=CE_CF[0] 0110=保留 0111=保留	0010
GPL9	[7:4]	0000=输入 0001=输出 0010=Host I/F ADDR[9] 0011=Ext. Interrupt[17] 0100=保留 0101=CE_CF[1] 0110=保留 0111=保留	0010
GPL10	[11:8]	0000=输入 0001=输出 0010=Host I/F ADDR[10] 0011=Ext. Interrupt[18] 0100=保留 0101=IORD_CF 0110=保留 0111=保留	0010
GPL11	[15:12]	0000=输入 0001=输出 0010=Host I/F ADDR[11] 0011=Ext. Interrupt[19] 0100=保留 0101=LOWR_CF 0110=保留 0111=保留	0010
GPL12	[19:16]	0000=输入 0001=输出 0010=Host I/F ADDR [12] 0011=Ext. Interrupt[20] 0100=保留 0101=LORDY_CF 0110=保留 0111=保留	0010
GPL13	[23:20]	0000=输入 0001=输出 0010=Host I/F DATA[16] 0011=Ext. Interrupt[21] 0100=保留 0101=保留 0110=保留 0111=保留	0010
GPL14	[27:24]	0000=输入 0001=输出 0010=Host I/F DATA[17] 0011=Ext. Interrupt[22] 0100=保留 0101=保留 0110=保留 0111=保留	0010

GPLDAT 寄存器位[15:0]为 GPL[15:0],当端口作为输入时,相应的位处于引脚状态;当端口作为输出时,引脚状态与相应的位相同;当端口作为功能引脚时,读取未被定义的值。GPLPUD 寄存器位[2n+1:2n](n=0~15)为 GPL[n],00=禁止上拉/下拉,01=下拉使能,10=上拉使能,11=保留。

⑬ 端口 M 控制寄存器包括 3 个控制寄存器,分别是 GPMCON、GPMDAT、GPMPUD,见表 7.28 和表 7.29。

表 7.28　端口 M 控制寄存器

寄存器	地　址	读/写	描　　　述	复位值
GPMCON	0x7F008820	读/写	端口 M 配置寄存器	0x22222222
GPMDAT	0x7F008824	读/写	端口 M 数据寄存器	未定义
GPMPUD	0x7F008828	读/写	端口 M 上拉/下拉寄存器	0x000002AA

表 7.29　GPMCON 寄存器

GPMCON	位	描　　　述	初始状态
GPM0	[3:0]	0000=输入　0001=输出　0010=Host I/F CSn 0011=Ext. Interrupt[23] 0100=保留　0101=保留 0110=CE_CF[1] 0111=保留	0010
GPM1	[7:4]	0000=输入　0001=输出　0010=Host I/F CSn_main 0011=Ext. Interrupt[24] 0100=保留　0101=保留 0110=CE_CF[0] 0111=保留	0010
GPM2	[11:8]	0000=输入　0001=输出　0010=Host I/F CSn_sub 0011=Ext. Interrupt[25] 0100=Host I/F MDP_VSYNC 0101=保留 0110=IORD_CF 0111=保留	0010
GPM3	[15:12]	0000=输入　0001=输出　0010=Host I/F WEn 0011=Ext. Interrupt[26] 0100=保留　0101=保留 0110=LOWR_CF 0111=保留	0010
GPM4	[19:16]	0000=输入　0001=输出　0010=Host I/F OEn 0011=Ext. Interrupt[27] 0100=保留　0101=保留 0110=IORDY_CF 0111=保留	0010
GPM5	[23:20]	0000=输入　0001=输出　0010=Host I/F INTRn 0011=CF Data Dir 0100=保留　0101=保留 0110=保留　0111=保留	0010

GPMDAT 寄存器位[5:0]为 GPM[5:0],当端口作为输入时,相应的位处于引脚状态;当端口作为输出时,引脚状态与相应的位相同;当端口作为功能引脚时,读取未被定义的值。GPMPUD 寄存器位[2n+1:2n](n=0~5)为 GPM[n],00=禁止上拉/下拉,01=下拉使能,10=上拉使能,11=保留。

⑭ 端口 N 控制寄存器包括 3 个控制寄存器,分别是 GPNCON、GPNDAT、GPNPUD,见表 7.30 和表 7.31,且三者都是 alive 部分。

表 7.30　端口 N 控制寄存器

寄存器	地　址	读/写	描　述	复位值
GPNCON	0x7F008830	读/写	端口 N 配置寄存器	0x00
GPNDAT	0x7F008834	读/写	端口 N 数据寄存器	未定义
GPNPUD	0x7F008838	读/写	端口 N 上拉/下拉寄存器	0x55555555

表 7.31　GPNCON 寄存器

GPNCON	位	描　述	初始状态
GPN0	[1:0]	00=输入 01=输出 10=Ext. Interrupt[0] 11=Key pad ROW[0]	00
GPN1	[3:2]	00=输入 01=输出 10=Ext. Interrupt[1] 11=Key pad ROW[1]	00
GPN2	[5:4]	00=输入 01=输出 10=Ext. Interrupt[2] 11=Key pad ROW[2]	00
GPN3	[7:6]	00=输入 01=输出 10=Ext. Interrupt[3] 11=Key pad ROW[3]	00
GPN4	[9:8]	00=输入 01=输出 10=Ext. Interrupt[4] 11=Key pad ROW[4]	00
GPN5	[11:10]	00=输入 01=输出 10=Ext. Interrupt[5] 11=Key pad ROW[5]	00
GPN6	[13:12]	00=输入 01=输出 10=Ext. Interrupt[6] 11=Key pad ROW[6]	00
GPN7	[15:14]	00=输入 01=输出 10=Ext. Interrupt[7] 11=Key pad ROW[7]	00
GPN8	[17:16]	00=输入 01=输出 10=Ext. Interrupt[8] 11=保留	00
GPN9	[19:18]	00=输入 01=输出 10=Ext. Interrupt[9] 11=保留	00
GPN10	[21:20]	00=输入 01=输出 10=Ext. Interrupt[10] 11=保留	00
GPN11	[23:22]	00=输入 01=输出 10=Ext. Interrupt[11] 11=保留	00
GPN12	[25:24]	00=输入 01=输出 10=Ext. Interrupt[12] 11=保留	00
GPN13	[27:26]	00=输入 01=输出 10=Ext. Interrupt[13] 11=保留	00
GPN14	[29:28]	00=输入 01=输出 10=Ext. Interrupt[14] 11=保留	00
GPN15	[31:30]	00=输入 01=输出 10=Ext. Interrupt[15] 11=保留	00

GPNDAT 寄存器位[15:0]为 GPN[15:0],当端口作为输入时,相应的位处于引脚状态;当端口作为输出时,引脚状态与相应的位相同;当端口作为功能引脚时,读取未被定义的值。GPNPUD 寄存器位[2n+1:2n](n=0~15)为 GPN[n],00=禁止上拉/下拉,01=下拉使能,10=上拉使能,11=保留。

⑮ 端口 O 控制寄存器包括 5 个控制寄存器,分别是 GPOCON、GPODAT、GPOPUD、GPOCONSLP、GPOPUDSLP,见表 7.32 和表 7.33。

表 7.32　端口 O 控制寄存器

寄存器	地　址	读/写	描　述	复位值
GPOCON	0x7F008140	读/写	端口 O 配置寄存器	0xAAAAAAAA
GPODAT	0x7F008144	读/写	端口 O 数据寄存器	未定义
GPOPUD	0x7F008148	读/写	端口 O 上拉寄存器	0x0
GPOCONSLP	0x7F00814C	读/写	端口 O 睡眠模式配置寄存器	0x0
GPOPUDSLP	0x7F008150	读/写	端口 O 睡眠模式上拉/下拉寄存器	0x0

表 7.33　GPOCON 寄存器

GPOCON	位	描　述	初始状态
GPO0	[1:0]	00＝输入　01＝输出　10＝MEM0_nCS[2] 11＝Ext. Interrupt Group7[0]	10
GPO1	[3:2]	00＝输入　01＝输出　10＝MEM0_nCS[3] 11＝Ext. Interrupt Group7[1]	10
GPO2	[5:4]	00＝输入　01＝输出　10＝MEM0_nCS[4] 11＝Ext. Interrupt Group7[2]	10
GPO3	[7:6]	00＝输入　01＝输出　10＝MEM0_nCS[5] 11＝Ext. Interrupt Group7[3]	10
GPO4	[9:8]	00＝输入　01＝输出　10＝保留　11＝Ext. Interrupt Group7[4]	10
GPO5	[11:10]	00＝输入　01＝输出　10＝保留　11＝Ext. Interrupt Group7[5]	10
GPO6	[13:12]	00＝输入　01＝输出　10＝MEM0_ADDR[6] 11＝Ext. Interrupt Group7[6]	10
GPO7	[15:14]	00＝输入　01＝输出　10＝MEM0_ADDR[7] 11＝Ext. Interrupt Group7[7]	10
GPO8	[17:16]	00＝输入　01＝输出　10＝MEM0_ADDR[8] 11＝Ext. Interrupt Group7[8]	10
GPO9	[19:18]	00＝输入　01＝输出　10＝MEM0_ADDR[9] 11＝Ext. Interrupt Group7[9]	10
GPO10	[21:20]	00＝输入　01＝输出　10＝MEM0_ADDR[10] 11＝Ext. Interrupt Group7[10]	10
GPO11	[23:22]	00＝输入　01＝输出　10＝MEM0_ADDR[11] 11＝Ext. Interrupt Group7[11]	10
GPO12	[25:24]	00＝输入　01＝输出　10＝MEM0_ADDR[12] 11＝Ext. Interrupt Group7[12]	10
GPO13	[27:26]	00＝输入　01＝输出　10＝MEM0_ADDR[13] 11＝Ext. Interrupt Group7[13]	10
GPO14	[29:28]	00＝输入　01＝输出　10＝MEM0_ADDR[14] 11＝Ext. Interrupt Group7[14]	10
GPO15	[31:30]	00＝输入　01＝输出　10＝MEM0_ADDR[15] 11＝Ext. Interrupt Group7[15]	10

GPODAT 寄存器位[15:0]为 GPO[15:0],当端口作为输入时,相应的位处于引脚状态;当端口作为输出时,引脚状态与相应的位相同;当端口作为功能引脚时,读取未被定义的值。GPOPUD 寄存器位[2n+1:2n](n=0~15)为 GPO[n],00＝禁止上拉/下拉,01＝下拉使能,10＝上拉使能,11＝保留。GPOCONSLP 寄存器位[2n+1:2n](n=0~15)为 GPO[n],00＝输出 0,01＝输出 1,10＝输入,11＝与先前状态相

同,初始状态为 00。GPOPUDSLP 寄存器位[2n+1:2n](n=0~15)为 GPO[n],00=禁止上拉/下拉,01=下拉使能,10=上拉使能,11=保留。

注意:

➤ 当端口用于接收存储器接口信号时,不可以进行上拉/下拉。

➤ 当端口用于接收存储器接口信号时,端口状态由停止模式的 MEM0CONSTOP 控制,MEM0CONSTOP0 处于睡眠模式。

➤ 在停止模式和睡眠模式,GPO/GPP/GPQ 端口均设置为存储器功能。

⑯ 端口 P 控制寄存器包括 5 个控制寄存器,分别是 GPPCON、GPPDAT、GPP-PUD、GPPCONSLP、GPPPUDSLP,见表 7.34 和表 7.35。

表 7.34　端口 P 控制寄存器

寄存器	地　址	读/写	描　　述	复位值
GPPCON	0x7F008160	读/写	端口 P 配置寄存器	0x2AAAAAAA
GPPDAT	0x7F008164	读/写	端口 P 数据寄存器	未定义
GPPPUD	0x7F008168	读/写	端口 P 上拉寄存器	0x1011AAA0
GPPCONSLP	0x7F00816C	读/写	端口 P 睡眠模式配置寄存器	0x0
GPPPUDSLP	0x7F008170	读/写	端口 P 睡眠模式上拉/下拉寄存器	0x0

表 7.35　GPPCON 寄存器

GPPCON	位	描　　述	初始状态
GPP0	[1:0]	00=输入 01=输出 10=MEM0_ADDRV 11=Ext. Interrupt Group8[0]	10
GPP1	[3:2]	00=输入 01=输出 10=MEM0_SMCKL 11=Ext. Interrupt Group8[1]	10
GPP2	[5:4]	00=输入 01=输出 10=MEM0_nWAIT 11=Ext. Interrupt Group8[2]	10
GPP3	[7:6]	00=输入 01=输出 10=MEM0_RDY0_ALE 11=Ext. Interrupt Group8[3]	10
GPP4	[9:8]	00=输入 01=输出 10=MEM0_RDY1_CLE 11=Ext. Interrupt Group8[4]	10
GPP5	[11:10]	00=输入 01=输出 10=MEM0_INTsm0-FEW 11=Ext. Interrupt Group8[5]	10
GPP6	[13:12]	00=输入 01=输出 10=MEM0_INTsm0-FRE 11=Ext. Interrupt Group8[6]	10
GPP7	[15:14]	00=输入 01=输出 10=MEM0_RPn_RnB 11=Ext. Interrupt Group8[7]	10
GPP8	[17:16]	00=输入 01=输出 10=MEM0_INTata 11=Ext. Interrupt Group8[8]	10

续表 7.35

GPPCON	位	描 述	初始状态
GPP9	[19:18]	00＝输入 01＝输出 10＝MEM0_ RESETata 11＝Ext. Interrupt Group8[9]	10
GPP10	[21:20]	00＝输入 01＝输出 10＝MEM0_INPACKata 11＝Ext. Interrupt Group8[10]	10
GPP11	[23:22]	00＝输入 01＝输出 10＝MEM0_REGata 11＝Ext. Interrupt Group8[11]	10
GPP12	[25:24]	00＝输入 01＝输出 10＝MEM0_WEata 11＝Ext. Interrupt Group8[12]	10
GPP13	[27:26]	00＝输入 01＝输出 10＝MEM0_Oeata 11＝Ext. Interrupt Group8[13]	10
GPP14	[29:28]	00＝输入 01＝输出 10＝MEM0_CData 11＝Ext. Interrupt Group8[14]	10

GPPDAT 寄存器位[14:0]为 GPP[14:0]，当端口作为输入时，相应的位处于引脚状态；当端口作为输出时，引脚状态与相应的位相同；当端口作为功能引脚时，读取未被定义的值。GPPPUD 寄存器位[2n+1:2n]（n=0～14）为 GPP[n]，00＝禁止上拉/下拉，01＝下拉使能，10＝上拉使能，11＝保留。GPPCONSLP 寄存器位[2n+1:2n]（n=0～14）为 GPP[n]，00＝输出 0，01＝输出 1，10＝输入，11＝与先前状态相同，初始状态为 00。GPPPUDSLP 寄存器位[2n+1:2n]（n=0～14）为 GPP[n]，00＝禁止上拉/下拉，01＝下拉使能，10＝上拉使能，11＝保留。

注意：

➢ 当端口被设置为内存储器接口信号时，它们的状态由停止模式的 MEM0CONSTOP 控制，MEM0CONSTOP1 处于睡眠模式。

➢ 在停止模式和睡眠模式下，GPO/GPP/GPQ 端口均设置为存储器功能。

⑰ 端口 Q 控制寄存器包括 5 个控制寄存器，分别是 GPQCON、GPQDAT、GPQPUD、GPQCONSLP、GPQPUDSLP，见表 7.36 和表 7.37。

表 7.36 端口 Q 控制寄存器

寄存器	地 址	读/写	描 述	复位值
GPQCON	0x7F008180	读/写	端口 Q 配置寄存器	0x0002AAAA
GPQDAT	0x7F008184	读/写	端口 Q 数据寄存器	未定义
GPQPUD	0x7F008188	读/写	端口 Q 上拉寄存器	0x0
GPQCONSLP	0x7F00818C	读/写	端口 Q 睡眠模式配置寄存器	0x0
GPQPUDSLP	0x7F008190	读/写	端口 Q 睡眠模式上拉/下拉寄存器	0x0

表 7.37　GPQCON 寄存器

GPQCON	位	描　述	初始状态
GPQ0	[1:0]	00＝输入　01＝输出 10＝MEM0_ADDRV18_RAS 11＝Ext. Interrupt Group9[0]	10
GPQ1	[3:2]	00＝输入 01＝输出 10＝MEM0_ADDR19_RAS 11＝Ext. Interrupt Group9[1]	10
GPQ2	[5:4]	00＝输入 01＝输出 10＝保留 11＝Ext. Interrupt Group9[2]	10
GPQ3	[7:6]	00＝输入 01＝输出 10＝保留 11＝Ext. Interrupt Group9[3]	10
GPQ4	[9:8]	00＝输入 01＝输出 10＝保留 11＝Ext. Interrupt Group9[4]	10
GPQ5	[11:10]	00＝输入 01＝输出 10＝保留 11＝Ext. Interrupt Group9[5]	10
GPQ6	[13:12]	00＝输入 01＝输出 10＝保留 11＝Ext. Interrupt Group9[6]	10
GPQ7	[15:14]	00＝输入 01＝输出 10＝MEM0_ ADDR17_WEndmc 11＝Ext. Interrupt Group9[7]	10
GPQ8	[17:16]	00＝输入 01＝输出 10＝MEM0_ADDR16_APdmc 11＝Ext. Interrupt Group9[8]	10

GPQDAT 寄存器位[14:0]为 GPQ[14:0]，当端口作为输入时，相应的位处于引脚状态；当端口作为输出时，引脚状态与相应的位相同；当端口作为功能引脚时，读取未被定义的值。GPQPUD 寄存器位[2n+1:2n]（n＝0～14）为 GPQ[n]，00＝禁止上拉/下拉，01＝下拉使能，10＝上拉使能，11＝保留。GPQCONSLP 寄存器位[2n+1:2n]（n＝0～14）为 GPQ[n]，00＝输出 0，01＝输出 1，10＝输入，11＝与先前状态相同，初始状态为 00。GPQPUDSLP 寄存器位[2n+1:2n]（n＝0～14）为 GPQ[n]，00＝禁止上拉/下拉，01＝下拉使能，10＝上拉使能，11＝保留。

注意：

➢ 当端口被设置为内存储器接口信号时，它们的状态由停止模式的 MEM0CONSTOP 控制，MEM0CONSTOP0 处于睡眠模式。

➢ 当端口 GPQ[4:0]和端口 GPQ[8:7]被设置为存储器接口信号时，上拉/下拉失效。

➢ 当单口 GPQ[6:5]被设置为存储器接口信号时，上拉、下拉由 SPCON[11:10] 控制。

7.3　S3C6410 GPIO 的应用

7.3.1　电路连接

LED 连接原理图如图 7.2 所示。

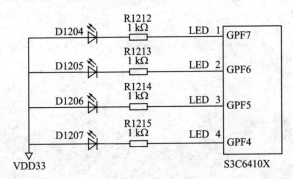

图 7.2　LED 连接原理图

7.3.2　寄存器设置

由图 7.2 可以看出,LED2 一端通过限流电阻连接到 S3C6410 EINT6 引脚上,该引脚与 GPN6 复用,另一端直接与 VDD33 相连。这样,当 EINT6/GPN6 口为低电平时,LED2 两端产生电压降,这时 LED2 有电流通过并发光。反之,当该引脚为高电平时,其将熄灭。注意,亮灭之间应该有一定的延时,以便人眼能够区分出来。

如图 7.2 原理图所示程序编写如下:

```
/***************** 控制 LED 的寄存器 *********************/
# define rGPNCON( * (volatile unsigned long * )0x7F008830)
# define rGPNDAT  ( * (volatile unsigned long * )0x7F008834)
# define rGPNPUD  ( * (volatile unsigned long * )0x7F008838)
# define LED 0x00000001
/******* 延迟函数 ********************************/
void DelayMs(unsigned long time)
{
    volatile unsigned int i,j;
    for(i = 0;i<2000000;i ++ )
        for(j = 0;j<time;j ++ );
}
/************* 初始函数 *************************/
void GPIO_Init()
{
    rGPNCON = (LED<<12);        //GPN6 设为输出模式
    rGPNPUD = 0x0000;           //禁止端口上/下拉
```

```
        DelayMs(10);
}
/ * * * * * * * * * * * * * * * * 测试函数 * * * * * * * * * * * * * * * * * * * * * * * * * * * * * /
void Test()
{
        rGPNDAT = ~(LED<<6);           //点亮 LED2
        DelayMs(6);
        rGPNDAT = (LED<<6);            //熄灭 LED2
        DelayMs(6);
}
/ * * * * * * * * * * * * * * * * 主函数 * * * * * * * * * * * * * * * * * * * * * * * * * * * * * /
void main(void)
{
        GPIO_Init();
        while(1)
        {
             Test();
        }
}
```

7.4　本章小结

　　本章主要介绍了 GPIO 的基本概念，以 S3C6410 为例重点介绍了此款 ARM 处理器 GPIO 中各个寄存器引脚的功能、定义、初始状态，并举例说明 S3C6410 处理器 GPIO 的编程方法。希望通过本章的学习能够使读者掌握 S3C6410 处理器 GPIO 的基本编程方法和使用方法。

7.5　练习题

1. 端口数据寄存器（GPADAT～GPQDAT）的特点是什么？
2. 编程实现取反 GPK12 的输出。
3. 什么是 GPIO？
4. 编程实现将 GPH3 清 0，GPH6 置 1（不影响其他引脚状态）。
5. 编程实现如下图所示的电路中 LED1、LED2 交替点亮。

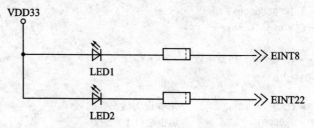

第 **8** 章

部件工作原理与编程示例

本章主要以 S3C6410 的几个常用功能部件为编程对象,介绍基于 S3C6410 的系统的程序设计与调试,同时简介 BootLoader 的基本原理和编程方法。通过对本章的阅读,可以使读者了解 S3C6410 各功能部件的工作原理及基本编程方法。

本章的主要内容:

➢ 嵌入式系统应用程序设计的基本方法;

➢ S3C6410 UART 控制器的工作原理与编程示例;

➢ S3C6410 中断控制器的工作原理与编程示例;

➢ S3C6410 定时器的工作原理与编程示例;

➢ S3C6410 RTC 工作原理与编程示例;

➢ S3C6410 DMA 控制器的工作原理与编程示例;

➢ S3C6410 I²C 总线控制器的工作原理与编程示例;

➢ S3C6410 SPI 总线控制器的工作原理与编程示例;

➢ BootLoader 简介。

8.1 嵌入式系统的程序设计方法

一般来说,对于一个完整的嵌入式应用系统的开发,硬件的设计与调试工作仅占整个工作量的一半,应用系统的程序设计也是嵌入式系统设计一个非常重要的方面。程序的质量直接影响整个系统功能的实现,好的程序设计可以克服系统硬件设计的不足,提高应用系统的性能;反之,会使整个应用系统无法正常工作。

本章从应用的角度出发,以 S3C6410 的各个功能模块为编程对象,介绍一些实用的程序段,读者既可按自己的需要修改,也可吸收其设计思想和方法,以便设计出适合于自己特定应用系统的实用程序。同时,由于 ARM 体系结构的一致性,尽管以下的应用程序段是针对特定硬件平台开发的,其编程思路同样适合于其他类型的 ARM 微处理器。

不同于基于 PC 平台的程序开发,嵌入式系统的程序设计具有其自身的特点,程序设计的方法也会因系统或因人而异,但其程序设计还是有其共同的特点及规律的。在编写嵌入式系统应用程序时,可采取如下几个步骤:

① 明确所要解决的问题：根据问题的要求，将软件分成若干个相对独立的部分，并合理设计软件的总体结构。

② 合理配置系统资源：与基于 8 位或 16 位微控制器的系统相比较，基于 32 位微控制器的系统资源要丰富得多，但合理的资源配置可最大限度地发挥系统的硬件潜能，提高系统的性能。对于一个特定的系统来说，其系统资源，如 Flash、E^2PROM、SDRAM、中断控制等，都是有限的，应合理配置系统资源。

③ 程序的设计、调试与优化：根据软件的总体结构编写程序，同时采用各种调试手段，找出程序的各种语法和逻辑错误，最后应使各功能程序模块化，缩短代码长度以节省存储空间并减少程序执行时间。

此外，由于嵌入式系统一般都应用在环境比较恶劣的场合，易受各种干扰，从而影响到系统的可靠性，因此，应用程序的抗干扰技术也是必须考虑的，这也是嵌入式系统应用程序不同于其他应用程序的一个重要特点。

8.2　UART 控制器

S3C6410 RSIC 微处理器上的通用异步接收/发送器（UART）串行端口提供了 4 个独立的异步串行 I/O(SIO)端口，每个异步串行 I/O(SIO)端口通过中断或者直接存储器存取（DMA）模式来操作。换句话说，UART 通过产生一个中断或 DMA 请求，在 CPU 和 UART 之间传输数据。该 UART 使用系统时钟的时间可以支持的比特率最高为 115.2 kb/s。如果某一外部设备提供 ext_uclk0 或 ext_uclk1，则 UART 可以更高的速度运行。每个 UART 的通道包含了两个 64 字节收发 FIFO 存储器。该 S3C6410 的 UART 包括可编程波特率、红外线（IR）的传送/接收、一个或两个停止位插入、5/6/7/8 位数据的宽度和奇偶校验。

UART 的特性包括：

① 基于 rxd0、txd0、rxd1、txd1、rxd2、txd2、rxd3 和 txd3 的 DMA 或中断来操作。

② UART 通道 0、1、2 符合 IrDA 1.0 要求，且具有 16 字节的 FIFO。

③ UART 通道 0、1 具有 nRTS0、nCTS0、nRTS1 和 nCTS1。

④ 支持收发时握手模式。

每个 UART 包含一个波特率发生器、发送器、接收器和控制单元。该波特率发生器由 pclk、ext_uclk0 或 ext_uclk1 进行时钟控制。发射器和接收器包含 64 字节的 FIFO 存储器和数据移位寄存器。发送数据之前，首先将数据写入 FIFO 存储器，然后复制到发送移位寄存器。通过发送数据的引脚（txdn）将数据发送，同时，通过数据接收的引脚（rxdn）将接收到的数据从接收移位寄存器复制到 FIFO 存储器。UART 的结构框图如图 8.1 所示。

ARM 嵌入式系统原理与应用教程（第 2 版）

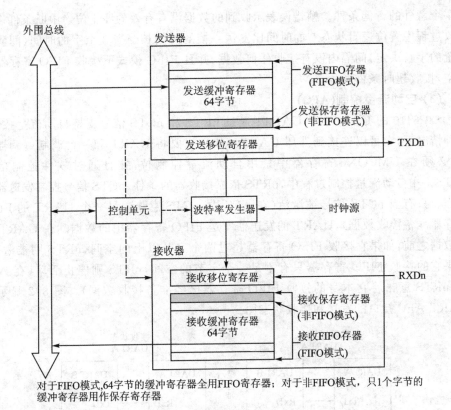

对于FIFO模式,64字节的缓冲寄存器全用FIFO寄存器；对于非FIFO模式，只1个字节的缓冲寄存器用作保存寄存器

图 8.1　UART 控制器结构框图

8.2.1　UART 的工作方式

　　UART 的工作方式,包括数据传输、数据接收、中断产生、波特率产生、环回模式、红外线模式和自动流量控制。

(1) 数据发送

　　数据帧发送是可编程的。它由 1 个起始位,5～8 个数据位,1 个可选的奇偶位和由行控制寄存器(ULCONn)指定的 1～2 个停止位组成。发送器也可以产生中断条件,在传输过程中,它通过置位逻辑状态 0 来强制串行输出。当目前的发送完全传输完成后,发送中断信号;然后不断传送数据到发送 FIFO 寄存器(在非 FIFO 的模式下,发送保存寄存器)。

(2) 数据接收

　　和数据发送一样,数据帧接收也是可编程的。它由 1 个起始位,5～8 个数据位,1 个可选的奇偶位和行控制寄存器指定的 1～2 个停止位组成。接收器可以检测到溢出错误、奇偶错误、帧错误和中断条件,并为它们设置错误标志。溢出错误说明在数据被读取之前,新的数据已经将原有的数据覆盖。奇偶错误说明接收器已经检测到一个意外的奇偶条件。帧错误表示收到的数据没有有效的停止位。中断条件表明接收过程中置位逻辑状态 0 的时间比发送一帧的时间长。当 3 个字的时间（间隔由设置的字长决定）间隔内没有接收任何数据，并且 FIFO 模式下接收 FIFO 寄存器不为空，接收超时条件发生。

（3）自动流量控制（AFC）

S3C6410 的 UART0 和 UART1 通过 nRTS 和 nCTS 信号支持自动流量控制。某种情况下，它可以连接到外部 UART。如果想要将 UART 和一台调制解调器连接，必须在 UMCONn 寄存器中禁用自动流量控制位，并且通过软件控制信号 nRTS。在自动流量控制过程中，nRTS 依靠接收器的条件，nCTS 信号控制发送器的运作。只有当 nCTS 信号被激活（在 AFC 中，nCTS 意味着另一个 UART 的 FIFO 寄存器准备接收数据），UART 的发送器发送 FIFO 寄存器中的数据。在 UART 接收数据之前，如果它接收 FIFO 寄存器超过两个字节以上的空间，nRTS 则被激活；如果它的接收 FIFO 寄存器只有不足一个字节的空间，nRTS 则停止活动（在 AFC 中，nRTS 意味着它本身的接收 FIFO 寄存器已经准备接收数据）。图 8.2 显示了 UART AFC 接口的发送和接收状态图。

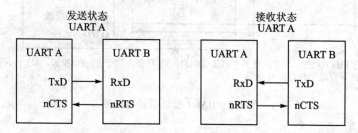

图 8.2　UART AFC 接口

（4）接收 FIFO 的操作

① 选择接收模式（中断或 DMA 模式）。

② 在 UFSTATn 中，查看 RX FIFO 计数器的值。如果该值小于 15，必须设置 UMCONn[0] 值为 1（激活 nRTS）；如果该值等于或大于 15，必须先设定 UMCONn[0] 值为 0（停止 nRTS）。

③ 重复步骤②。

（5）发送 FIFO 的操作

① 选择发送模式（中断或 DMA 模式）。

② 检查 UMSTATn[0] 的值，如果这个值是 1（激活 nCTS），则写数据到发送 FIFO 寄存器。

③ 重复步骤②。

（6）RS-232C 接口

要将 UART 连接到调制解调器接口（而不是零调制解调器），需要 nRTS、

nCTS、nDSR、nDTR、DCD 和 nRI 信号。在这种情况下，可以通过软件来控制这些信号与一般的 I/O 端口，因为 AFC 不支持 RS-232C 接口。

(7) 中断/DMA 请求的产生

每个 S3C6410 的 UART 有 7 个状态（发射/接收/错误）信号：溢出错误，奇偶错误，帧错误，中断，接收缓冲区数据就绪，传输缓冲区为空，发送移位寄存器为空。其状态信号靠相应的 UART 状态寄存器（UTRSTATn/UERSTATn）来指示。溢出错误、奇偶错误、帧错误、中断条件是由于收到错误的信息。每一种都可以引起错误接收错误状态中断请求，如果在控制寄存器 UCONn 中将接收错误状态中断使能位设置为 1，当检测到一个接收错误状态中断请求，可通过读 UERSTSTn 的值来辨别信号。当接收器将数据从接收移位寄存器到传送到接收 FIFO 寄存器（在 FIFO 模式下），并且数量达到 RX FIFO 触发电平，则接收中断产生。如果控制寄存器（UCONn）中接收模式设置为 1（中断请求或轮询模式），则接收中断产生。非 FIFO 模式中，在中断请求和轮询模式下，数据从接收移位寄存器传输到接收保存寄存器时会引发接收中断。当发送器将数据从发送 FIFO 寄存器传输到它的发送移位寄存器，并且发送 FIFO 剩余的数据数量达到 TX FIFO 触发水平，发送中断产生。如果控制器的传输模式选定为中断请求或轮询模式，发送中断产生。非 FIFO 模式中，在中断请求和轮询模式下，数据从发送保存寄存器传输到发送移位寄存器会引发发送中断。注意：无论什么时候在发送 FIFO 中数据的数量是小于触发水平，发送中断一直请求，这就是说，只要发送中断被激活就请求中断，除非先填满发送缓冲区。建议先填满发送缓冲区，然后再激活发送中断。S3C6410 的中断控制器是一级触发类型，当对 UART 控制寄存器编程时，必须建立中断类型为一级。在上述情况下，如果接收模式和发送模式的控制器获得 DMA 请求，则 DMA 请求代替接收中断和发送中断。与 FIFO 有关的中断如表 8.1 所列。

表 8.1 与 FIFO 相连的中断

类 型	FIFO 模式	Non-FIFO 模式
接收中断	如果每次接收的数据达到了接收 FIFO 的触发水平，则 Rx 中断产生。如果 FIFO 非空并且在 3 字时间内（接收超时）没有接收到数据，则 Rx 中断也将产生。这段时间间隔由字的长度设置决定	如果每次接收缓冲区满时，接收保持寄存器产生一个中断
发送中断	如果每次发送的数据达到了发送 FIFO 的触发水平，则 Tx 中断产生	当发送缓冲区的数据变为空，发送保持寄存器产生一个中断
错误中断	当溢出错误、奇偶错误、帧错误、中断信号被检测到时出发	错误发生时产生，如果同时另一个错误发生，只产生一个中断

(8) UART 错误状态 FIFO

除了 Rx FIFO 寄存器之外，UART 还具有一个错误状态 FIFO。错误状态

FIFO 表示了在 FIFO 寄存器中,哪一个数据在接收时出错。错误中断发生在有错误的数据被读取时。为清除错误状态 FIFO,寄存器 URXHn 和 UERSTATn 会被读取。例如,假设 UART 的 Rx FIFO 连续接收到 A、B、C、D 字符,并且在接收 B 字符时发生了帧错误(即该字符没有停止位),在接收 D 字符时发生了奇偶校验错。虽然 UART 错误发生了,错误中断不会产生,因为含有错误的字符还没有被 CPU 读取。当字符被读出时错误中断才会发生。UART 接收 5 个字节其中包含 2 个错误的情况,见表 8.2 和图 8.3。

表 8.2 UART 接收 5 个字节其中包含 2 个错误

时 间	队列顺序	错误中断	说 明
♯0	没有读取字符		
♯1	接收 A、B、C、D		
♯2	读取 A 后	帧错误(对于 B)中断产生	必须读取'B'
♯3	读取 B		
♯4	读取 C	奇偶错误(对于 D)中断产生	必须读取'D'
♯5	读取 D		
♯6	读取 E		

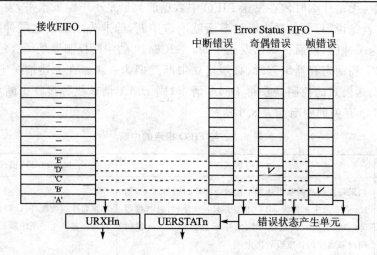

图 8.3 UART 接收 5 个字节其中包含 2 个错误的情况

8.2.2 相关寄存器

1. UART 行控制寄存器

UART 模块包括 4 个行控制寄存器,ULCON0、ULCON1、ULCON2 和 ULCON3。下面以 UART 行控制寄存器中的每一位的位定义进行介绍,见表 8.3 和表 8.4。

表 8.3　UART 行控制寄存器 1

寄存器	地　址	读/写	描　　述	复位值
ULCON0	0x7F005000	读/写	UART 通道行控制寄存器	0x00
ULCON1	0x7F005400	读/写	UART1 通道行控制寄存器	0x00
ULCON2	0x7F005800	读/写	UART2 通道行控制寄存器	0x00
ULCON3	0x7F005C00	读/写	UART3 通道行控制寄存器	0x00

表 8.4　行控制寄存器 2

位名称	位	描　　述	初始状态
Reserved	[7]	保留	0
Infra - Red Mode Parity Mode	[6] [5:3]	确定是否采用红外模式:0=普通操作模式,1=红外线输出/接收模式 确定奇偶产生类型和校验,在 UART 发送/接收操作过程中:0xx=无校验,100=奇校验,101=偶校验,110=奇偶强制/校验为 1,111=奇偶强制/校验为 0,111=强制为 0	0
Number of Stop Bit	[2]	确定每帧中停止位个数:0=每帧 1 位停止位,1=每帧 2 位停止位	0
Word Length	[1:0]	确定每帧中数据位的个数:00=5 位,01=6 位,10=7 位,11=8 位	00

2. UART 控制寄存器

UART 控制寄存器也有 4 个:UCON0、UCON1、UCON2 ULCON3,见表 8.5 和表 8.6。

表 8.5　UART 控制寄存器 1

寄存器	地　址	读/写	描　述	复位值
UCON0	0x7F005004	读/写	UART	0
UCON1	0x7F005404	读/写	UART1	通道控制器
UCON2	0x7F005804	读/写	UART2	通道控制器
UCON3	0x7F005C04	读/写	UART3	通道控制器

表 8.6　UART 控制寄存器 2

位名称	位	描　述	初始状态
Clock Selection	[11:10]	选择 PCLK 或者 EXT_UCLK04 作为 UART 波特率时钟。 x0=PCLK:DIV_VAL=(PCLK/(b/s×16))-1 01=EXT_UCLK0:DIV_VAL=(EXT_UCLK/(b/s×16))-1 11=EXT_UCLK1:DIV_VAL=(EXT_UCLK/(b/s×16))-1	0

ARM嵌入式系统原理与应用教程(第2版)

184

位名称	位	描　述	初始状态
Tx Interrupt Type	[9]	中断请求类型 2 0＝脉冲(当非 FIFO 模式下的发送缓冲区中的数据发送完毕或者 FIFO 模式下发送 FIFO 达到了触发水平时,中断产生) 1＝电平(当非 FIFO 模式下的发送缓冲区中的数据发送完毕或者 FIFO 模式下发送 FIFO 达到了触发水平时,中断产生)	0
Rx Interrupt Type	[8]	接收中断请求类型 3 0＝脉冲(在非 FIFO 模式下接收缓冲区接收到数据或者在 FIFO 模式下达到接收 FIFO 触发水平时,请求中断) 1＝电平(当非 FIFO 模式下接收缓冲区接收到数据或者在 FIFO 模式)	0
Rx Time Out Enable	[7]	使能/禁止接收超时中断,当 UART FIFO 使能时。0＝禁止,1＝使能	0
Rx Error Status Interrupt Enable	[6]	在接收过程中,如果发生帧错误或溢出错误,使能/禁止 UART 产生中断。0＝不产生接收错误状态中断,1＝产生接收错误状态中断	0
Loop - back Mode	[5]	设置环回位为1,使 UART 进入环回模式。此模式仅为测试目的使用。 0＝普通操作,1＝环回模式	0
Send Break Signal	[4]	设置环回位为 1 使 UART 进入环回模式。这种模式只为测试提供参考。0＝正常发送,1＝发送中断信号	0
Transmit Mode	[3:2]	确定哪个模式可以写发送数据到 UART 发送缓冲寄存器。00＝禁止,01＝中断请求或轮询模式,10＝DMA0 请求(仅用于 UART0),DMA3 请求(请求信号 0),11＝DMA1 请求(仅请求信号 1)	00
Receive Mode	[1:0]	确定哪个模式可以从 UART 接收缓冲寄存器读数据。00＝禁止,01＝中断请求或轮询模式,10＝DMA0 请求(仅用于 UART0),DMA3 请求(请求信号 0)	00

注意:

① DIV_VAL＝UBRDIVn＋(在 UDIVSLOTn 上 1 的数量)/16,涉及 UART 波特率配置寄存器。

② Receive Mode 模式下 S3C6410 使用水平触发中断控制器,因此每次发送时这个位必须设置为 1。

③ 当 UART 没有达到 FIFO 触发水平或在 3 个字的时间内没有接收到数据,Rx 中断会发生(接收超时),并且用户应该检测 FIFO 状态读取中断。

④ EXT_UCLK0 是外部时钟。通过 XpwmECLK PAD 引脚输入。SYSCON 产生 EXT_UCLK1 为分频 EPLL 或 MPLL 输出。

3. UART 的 FIFO 控制寄存器

UART 模块中含有 4 个 UART FIFO 控制寄存器，见表 8.7 和表 8.8。

表 8.7　ART FIFO 控制寄存器 1

寄存器	地　址	读/写	描　述	复位值
UFCON0	0x7F005008	读/写	UART0 通道 FIFO 控制寄存器	0x0
UFCON1	0x7F005408	读/写	UART1 通道 FIFO 控制寄存器	0x0
UFCON2	0x7F005808	读/写	UART2 通道 FIFO 控制寄存器	0x0
UFCON3	0x7F005C08	读/写	UART3 通道 FIFO 控制寄存器	0x0

表 8.8　ART FIFO 控制寄存器 2

位名称	位	描　述	初始状态
Tx FIFO Trigger Level	[7:6]	确定发送 FIFO 的触发条件。00＝空，01＝4 字节，10＝8 字节，11＝12 字节	00
Rx FIFO Trigger Level	[5:4]	确定接收 FIFO 的触发条件。00＝4 字节，01＝8 字节，10＝12 字节，11＝16 字节	00
Reserved	[3]	保留	0
Tx FIFO Reset	[2]	Tx 复位，该位在 FIFO 复位后自动清除。0＝正常，1＝Tx FIFO 复位	0
Rx FIFO Reset	[1]	Rx 复位，该位在 FIFO 复位后自动清除。0＝正常，1＝Rx FIFO 复位	0
FIFO Enable	[0]	0＝FIFO 禁止，1＝FIFO 模式	0

注意：在 FIFO DMA 接收模式下，当 UART 没有达到 FIFO 触发水平或者在三个字的时间内没有接收到数据时，接收中断会产生（接收超时），并且用户应该检测 FIFO 状态读取中断。

4. UART Modem 控制寄存器

UART 模块中有两个 UART Modem 控制寄存器 UMCON0 和 UMCON1，见表 8.9 和表 8.10。

表 8.9　寄存器（UMCON0 和 UMCON）1

寄存器	地　址	读/写	描　述	复位值
UMCON0	0x7F00500C	读/写	UART0	通道 Modem
UMCON1	0x7F00540C	读/写	UART1	通道 Modem
Reserved	0x7F00580C	—	保留	未定义
Reserved	0x7F005C0C	—	保留	未定义

表 8.10　寄存器(UMCON0 和 UMCON)2

位名称	位	描　述	初始状态
Reserved	[7:5]	当 AFC 被激活,这个位决定什么时候阻止信号。000＝接收 FIFO 控制 63 字节,001＝接收 FIFO 控制 56 字节,010＝接收 FIFO 控制 48 字节,011＝接收 FIFO 控制 40 字节,100＝接收 FIFO 控制 32 字节,101＝接收 FIFO 控制 24 字节	000
Auto Flow Control(AFC)	[4]	AFC 是否允许:0＝禁止,1＝激活	0
Reserved	[3:1]	这 3 位必须均为 0	0
Request to Send	[0]	如果 AFC 位允许,则该位忽略,这时,S3C6410 将自动控制 nRTS。如果 AFC 位禁止,则 nRTS 必须被软件控制。0＝"H"电平(nRTS 无效),1＝"L"电平(nRTS 有效)	0

注意:UART2/UART3 不支持 AFC 功能,因为 S3C6410 没有 nRTS2 和 nCTS2。

5. UART 接收(Rx)/发送(Tx)状态寄存器

UART 模块有 4 个 UART 接收/发送状态寄存器:UTRSTAT0、UTRSTAT1、UTRSTAT2 和 UTRSTAT3,见表 8.11 和表 8.12。

表 8.11　寄存器 UART 接收/发送状态寄存器 1

寄存器	地　址	读/写	描　述	复位值
UTRSTAT0	0x7F005010	读	UART	0
UTRSTAT1	0x7F005410	读	UART	1
UTRSTAT2	0x7F005810	读	UART	2
UTRSTAT3	0x7F005C10	读	UART	3

表 8.12　寄存器 UART 接收/发送状态寄存器 2

位名称	位	描　述	初始状态
Transmitter empty	[2]	在发送缓冲寄存器没有有效数据或发送移位寄存器为空时,该位自动置 1。0＝不空,1＝发送器(发送缓冲寄存器和移位寄存器)空	1
Transmit buffer empty	[1]	当发送缓冲寄存器为空时,该位自动置 1。0＝发送缓冲寄存器不空,1＝空。在非 FIFO 模式,中断或 DMA 被申请;在 FIFO 模式,当 Tx FIFO 触发水平被设置为 00(空)时,中断或 DMA 被申请。如果 UART 使用 FIFO,则用户应该检查 UFSTAT 寄存器的 Tx FIFO 计数位和 Tx FIFO 满标志位,以代替检查该位	1
Receive buffer data ready	[0]	无论何时接收缓冲寄存器包含在 RXDn 接口接收的有效数据,该位自动置 1。0＝空,1＝接收缓冲寄存器有接收数据(在非 FIFO 模式,中断或 DMA 被申请)。如果 UART 使用 FIFO,则用户应该检查 UFSTAT 寄存器中的 Rx FIFO 计数位和 Rx FIFO 满标志位以代替检查该位	0

6. UART 的 FIFO 状态寄存器

UART 模块有 4 个 FIFO 状态寄存器：UFSTAT0、UFSTAT1 、UFSTAT2 和 UFSTAT3，见表 8.13 和表 8.14。

表 8.13　FIFO 状态寄存器工作状态 1

寄存器	地　址	读/写	描　　述	复位值
UFSTAT0	0x7F005018	读	UART0 通道 FIFO 状态寄存器	0x00
UFSTAT1	0x7F005418	读	UART1 通道 FIFO 状态寄存器	0x00
UFSTAT2	0x7F005818	读	UART2 通道 FIFO 状态寄存器	0x00
UFSTAT3	0x7F005C18	读	UART3 通道 FIFO 状态寄存器	0x00

表 8.14　FIFO 状态寄存器工作状态 2

位名称	位	描　　述	初始状态
保留	[15]	保留	0
Tx FIFO Full	[14]		0
Tx FIFO Full	[13:8]	无论何时发送 FIFO 满,该位自动置 1。0=0 字节≤Tx FIFO 中的数据≤63 字节,1=Tx FIFO 中的数据满	0
Reserved	[7]	Tx FIFO 数据中的数量	0
Rx FIFO FulL	[6]	保留	0
TXDATAn	[7:0]	UARTn 的发送数据	—
Rx FIFO Count	[5:0]	无论何时接收 FIFO 满时,该位自动置 1。0=0 字节≤Tx FIFO 数据≤63 字节,1=Rx FIFO 中的数据满	0

7. UART 发送缓冲寄存器（保存寄存器和 FIFO 寄存器）

在 S3C6410 中 UART 模块有 4 个发送缓冲寄存器寄存器：UTXH0、UTXH1、UTXH2 和 UTXH3。UTXHn 有一个 8 位数据作为发送数据。工作方式与引脚定义见表 8.15。

表 8.15　UART 模块 4 个发送缓冲寄存器

寄存器	地　址	读/写	描　　述	复位值
UTXH0	0x7F005020	写	UART0 通道发送缓冲寄存器	—
UTXH1	0x7F005420	写	UART1 通道发送缓冲寄存器	—
UTXH2	0x7F005820	写	UART2 通道发送缓冲寄存器	—
UTXH3	0x7F005C20	写	UART3 通道发送缓冲寄存器	—

8. UART 接收缓冲寄存器（保存寄存器和 FIFO 寄存器）

在 S3C6410 中 UART 模块有 4 个接收缓冲寄存器寄存器：URXH0、URXH1、URXH2 和 URXH3，见表 8.16 和表 8.17。URXHn 有一个 8 位数据作为发送数据。

表 8.16　UART 接收缓冲寄存器 1

寄存器	地　址	读/写	描　　述	复位值
URXH0	0x7F005024	读	UART0 通道接收缓冲寄存器	—
URXH1	0x7F005424	读	UART1 通道接收缓冲寄存器	—
URXH2	0x7F005824	读	UART2 通道接收缓冲寄存器	—
URXH3	0x7F005C24	读	UART3 通道接收缓冲寄存器	—

表 8.17　UART 接收缓冲寄存器 2

URXHn	位	描　　述	初始状态
RXDATAn	[7:0]	UARTn 的接收数据	—

注意：当溢出错误产生时，URXHn 必须被读；否则，即使该 UERSTATn 溢出错误位清 0，下一个接收数据也会产生溢出错误。

9. UART 波特率分频寄存器

UART 模块有 4 个波特率分频寄存器：UBRDIV0、UBRDIV1、UBRDIV2 和 UBRDIV3。UBRDIVn 中的值决定串行 Tx/Rx 时钟波特率，如下：

$$DIV\_VAL = UBRDIVn + (UDIVSLOTn 中 1 的量)/16$$
$$DIV\_VAL = (PCLK/(b/s \times 16)) - 1$$
$$DIV\_VAL = (EXT\_UCLK0/(b/s \times 16)) - 1$$

或者：

$$DIV\_VAL = (EXT\_UCLK1/(b/s \times 16)) - 1$$

除数的范围为 1～(216−1)，并且 UEXTCLK 应该比 PCLK 小。

利用 UDIVSLOT 能够得到更准确的波特率。例如，如果波特率是 115 200 b/s，PCLK、EXT_UCLK0 或 EXT_UCLK1 是 40 MHz，UBRDIVn 和 UDIVSLOTn 是：

$$DIV\_VAL = (40\ 000\ 000/(115\ 200 \times 16)) - 1 = 21.7 - 1 = 20.7$$
$$UBRDIVn = 20\ (DIV\_VAL 的整数部分)$$
$$(UDIVSLOTn 中 1 的数量)/16 = 0.7$$

这时，(UDIVSLOTn 中 1 的数量)=11，因此 UDIVSLOTn 为 16'b1110_1110_1110_1010 或者 16'b0111_0111_0111_0101。UDIVSLOTn 选择见表 8.18。

表 8.18　UDIVSLOTn 配置表

序　号	UDIVSLOTn	序　号	UDIVSLOTn
0	0x0000(0000_0000_0000_0000b)	8	0x5555(0101_0101_0101_0101b)
1	0x0080(0000_0000_0000_1000b)	9	0xD555(1101_0101_0101_0101b)
2	0x0808(0000_1000_0000_1000b)	10	0xD5D5(1101_0101_1101_0101b)
3	0x0888(0000_1000_1000_1000b)	11	0xDDD5(1101_1101_1101_0101b)
4	0x2222(0010_0010_0010_0010b)	12	0xDDDD(1101_1101_1101_1101b)

续表 8.18

序　号	UDIVSLOTn	序　号	UDIVSLOTn
5	0x4924(0100_1001_0010_0100b)	13	0xDFDD(1101_1111_1101_1101b)
6	0x4A52(0100_1010_0101_0010b)	14	0xDFDF(1101_1111_1101_1111b)
7	0x54AA(0101_0100_1010_1010b)	15	0xFFDF(1111_1111_1101_1111b)

10. UART 中断源处理寄存器

中断源处理寄存器包含产生中断的信息（不管中断屏蔽为何值），见表 8.19 和表 8.20。

表 8.19　UART 中断源处理寄存器 1

寄存器	地　址	读/写	描　述	复位值
UINTSP0	0x7F005034	读/写	中断源处理寄存器 0	0x0
UINTSP1	0x7F005434	读/写	中断源处理寄存器 1	0x0
UINTSP2	0x7F005834	读/写	中断源处理寄存器 2	0x0
UINTSP3	0x7F005C34	读/写	中断源处理寄存器 3	0x0

表 8.20　UART 中断源处理寄存器 2

UINTSPn	位	描　述	初始状态	UINTSPn	位	描　述	初始状态
MODEM	[3]	产生 Modem	中断	ERROR	[1]	产生错误中断	0
TXD	[2]	产生发送中断	0	RXD	[0]	产生接收中断	0

11. 中断屏蔽寄存器

中断屏蔽寄存器包含屏蔽中断信息。如果一个特殊位被置为 1,尽管相应的中断产生,但不产生到中断控制器的中断请求信号(在这种情况下,UINTSPn 寄存器相应位置为 1)。如果屏蔽为 0,中断请求能从相应的中断源得到响应(在这种情况下,UINTSPn 寄存器相应位置为 1)。中断屏蔽寄存器状态见表 8.21 和表 8.22。

表 8.21　中断屏蔽寄存器 1

寄存器	地　址	读/写	描　述	复位值
UINTM0	0x7F005038	读/写	UART0 通道中断屏蔽寄存器	0x0
UINTM1	0x7F005438	读/写	UART1 通道中断屏蔽寄存器	0x0
UINTM2	0x7F005838	读/写	UART2 通道中断屏蔽寄存器	0x0
UINTM3	0x7F005C38	读/写	UART3 通道中断屏蔽寄存器	0x0

表 8.22　中断屏蔽寄存器 2

UINTMn	位	描　述	初始状态	UINTMn	位	描　述	初始状态
MODEM	[3]	屏蔽 Modem	中断	ERROR	[1]	屏蔽错误中断	0
TXD	[2]	屏蔽发送中断	0	RXD	[0]	屏蔽接收中断	0

8.3　UART 接口应用举例

　　UART 接口的应用十分广泛，是学习嵌入式开发所必不可少的内容，下面是 UART 接口在 ARM11 处理器中的实例应用。针对以上对 UART 接口特性及操作的理解，再参照各个寄存器功能的描述，具体的程序代码分析如下：

```
//UART 接口的配置:UART_Config 函数主要功能是由用户选择建立 UART 接口
//输入:NONE
//输出:NONE
u8 UART_Config(void)
{
u8 cCh;
s32 iNum = 0;
volatile UART_CON * pUartCon;
g_uOpClock = 0;
// 选择通道
printf("Note :[D] mark means default value. If you press ENTER key,default value is se-
lected. \n");
printf("Select Channel(0~3)[D = 0] : ");
cCh = (u8)GetIntNum();
if (cCh>3) cCh = 0; // 默认 UART0
pUartCon = &g_AUartCon[cCh];
printf("\n\nConnect PC[COM1 or COM2] and UART % d of S3C6410 with a serial cable for
test!!! \n",cCh);
//设置其他选项
printf("\nSelect Other Options\n 0. Nothing[D] 1.Send Break Signal 2. Loop Back Mode
\n Choose : ");
switch(GetIntNum())
{
default :
pUartCon - >cSendBreakSignal = 0x0;
pUartCon - >cLoopTest = 0x0;
break;
case 1 :
```

```
pUartCon - >cSendBreakSignal = 1;
return cCh;
case 2 :
pUartCon - >cLoopTest = 1;
break;
}
//设置奇偶模式
printf("\nSelect Parity Mode\n 1. No parity[D] 2. Odd 3. Even 4. Forced as '1' 5. Forced
as '0' \n Choose : ");
switch(GetIntNum())
{
default :
pUartCon - >cParityBit = 0;
break;
case 2 :
pUartCon - >cParityBit = 4;
break;
case 3 :
pUartCon - >cParityBit = 5;
break;
case 4 :
pUartCon - >cParityBit = 6;
break;
case 5 :
pUartCon - >cParityBit = 7;
break;
}
//设置停止位的数量
printf("\n\nSelect Number of Stop Bit\n 1. One stop bit per frame[D] 2. Two stop bit per
frame");
switch(GetIntNum())
{
default :
pUartCon - >cStopBit = 0;
break;
case 2 :
pUartCon - >cStopBit = 1;
break;
}
//设置字长度
printf("\n\nSelect Word Length\n 1. 5bits 2. 6bits 3. 7bits 4. 8bits \n Choose : ");
switch(GetIntNum())
```

```
{
case 1 :
pUartCon - >cDataBit = 0;
break;
case 2 :
pUartCon - >cDataBit = 1;
break;
case 3 :
pUartCon - >cDataBit = 2;
break;
default :
pUartCon - >cDataBit = 3;
break;
}
// 设置操作时钟
printf("\n\nSelect Operating Clock\n 1. PCLK[D] 2. EXT_CLK0(pwm) 3. EXT_CLK1(EPLL/MPLL) \n
Choose : ");
switch(GetIntNum())
{
case 2 :
pUartCon - >cOpClock = 1;
// 连接 CLKOUT 和 UEXTCLK
printf("\nInput PWM EXT_CLK by Pulse Generater\n");
printf("How much CLK do you input through the pwmECLK?");
printf("Mhz : ");
g_uOpClock = GetIntNum() * 1000000;
GPIO_SetFunctionEach(eGPIO_F,eGPIO_13,2);
break;
case 3 :
pUartCon - >cOpClock = 3;
printf("\nSelect Clock SRC\n 1.EPLL 2.MPLL \n Choose: ");
switch(GetIntNum())
{
case 1 :
SYSC_SetPLL(eEPLL,32,1,1,0); //EPLL = 192 MHz
SYSC_ClkSrc(eEPLL_FOUT);
SYSC_ClkSrc(eUART_MOUTEPLL);
SYSC_CtrlCLKOUT(eCLKOUT_EPLLOUT,0);
g_uOpClock = CalcEPLL(32,1,1,0);
printf("EPLL = % dMhz\n",(g_uOpClock/1000000));
break;
```

```
case 2:
SYSC_ClkSrc(eMPLL_FOUT);
SYSC_ClkSrc(eUART_DOUTMPLL);
Delay(100);
g_uOpClock = (u32)g_MPLL/2;
printf("MPLL = % dMhz\n",(g_uOpClock/1000000));
break;
default:
SYSC_ClkSrc(eMPLL_FOUT);
SYSC_ClkSrc(eUART_DOUTMPLL);
Delay(100);
g_uOpClock = (u32)g_MPLL/2;
printf("MPLL = % dMhz\n",(g_uOpClock/1000000));
break;
}
break;
default :
pUartCon - >cOpClock = 0; // PCLK
break;
}
// 选择 UART 或 IrDA 1.0
printf("\n\nSelect External Interface Type\n 1. UART[D] 2. IrDA mode\n Choose : ");
if (GetIntNum() = = 2)
pUartCon - >cSelUartIrda = 1; // IrDA 模式
else
pUartCon - >cSelUartIrda = 0; // URAT 模式
// 设置波特率
printf("\n\nType the baudrate and then change the same baudrate of host,too.\n");
printf(" Baudrate (ex 9600,115200[D],921600) : ");
pUartCon - >uBaudrate = GetIntNum();
if ((s32)pUartCon - >uBaudrate = = - 1)
pUartCon - >uBaudrate = 115200;
// 选择 UART 操作模式
printf("\n\nSelect Operating Mode\n 1. Interrupt[D] 2. DMA\n Choose : ");
if (GetIntNum() = = 2)
{
pUartCon - >cTxMode = 2; // DMA0 模式
pUartCon - >cRxMode = 3; // DMA1 模式
}
else
{
pUartCon - >cTxMode = 1; // Int 模式
```

```
    pUartCon - >cRxMode = 1; // Int 模式
    }
    // 选择 UART FIFO 模式
    printf("\n\nSelect FIFO Mode (Tx/Rx[byte])\n 1. no FIFO[D] 2. Empty/1 3. 16/8 4. 32/16
5. 48/32
    \n Choose : ");
    iNum = GetIntNum();
    if ( (iNum>1)&&(iNum<6) )
    {
    pUartCon - >cEnableFifo = 1;
    pUartCon - >cTxTrig = iNum - 2;
    pUartCon - >cRxTrig = iNum - 2;
    }
    else
    {
    pUartCon - >cEnableFifo = 0;
    }
    // 选择 AFC 模式使能/禁用
    printf("\n\nSelect AFC Mode\n 1. Disable[D] 2. Enable\n Choose : ");
    if (GetIntNum() = = 2)
    {
    pUartCon - >cAfc = 1; // AFC 模式使能
    printf("Select nRTS trigger level(byte)\n 1. 63[D] 2. 56 3. 48 4. 40 5. 32 6. 24 7. 16
    8. 8\n Choose : ");
    iNum = GetIntNum();
    if ( (iNum>1)&&(iNum<9) )
    pUartCon - >cRtsTrig = iNum - 1;
    else
    pUartCon - >cRtsTrig = 0; // 默认 63 字节
    }
    else
    {
    pUartCon - >cAfc = 0; // AFC 模式禁用
    }
    #if 1
    printf("SendBreakSignal = % d\n",pUartCon - >cSendBreakSignal);
    printf("Brate = % d\n,SelUartIrda = % d\n,Looptest = % d\n,Afc = % d\n,
    EnFiFO = % d\n,OpClk = % d\n,Databit = % d\n,Paritybit = % d\n,Stopbit = % d\n,Txmode
= % d\n,TxTrig = % d\n,RxMode = % d\n,RxTrig = % d\n,
    RtsTrig = % d\n,SendBsig = % d\n",pUartCon - >uBaudrate
    ,pUartCon - >cSelUartIrda,pUartCon - >cLoopTest,pUartCon - >cAfc,pUartCon - >cEn-
ableFifo,pUartCon - >cOpClock,pUartCon - >cDataBit,pUartCon - >cParityBit,pUartCon - >
```

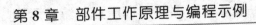

cStopBit,pUartCon－＞cTxMode,pUartCon－＞cTxTrig,pUartCon－＞cRxMode,pUartCon－＞cRx-
Trig,pUartCon－＞cRtsTrig,pUartCon－＞cSendBreakSignal);

　　＃endif

　　return cCh;

8.4　矢量中断控制器

　　本节主要介绍 S3C6410 RISC 微处理器内的矢量中断控制器的功能及用途。

1. 概　述

　　S3C6410 内的中断控制器由 2 个 VIC(矢量中断控制器)和 2 个 TZIC(Trust-Zone 中断控制器)组成。2 个矢量中断控制器和 2 个 TrustZone 中断控制器链接在一起支持 64 位中断源,见图 8.4。

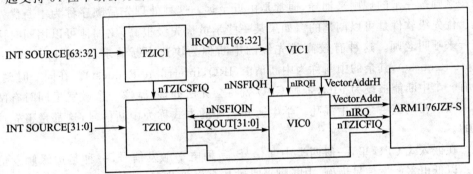

图 8.4　S3C6410 的中断控制器

　　S3C6410 内的矢量中断控制器的性能如下:

　　① 每个 VIC 支持 32 位的矢量 IRP 中断;

　　② 支持固定硬件中断优先级和可编程中断优先级;

　　③ 支持硬件中断优先级屏蔽和可编程中断优先级屏蔽;

　　④ 产生 IRQ 和 FIQ 中断;

　　⑤ 产生软件中断;

　　⑥ raw 中断状态;

　　⑦ 中断请求状态;

　　⑧ 支持限制访问的特权模式。

2. 中断概念

(1) 中　断

　　中断是最常用的硬件通知软件的机制。中断的优点相对另一种机制轮询的缺点而言,这两种的机制我们考虑如下大家比较熟悉的场景。

　　现实中以学生上晚自习为例,老师这里也坐在讲台上备课,改作业、试卷。其中不时会有学生举手来示意老师下来辅导。这个场景一般中学生都经历过。这里的老师相当于CPU，学生相当于是外设。老师下来的辅导相当于 CPU 处理外设的请求。老师辅导的策略有两种：一种是老师改一段时间的卷子，然后下去查看一下学生是否有问题要辅导；另外一种就是学生有问题主动举手来请老师下来辅导。第一种策略称为轮询，它将导致老师的工作效率低下。因为每次老师停下手头事去查看学生情况，但是可能学生未必有问题提出，这样浪费老师大量时间。轮询的优点是执行比较简单。第二种方法就是中断，老师在讲台上全速修改试卷或备课。当学员有问题再举手示意请老师下来辅助。中断的优点是外设与 CPU 都能用较高速度运行，缺点就是执行起来动作比较复杂。

这里有几个概念。在中断活动中，学生相当于外设，也称为中断源。学生的问题五花八门，因此每一个问题我们会编上号称为中断号，在嵌入式编程里，中断号是一个无符号整数，每一个中断号代表一个固定的问题。如果同时有多个学生请求辅导，则按老师按一定的规则来辅导，通常是由近至远。这种处理先后顺序称为中断优先级。优先级软件是可以调整的。如果某一些学员优先级很高，比如他可以用同时用声音来呼叫老师。这种有较高优先级的中断称为快速中断请求（FIQ，Fast Interrupte Request），其余的中断称为中断请求（IRQ，Interrupte Request）。在同一时刻，只有一个中断能被设为 FIQ，否则 CPU 就将会无法处理，就像一个教室里同时有两个大嗓门在同喊将会产生混乱。学生通知老师的方式称为中断信号，这都是事先约定的。

在嵌入式 CPU 里，一般两类中断信号：一种电平触发信号，一种是边缘触发信号。以低电平触发信号为例，中断脚平时维持高电平状态，一但有中断产生，会产生一段时间的低电平。这样 CPU 就知道外面来中断了。边缘触发的中断，是指当中断脚平时维持高电平，有中断产生时，电平由高电平切换到低电平，在切换时 CPU 就知道来中断了。由低电平切换到高电平的触发，称为上升沿触发；由高电平切换到低电平的触发/称为下降沿触。老师的脑海中对不同问题有对应的辅导方法，这种辅导方法称为 ISR（Interrupte Service Routing），它完全是软件实现的，但是由老师来根据中断号来调用。因此，嵌入式软件里的中断处理，除了中断初始化，主要工作就是编写 ISR。在嵌入式的 SoC 的 CPU 里，在 CPU 里内部会带一些设备模块，它们产生的中断称为内部中断。因为连线比较固定，因此编程比较简单。而且在物理上CPU 分离的芯片产生的中断，称为外部中断，外部中断可以连接不同的中断脚，因此需要对中断 I/O 进行较复杂的配置。

轮询模式是否一无是处？轮询的优点是在重负荷的情况下，轮询比中断效率会高很多。比如一个教室很多学生不断地问问题，这样与其不断被中断，老师还不如起身在教室走动，随机处理学生问题会高很多。

（2）异　常

Exception（异常），计算机体系结构中，异常或者中断是处理系统中突发事件的一种机制,几乎所有的处理器都提供这种机制。异常主要是从处理器被动接受的角度出发的一种描述,指意外操作引起的异常,而中断则带有向处理器主动申请的意味。但这两种情况具有一定的共性,都是请求处理器打断正常的程序执行流程,进入特定程序的一种机制。

从结构来看,外部设备产生的中断可以看成一种特殊的异常。除了中断之外,ARM 还有不少固定的异常,包括以下 7 种。

① 复位(Reset):当按下 RESET 键后,会产生一个复位异常,此时程序跳转到复位异常处理程序处执行。当 CPU 重启后,一般刚好跳到这个复位异常上来。

② 未定义指令:当 ARM 的处理器或协处理器遇到不能处理的指令时,产生未定义指令异常,采用这个机制,可以通过软件仿真扩展 ARM 或 Thumb 指令集。

③ 软件中断(SWI):硬件中断是有固定的硬件产生的中断,而软中断是指没具体的硬件产生,是 CPU 虚拟出来的。该异常由程序执行汇编 SWI 产生。软中断的优点:可用于用户模式下的程序调用特权操作指令,例如,系统调用就是使用这个异常来实现的;有利用程序结构的优化,比如在 Linux 驱动里,硬件中断不能长时间运行,但是很多软件的长时间操作依赖于中断的调用,有时为解决这个冲突,会在驱动设计两级,从硬件存取用硬件中断,而长时间操作用软件中断的模拟。

④ 指令预取中止:若处理预取的指令的地址不存在,或该地址不允许当前指令访问,存储器会向处理器发出中止信号,但当预取的指令被执行时,才会产生指令预取中止的异常。比如用 MDK 把程序下载到开发板上 0x8000 地址上,就会产生 Abort 异常。

⑤ 数据中止:若处理器数据访问数据的地址不存在,或该地址不允许当前指令访问时,产生数据中止异常。

⑥ IRQ:当外部设备在外部中断脚产生中断信号时,即触发了 IRQ 中断,这是外部设备最常用的一种手段,如 S3C24X0 是一个集成的 SoC,内部除了 ARM 模块以外,还其他内部集成的模块,如 USB、RTC 等,这一些模块在 CPU 内部也会有相应的中断线连到 ARM920T 的内核上。但这一些引脚在 CPU 外部是不可见的,只能用于寄存器去控制。还有一些 GPIO 脚就充当外部中断控制线,外部 IC 可以把自己中断信号线连到相应的中断脚上。当外部产中断信号后,CPU 就可以知道,外设有中断发来。

⑦ FIQ:快速中断,类似于 IRQ,但是具有较快响应速度,而且设为 FIQ 的条件也比较严格,比如一次触发只能有一个 FIQ 中断。

综上所述:中断(IRQ,FIQ,SWI)是异常中的一个特例。当产生外部中断时,大部分 CPU 会只产生一个异常。在异常处理程序里,软件再去读不同的中断寄存器经分析后来调用 ISR,这里 ISR 是由软件来执行的。如 S3C2440 就是这样的机制。在 S3C6410 中,还可以采用简化的中断处理流程,由 CPU 直接去调用中断的 ISR 来处理,这样中断处理软件的编写难度就大大下降了。

3. 向 量

异常处理函数或中断处理函数的地址都会按中断号的顺离顺序排列在一个连续的内存当中，从 C 语言的角度，可以看成是一个指针数组。数组又称为向量（vector）。S3C6410 中断的主要改进：一是增加中断向量控制器，ISR 地址存在于连续向量寄存器空间，而不是自行分配空间自行管理，可以全部由 S3C6410 的 VIC 硬件来自动处理。这个大大简化中断处理编程工作。另一个是外部中断加入滤波电路，这样原来需要软件去毛刺的地方均可以采用硬件来进行滤波了，这样大大简化外部中断处理。S3C6410 中断操作方式以及中断号见表 8.23。

表 8.23　S3C6410 中断向量表

中断号	中断源	描　述	组
63	INT_ADC	ADC EOC 中断	VIC1
62	INT_PENDNUP	ADC 向下/向上中断	VIC1
61	INT_SEC	安全中断	VIC1
60	INT_RTC_ALARM	RTC 警告中断	VIC1
59	INT_IrDA	IrDA 中断	VIC1
58	INT_OTG	USB OTG 中断	VIC1
57	INT_HSMMC1	HSMMC1 中断	VIC1
56	INT_HSMMC0	HSMMC0 中断	VIC1
55	INT_HOSTIF	主机接口中断	VIC1
54	INT_MSM	MSM 调制解调器中断	VIC1
53	INT_EINT4	外部中断组 1~9	VIC1
52	INT_HSIrx	HS Rx 中断	VIC1
51	INT_HSItx	HS Tx 中断	VIC1
50	INT_I2C0	I^2C 0 中断	VIC1
49	INT_SPI/INT_HSMMC2	SPI 中断或 HSMMC2 中断	VIC1
48	INT_SPI0	SPI0 中断	VIC1
47	INT_UHOST	USB 主机中断	VIC1
46	INT_CFC	CFCON 中断	VIC1
45	INT_NFC	NFCON 中断	VIC1
44	INT_ONENAND1	板块 1 的 OneNAND 中断	VIC1
43	INT_ONENAND0	板块 0 的 OneNAND 中断	VIC1
42	INT_DMA1	DMA1 中断	VIC1
41	INT_DMA0	DMA0 中断	VIC1
40	INT_UART3	UART3 中断	VIC1
39	INT_UART2	UART2 中断	VIC1

中断号	中断源	描　述	组
38	INT_UART1	UART1 中断	VIC1
37	INT_UART0	UART0 中断	VIC1
36	INT_AC97	AC 中断	VIC1
35	INT_PCM1	PCM1 中断	VIC1
34	INT_PCM0	PCM0 中断	VIC1
33	INT_EINT3	外部中断 20~27	VIC1
32	INT_EINT2	外部中断 12~19	VIC1
31	INT_LCD[2]	LCD 中断,系统 I/F 完成	VIC0
30	INT_LCD[1]	LCD 中断,VSYNC 中断	VIC0
29	INT_LCD[0]	LCD 中断,FIFO 不足	VIC0
28	INT_TIMER4	定时器 4 中断	VIC0
27	INT_TIMER3	定时器 3 中断	VIC0
26	INT_WDT	看门狗定时器中断	VIC0
25	INT_TIMER2	定时器 2 中断	VIC0
24	INT_TIMER1	定时器 1 中断	VIC0
23	INT_TIMER0	定时器 0 中断	VIC0
22	INT_KEYPAD	键盘中断	VIC0
21	INT_ARM_DMAS	ARM DMAS 中断	VIC0
20	INT_ARM_DMA	ARM DMA 中断	VIC0
19	INT_ARM_DMAERR	ARM DMA 错误中断	VIC0
18	INT_SDMA1	安全 DMA1 中断	VIC0
17	INT_SDMA0	安全 DMA0 中断	VIC0
16	INT_MFC	MFC 中断	VIC0
15	INT_JPEG	JPEG 中断	VIC0
14	INT_BATF	电池故障中断	VIC0
13	INT_SCALER	TV 转换器中断	VIC0
12	INT_TVENC	TV 编码器中断	VIC0
11	INT_2D	2D 中断	VIC0
10	INT_ROTATOR	旋转器中断	VIC0
9	INT_POSTO	后处理器中断	VIC0
8	INT_3D	3D 图像控制器中断	VIC0
7	Reserved	保留	VIC0
6	INT_I2S0/INT_I2S1/ INT_I2SV40	I2S0 中断 或 I2S1 中断 或 I2SV40 中断	VIC0

续表 8.23

中断号	中断源	描　述	组
5	INT_ I2C1	I2C1 中断	VIC0
4	INT_ CAMIF_P	照相机接口中断	VIC0
3	INT_ CAMIF_C	照相机接口中断	VIC0
2	INT_ RTC_TIC	RTC TIC 中断	VIC0
1	INT_ EINT1	外部中断 4～11	VIC0
0	INT_ EINT0	外部中断 0～3	VIC0

S3C6410 中 64 个中断按硬件分组分成 VIC0、VIC1 两个组，各组由一个相应寄存器来处理。中断号为 0～31 是 VIC0 组，中断号为 32～63 是 VIC1 组。

S3C6410 中断操作方法为：打开中断 VICxINTENABLE，x 为 0、1，0～31 中断使用 VIC0INTENABLE，为 32～63 中断使用 VIC1INTENABLE，以下各寄存器均同，不再重复。对应位为 1 表示这个中断可用，如 0 号中断有效，是 VIC0INTENABLE 的第 0 位为 1，关闭一个中断，向 VICxINTENCLEAR 对应位置 1，表示关闭这个中断。矢量中断控制器模块如图 8.5 所示。

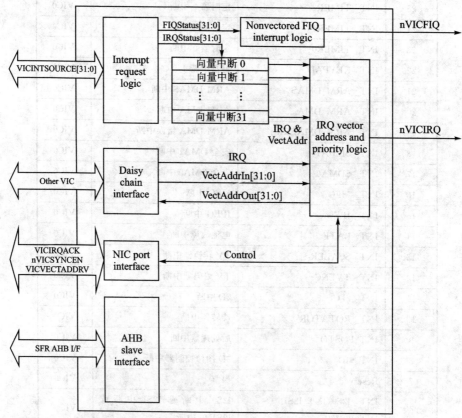

图 8.5　矢量中断控制器模块图

4. 矢量中断控制器寄存器

VIC0 的基础地址是 0x7120_0000，VIC1 的基础地址是 0x7130_0000，矢量中断控制器信号定义见表 8.24，地址生成方式为：控制寄存器地址＝基础地址＋补偿区。

表 8.24　矢量中断控制器各个信号定义

寄存器	补偿区	类　型	描　述	复位值
VICxIRQSTATUS	0x000	读	IRQ	状态寄存器
VICxFIQSTATUS	0x004	读	FIQ	状态寄存器
VICxIRAWINTR	0x008	读	原始中断状态寄存器	0x00000000
VICxINTSELECT	0x00C	读/写	中断选择寄存器	0x00000000
VICxINTENABLE	0x010	读/写	中断使能寄存器	0x00000000
VICxINTENCLEAR	0x014	写	中断使能清除寄存器	—
VICxSOFTINT	0x018	读/写	软件中断寄存器	0x00000000
VICxISOFTINTCLEAR	0x01C	写	软件中断清除寄存器	—
VICxPROTECTION	0x020	读/写	保护使能寄存器	0x0
VICxSWPRIORITYMASK	0x024	读/写	软件优先屏蔽寄存器	0x0FFFF
VICxPRIORITYDAISY	0x028	读/写	菊花链的矢量优先寄存器	0xF
VICxVECTADDR0	0x100	读/写	矢量地址 0 寄存器	0x00000000
VICxVECTADDR1	0x104	读/写	矢量地址 1 寄存器	0x00000000
VICxVECTADDR2	0x108	读/写	矢量地址 2 寄存器	0x00000000
VICxVECTADDR3	0x10C	读/写	矢量地址 3 寄存器	0x00000000
VICxVECTADDR4	0x110	读/写	矢量地址 4 寄存器	0x00000000
VICxVECTADDR5	0x114	读/写	矢量地址 5 寄存器	0x00000000
VICxVECTADDR6	0x118	读/写	矢量地址 6 寄存器	0x00000000
VICxVECTADDR7	0x11C	读/写	矢量地址 7 寄存器	0x00000000
VICxVECTADDR8	0x120	读/写	矢量地址 8 寄存器	0x00000000
VICxVECTADDR9	0x124	读/写	矢量地址 9 寄存器	0x00000000
VICxVECTADDR10	0x128	读/写	矢量地址 10 寄存器	0x00000000
VICxVECTADDR11	0x12C	读/写	矢量地址 11 寄存器	0x00000000
VICxVECTADDR12	0x130	读/写	矢量地址 12 寄存器	0x00000000
VICxVECTADDR13	0x134	读/写	矢量地址 13 寄存器	0x00000000
VICxVECTADDR14	0x138	读/写	矢量地址 14 寄存器	0x00000000
VICxVECTADDR15	0x13C	读/写	矢量地址 15 寄存器	0x00000000
VICxVECTADDR16	0x140	读/写	矢量地址 16 寄存器	0x00000000
VICxVECTADDR17	0x144	读/写	矢量地址 17 寄存器	0x00000000
VICxVECTADDR18	0x1408	读/写	矢量地址 18 寄存器	0x00000000
VICxVECTADDR19	0x14C	读/写	矢量地址 19 寄存器	0x00000000
VICxVECTADDR20	0x150	读/写	矢量地址 20 寄存器	0x00000000
VICxVECTADDR21	0x154	读/写	矢量地址 21 寄存器	0x00000000

ARM嵌入式系统原理与应用教程（第 2 版）

202

寄存器	补偿区	类型	描　述	复位值
VICxVECTADDR22	0x158	读/写	矢量地址 22 寄存器	0x00000000
VICxVECTADDR23	0x15C	读/写	矢量地址 23 寄存器	0x00000000
VICxVECTADDR24	0x160	读/写	矢量地址 24 寄存器	0x00000000
VICxVECTADDR25	0x164	读/写	矢量地址 25 寄存器	0x00000000
VICxVECTADDR26	0x168	读/写	矢量地址 26 寄存器	0x00000000
VICxVECTADDR27	0x16C	读/写	矢量地址 27 寄存器	0x00000000
VICxVECTADDR28	0x170	读/写	矢量地址 28 寄存器	0x00000000
VICxVECTADDR29	0x174	读/写	矢量地址 29 寄存器	0x00000000
VICxVECTADDR30	0x178	读/写	矢量地址 30 寄存器	0x00000000
VICxVECTADDR31	0x17C	读/写	矢量地址 31 寄存器	0x00000000
VICxVECPRIORITY0	0x200	读/写	矢量优先 0 寄存器	0xF
VICxVECTPRIORITY1	0x204	读/写	矢量优先 1 寄存器	0xF
VICxVECTPRIORITY2	0x208	读/写	矢量优先 2 寄存器	0xF
VICxVECTPRIORITY3	0x20C	读/写	矢量优先 3 寄存器	0xF
VICxVECTPRIORITY4	0x210	读/写	矢量优先 4 寄存器	0xF
VICxVECTPRIORITY5	0x214	读/写	矢量优先 5 寄存器	0xF
VICxVECTPRIORITY6	0x218	读/写	矢量优先 6 寄存器	0xF
VICxVECTPRIORITY7	0x21C	读/写	矢量优先 7 寄存器	0xF
VICxVECTPRIORITY8	0x220	读/写	矢量优先 8 寄存器	0xF
VICxVECTPRIORITY9	0x224	读/写	矢量优先 9 寄存器	0xF
VICxVECTPRIORITY10	0x228	读/写	矢量优先 10 寄存器	0xF
VICxVECTPRIORITY11	0x22C	读/写	矢量优先 11 寄存器	0xF
VICxVECTPRIORITY12	0x230	读/写	矢量优先 12 寄存器	0xF
VICxVECTPRIORITY13	0x234	读/写	矢量优先 13 寄存器	0xF
VICxVECTPRIORITY14	0x238	读/写	矢量优先 14 寄存器	0xF
VICxVECTPRIORITY15	0x23C	读/写	矢量优先 15 寄存器	0xF
VICxVECTPRIORITY16	0x240	读/写	矢量优先 16 寄存器	0xF
VICxVECTPRIORITY17	0x244	读/写	矢量优先 17 寄存器	0xF
VICxVECTPRIORITY18	0x2408	读/写	矢量优先 18 寄存器	0xF
VICxVECTPRIORITY19	0x24C	读/写	矢量优先 19 寄存器	0xF
VICxVECTPRIORITY20	0x250	读/写	矢量优先 20 寄存器	0xF
VICxVECTPRIORITY21	0x254	读/写	矢量优先 21 寄存器	0xF
VICxVECTPRIORITY22	0x258	读/写	矢量优先 22 寄存器	0xF
VICxVECTPRIORITY23	0x25C	读/写	矢量优先 23 寄存器	0xF
VICxVECTPRIORITY24	0x260	读/写	矢量优先 24 寄存器	0xF
VICxVECTPRIORITY25	0x264	读/写	矢量优先 25 寄存器	0xF
VICxVECTPRIORITY26	0x268	读/写	矢量优先 26 寄存器	0xF

续表 8.24

寄存器	补偿区	类 型	描 述	复位值
VICxVECTPRIORITY27	0x26C	读/写	矢量优先 27 寄存器	0xF
VICxVECTPRIORITY28	0x270	读/写	矢量优先 28 寄存器	0xF
VICxVECTPRIORITY29	0x274	读/写	矢量优先 29 寄存器	0xF
VICxVECTPRIORITY30	0x278	读/写	矢量优先 30 寄存器	0xF
VICxVECTPRIORITY31	0x27C	读/写	矢量优先 31 寄存器	0xF
VICxADDRESS	0Xf00	读/写	矢量地址寄存器	0x00000000

　　S3C6410 的 IRQ 状态寄存器 VICIRQSTATUS 描述见表 8.25,其位[31:0]为 IRQStatus,复位值为 0x0,在屏蔽之后,通过 VICxINTENABLE 和 VICxINTSE-LECT 寄存器显示中断的状态。0＝中断不被激活(复位),1＝中断被激活。每个中断源都有一个寄存器位。

表 8.25　IRQ 状态寄存器

寄存器	地　址	读/写	描　述	复位值
VIC0IRQSTATUS	0x7120_0000	读	IRQ	状态寄存器(VIC0)
VIC1IRQSTATUS	0x7130_0000	读	IRQ	状态寄存器(VIC1)

　　S3C6410 的 FIQ 状态寄存器 VICFIQSTATUS 描述见表 8.26,其位[31:0]为 FIQStatus,复位值为 0x0,在屏蔽之后,通过 VICINTENABLE 和 VICINTSELECT 寄存器显示 FIQ 中断的状态。0＝中断不被激活(复位),1＝中断被激活。每个中断源都有一个寄存器位。

表 8.26　FIQ 状态寄存器

寄存器	地　址	读/写	描　述	复位值
VIC0FIQSTATUS	0x7120_0004	读	FIQ 状态寄存器(VIC0)	0x0000_0000
VIC1FIQSTATUS	0x7130_0004	读	FIQ 状态寄存器(VIC1)	0x0000_0000

　　S3C6410 的原始中断状态寄存器 VICRAWINTR 描述见表 8.27,其位[31:0]为 IntSelect,复位值为 0x0,为中断请求选择中断的状态。0＝IRQ 中断(复位),1＝FIQ 中断。每个中断源都有一个寄存器位。

表 8.27　原始中断状态寄存器

寄存器	地　址	读/写	描　述	复位值
VIC0RAWINTR	0x7120_0008	读	原始中断状态寄存器(VIC0)	0x0000_0000
VIC1RAWINTR	0x7130_0008	读	原始中断状态寄存器(VIC1)	0x0000_0000

　　S3C6410 的中断使能寄存器 VICINTENABLE 描述见表 8.28,其位[31:0]为 IntEnable,复位值为 0x0,使能中断请求,允许中断到达处理器。读:0＝中断禁止(复位),1＝中断使能。中断使能只能用寄存器设置。VICINTENCLEAR 寄存器用来

清除中断使能。写：0＝没有影响，1＝中断使能。每个中断源都有一个寄存器位。

表 8.28　中断使能寄存器

寄存器	地址	读/写	描述	复位值
VIC0INTENABLE	0x7120_0010	读/写	中断使能寄存器（VIC0）	0x0000_0000
VIC1INTENABLE	0x7130_0010	读/写	中断使能寄存器（VIC1）	0x0000_0000

S3C6410 的中断使能清除寄存器 VICINTENCLEAR 描述见表 8.29，在 VICINTENABLE 寄存器内清除相应的位。0＝没有影响（复位），1＝在 VICINTE-NABLE 寄存器内中断 disabled。每个中断源都有一个寄存器位。

表 8.29　中断使能清除寄存器

寄存器	地址	读/写	描述	复位值
VIC0INTENCLEAR	0x7120_0014	写	中断使能清除寄存器（VIC0）	—
VIC1INTENCLEAR	0x7130_0014	写	中断使能清除寄存器（VIC1）	—

S3C6410 的软件中断寄存器 VICSOFTINT 描述见表 8.30，其位[31:0]为 IntE-nable，复位值为 0x0，在中断屏蔽之前设置 HIGH 位对选择的源产生软件中断。读：0＝软件中断不被激活（复位），1＝软件中断被激活。写：0＝没有影响，1＝软件中断使能。每个中断源都有一个寄存器位。

表 8.30　软件中断寄存器

寄存器	地址	读/写	描述	复位值
VIC0SOFTINT	0x7120_0018	读/写	软件中断寄存器（VIC0）	0x0000_0000
VIC1SOFTINT	0x7130_0018	读/写	软件中断寄存器（VIC1）	0x0000_0000

S3C6410 的软件中断清除寄存器 VICSOFTINTCLEAR 描述见表 8.31，其位 Clear 为 SoftInt，在 VICSOFTINT 寄存器内清除相应的位。0＝没有影响（复位），1＝在 VICSOFTINT 寄存器内中断 disabled。每个中断源都有一个寄存器位。

表 8.31　软件中断清除寄存器

寄存器	地址	读/写	描述	复位值
VIC0SOFTINTENCLEAR	0x7120_001C	写	软件中断清除寄存器（VIC0）	—
VIC1SOFTINTENCLEAR	0x7130_001C	写	软件中断清除寄存器（VIC1）	—

　　设置 S3C6410 的向量地址（ISR 地址），注意在 S3C6410 中使用 2 个 32 位地址连续的寄存器组成 2 个寄存器数组。首地址分别是 0x71200100 和 0x71300100，可以像指针数组一样来操作它们，数组的下标就是中断号。这样设置让开发者大大简化 ISR 的向量组织。设置中断优先级也采用 32×2 寄存器形成两个优先级数组。每一个寄存器对应优先级别，取值范围 0～15。

　　S3C6410 的软件优先级屏蔽寄存器 VICSWPRIORITYMASK 描述见表 8.32，

其位[31:16]为 Reserved，复位值为 0x0，保留，作为 0 读取不要修改；位[15:0]为 SWPriorityMask，复位值为 0xFFFF，控制 16 位中断信号优先级软件屏蔽。0＝中断优先级被屏蔽，1＝中断优先级未被屏蔽。寄存器的位与 16 位中断优先级相适应。

表 8.32　软件优先级屏蔽寄存器 1

寄存器	地　址	读/写	描　　　述	复位值
VIC0SWPRIORITYMASK	0x7120_0024	读/写	软件优先级屏蔽寄存器(VIC0)	0x0000_FFFF
VIC1SWPRIORITYMASK	0x7130_0024	读/写	软件优先级屏蔽寄存器(VIC1)	0x0000_FFFF

S3C6410 的矢量优先寄存器 VICVECTRPRIORITY 描述见表 8.33，其位[31:0]为 VectAddr，包含当前激活的 ISR 地址，复位值是 0x00000000，寄存器的读取操作可以返回 ISR 的地址，设置当前中断处于正在服务状态。只有当有激活中断的时候可以进行读操作。向寄存器写入任何值都可以清除当前中断。只有在终端服务快要结束的时候才可以进行写入操作。

表 8.33　矢量优先寄存器

寄存器	地　址	读/写	描　　　述	复位值
VIC0ADDRESS	0x7120_0F00	读/写	矢量地址寄存器(VIC0)	0x0000_0000
VIC1ADDRESS	0x7130_0F00	读/写	矢量地址寄存器(VIC1)	0x0000_0000

8.5　中断调用方法

由于本书篇幅有限，只介绍一种简单的调用方式，即 VIC port 模式。推荐使用此模式，它是系统产生中断后，由 VIC 直接去执行相应的 ISR。不仅编程简单，而且效率更高，因为它没有访问 VICxADDRESS，在 System BUS 执行的时间使用这种模式，只需要在启动加上特定的代码。中断流程如图 8.6 所示。

注：使能 VIC 过程中要加入初始化代码。

除 INT_EINT0～INT_EINT4 以外，全部中断由 S3C6410 内部的模块触发，称为内部中断。其中 INT_EINT0～INT_EINT4 是外部中断，由 CPU 外的外设来触发，触发哪一个中断取决于外设连接哪一个 GPIO 中断脚。如 TOP - SEN 开发板上网络控制器、按钮等都是挂在某一些 GPIO 脚上，它们都是使用典形外部中断。

S3C6410 分 9 组 GPIO 脚来充当外部中断脚。

第 0 组，共 28 脚，GPN0～GPN15（16 脚），GPL8～GPL14（7 脚），GPM0～GPM4（5 脚）；第 1 组，由 GPA0～GPA7，共 8 个中断脚；第 2 组，由 GPC0～GPC0，共 8 个中断脚；…；第 8 组，由 GPP0～GPP14，共 15 个中断脚；第 9 组，由 GPQ0～GPQ8，共 9 个中断脚。

第 0 组的第 0～3 脚的设备将触 INT_EINT0＝0 中断；第 0 组的第 4～11 脚将触发 INT_EINT1＝1 中断；第 0 组的第 12～19 脚将触发 INT_EINT2＝32 中断；第 0 组的第 20～27 脚将触发 INT_EINT3＝33 中断。第 1～9 组所有设备只触发 INT_EINT4＝53 中断。

可以看到，每一个组都是多个中断脚共享一个中断号。其中第 0 组比较常用，占用了 3 个中断。具体中断号请读者自行查阅中断向量表，例如：如何判断是哪一个中断脚产生中断，不同的 I/O 脚上多个设备产生同一个中断，软件如何知道是哪一个引脚？由 External Interrupt Pending Register 来判断，第 0 组由 EINT0PEND 来判断，第 1、2 组由 EINT12PEND 来判断。

外部中断除了中断编程所有流程外，一般额外将相应的 GPxCON 配置成中断脚，还需配置滤波方式和中断信号方式，还要在 ISR 中打开外部中断掩码，最后除了要把 VICxADDRESS 清 0 外，还需要清除 VICxSOFTINTCLEAR 相应位。

除硬件中断的所有流程，软中断还要加上两条：

① 用 VICxSOFTINT 来触发软中断；

② ISR 退出时使用 VICxSOFTINTCLEAR 清除状态。

软件中断编程流程如图 8.7 所示。

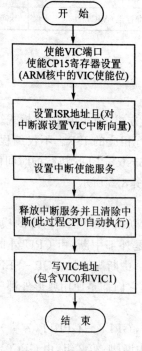

图 8.6　中断程序流程

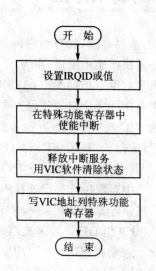

图 8.7　软件中断编程流程

8.6　PWM 定时器

　　S3C6410 RISC 微处理器由 5 个 32 位定时器组成,这些定时器用来产生内部中断到 ARM 子系统。此外,定时器 0、1 包含一个 PWM 功能(脉宽调制),它可以驱动外部的 I/O 信号。定时器 0、1 上的 PWM 能够产生一个可选的死区发生器,它可能被用来支持大量的通用装置。定时器 2、3、4 是一个没有输出引脚的内部定时器,该定时器的时钟频率通常是 APB - PCLK 分频的版本。定时器 0 和 1 共享一个可编程的 8 位预定标器,它提供级版本用于 PCLK。计时器 2、3、4 共享一个可编程的 8 位预定标器。每个定时器拥有它自己的时钟分频器,个别时钟分频器提供一个二级时钟版本(预定标器由 2、4、8 或 16 进行分频)。另外,定时器从外部引脚选择时钟来源。定时器 0 和 1 可以选择外部时钟 TCLK0,定时器 2、3 和 4 可以选择外部时钟 TCLK1。每个定时器有自己的 32 位向下计数器,被定时器时钟驱动。下数计数器是最初被加载来自定时器计数缓冲寄存器(TCNTBn)。当下数计数器达到零,定时器产生中断请求通知 CPU,定时器操作完成。当定时器下数计数器达到零,相应的 TCNTBn 能被自动重新进入下数计数器的下一个周期的开始。然而,如果定时器停止(例如,在定时器运行模式下,通过清除定时器的使能位 TCONn),TCNTBn 的值将不被加载到计数器中。脉冲宽度调制功能(PWM)使用 TCMPBn 寄存器的值,当下数计数器的值匹配于定时器控制器逻辑中的比较寄存器的值时,定时器控制器逻辑改变输出标准。因此,比较寄存器决定一个 PWM 输出的打开时间(或关闭时间)。TCNTBn 和 TCMPBn 寄存器是双缓冲,允许定时器参数在循环中更新。直到目前的定时器周期完成,新的值才能生效。一个 PWM 周期的简单例子如图 8.8 所示。

　　① 初始化带有 160(50 + 110)的 TCNTBn 和带有 110 位的 TCMPBn。

　　② 通过设置起始位启动定时器和设置手动更新位关闭。TCNTBn 的 160 值载入下数计数器,输出为低电平。

　　③ 当下数计数器的计数下降到 TCMPBn 寄存器的值(110)时,输出从低电平到高电平。

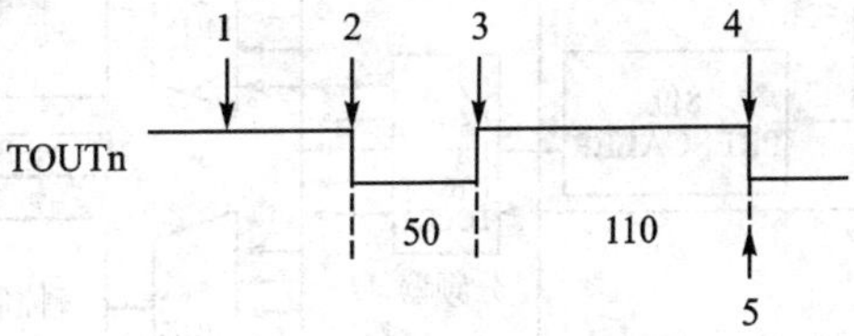

图 8.8　PWM 周期方框图的简单例子

　　④ 当下数计数器达到零,产生中断请求。

　　⑤ 同时,通过 TCNTBn(重新启动循环)下数计数器是自动重新载入。

PWM 定时器的结构框图如图 8.9 所示。

S3C6410 的 PWM 通道的时钟控制的产生方式如图 8.10 所示。

PWM 支持的特性分别如下:

➢ 5 个 32 位的定时器;

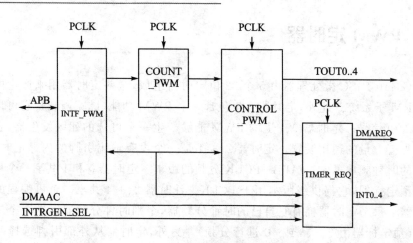

图 8.9　PWM 定时器的结构框图

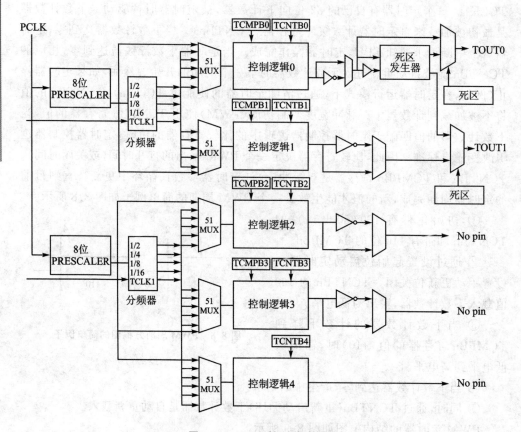

图 8.10　PWM 控制功能框图

➢ 两个 8 位的时钟预定标器,提供第一级版本用于 PCLK,5 个时钟分频器和多路复用器提供第二级版本,用于分频器时钟和两个外部时钟;

> 可编程的时钟,用于个别 PWM 通道选择逻辑;

> 4 个独立的脉宽调制通道,具有可编程控制的作用和极性;

> 静态配置:脉宽调制为停止状态;

> 动态配置:脉宽调制正在运行,支持自动重新装载模式和一次触发脉冲模式;

> 支持两个外部输入到启动 PWM;

> 死区发生器在两个 PWM 上输出;

> 支持 DMA 传输;

> 可选脉冲或中断级产生。

PWM 有两个运行模式:

① 自动重新载入模式,连续的 PWM 脉冲产生是基于编程作用循环和极性的。

② 一次触发脉冲模式,只有一个 PWM 脉冲的产生是基于编程作用循环和极性的。

PWM 的控制功能提供 18 个特殊功能寄存器。PWM 是一个可编程输出,双重时钟输入 AMBA 次模块并连接先进的外设总线(APB)。PWM 内的 18 个特殊功能寄存器通过 APB 总线处理被存取。

8.6.1 PWM 的操作方式

1. 预定标器与分配器

1 个 8 位预定标器和 3 位分配器给出表 8.34 的输出周期。

表 8.34 定时器最大、最小输出周期

4 位分配器设置	最低分辨率 (prescaler=0)	最高分辨率 (prescaler=255)	最大间隔 (TCNTBn=4 294 967 295)
1/1(PCLK=66 MHz)	0.030 μs(33.0 MHz)	3.87 μs	1 6621.52 s
1/2(PCLK=66 MHz)	0.060 μs(16.5 MHz)	(33.0 MHz)	33 243.05
1/4(PCLK=66 MHz)	0.121 μs(8.25 MHz)	(16.5 MHz)	6 648.09
1/8(PCLK=66 MHz)	0.242 μs(4.13 MHz)	(8.25 MHz)	132 972.79
1/16(PCLK=66 MHz)	0.484 μs(207 MHz)	(4.13 MHz)	265 944.37

2. 定时器的基本操作

S3C6410 中 PWM 定时器操作的基本流程如图 8.11 所示。

定时器(除定时器通道 5)包括 TCMPBn、TCMPn、TCMPBn 和 TCMPn。当定时器置 0 时,TCMPBn 和 TCMPBn 载入 TCNTn 和 TCMPn 中。当 TCNTn 置 0 时,如果中断信号启动,则将产生中断请求。TCNTn 和 TCMPn 是内部寄存器的名称,可以从 TCNTOn 寄存器中读取 TCNtn 寄存器。

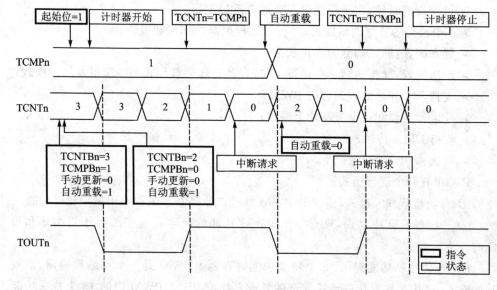

图 8.11 定时器的操作

3. 自动重新加载和双缓冲

定时器有一个双缓冲功能,在没有停止当前定时器操作基础上,它可以改变加载数值以适合于下一定时器的操作。虽然新的定时器值被设定,但当前定时器的操作已经被成功完成。定时器的值可以被写入 TCNTBn(定时器计数缓冲寄存器),定时器的当前计数器值从 TCNTOn 中被读取(定时器计数观察寄存器)。如果读 TCNTBn,这个值是下一个定时器的重载值不是当前计数器的状态。

自动重新载入是一个操作,当 TCNTn 置 0 时,它复制 TCNTBn 到 TCNTn。值写入 TCNTBn,当 TCNTn 达到 0 并自动重新启动时,它只能被加载到 TCNTn 中。如图 8.12 所示,描述了双缓冲功能的框图实例。

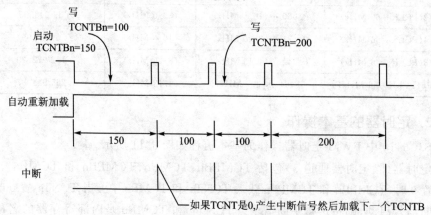

图 8.12 双缓冲功能框图实例

4. 定时器操作方法

定时器操作方法介绍如图 8.13 所示。

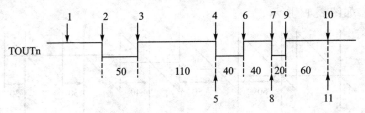

图 8.13　定时器的实例图

① 启用自动重新载入功能。设置 TCNTBn 为 160(50+110)，TCMPBn 为 110。设置手动更新位和反转位(开/关)。该手动更新位设置 TCNTN 和 TCMPn 为 TCNTBn 和 TCMPBn 的值。然后，设置 TCNTBn 和 TCMPBn 作为 80(40+40)和 40，以确定下一个重新载入的值。

② 启动定时器即设置启动位和关闭手动更新位。

③ 当 TCNTn 和 TCMPn 有相同值时，TOUTn 的逻辑电平由低变为高。

④ 当 TCNTn 达到 0 时，TCNTn 和 TCNTBn 自动重装。在同一时间产生中断请求。

⑤ 在 ISR(中断服务程序)中，TCNTBn 和 TCMPBn 被设置为 80(60+20)和 60，它被用于下一个持续时间。

⑥ 当 TCNTn 和 TCMPn 有相同值时，TOUTn 的逻辑电平由低变为高。

⑦ 当 TCNTn 达到 0 时，TCNTn 和 TCNTBn 自动重装。且在同一时间产生中断请求。

⑧ 在 ISR(中断服务程序)中，自动重新载入且中断请求被禁止，以停止定时器。

⑨ 当 TCNTn 和 TCMPn 有相同值时，TOUTn 的逻辑电平由低变为高。

⑩ 当 TCNTn 达到 0 时，TCNTn 没有任何更多的重载，因为自动重载被禁止而使定时器被停止。

⑪ 没有产生中断请求。

5. 初始化定时器(设置手动向上数据和逆变器)

因为计数器达到 0 时，定时器发生自动重载，所以用户必需首先定义 TCNTn 的开始值。在这种情况下，自动更新位必须载入初始值。可以采取下列步骤启动定时器：

① 写初始值到 TCNTBn 和 TCMPBn 中。

② 设置相应定时器的手动更新位。建议设置逆变器的开/关位(是否用逆变器)。

③ 设置相应定时器的起始位去启动定时器，并清空手动更新位。

6. PWM(脉宽调制)

PWM 功能应执行 TCMPBn，TCNTBn 决定 PWM 的频率，TCMPBn 决定 PWM 的值，如图 8.14 所示。

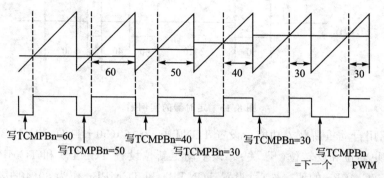

图 8.14　PWM 的实例

如图 8.16 所示，因为 PWM 值较高，所以减少 TCMPBn 值。当 PWM 值较低时，可以增加 TCMPBn 值。已达到设计目的，如果逆变器输出启用，递增/递减可能会得到相反的结果。由于双缓冲的特性，对于下一个 PWM 周期，TCMPBN 值可以通过 ISR 写入当前 PWM 周期中的任何一端。

7. 输出电平控制

S3C6410 中输出电平中逆变器的开/关控制方法如图 8.15 所示。

图 8.15　逆变器的开/关

下面用来控制 TOUT 输出为高电平或低电平。假定逆变器是关闭状态。

① 关闭自动重新载入位。然后，TOUTn 达到高电平，同时定时器被停止，之后 TCNTn 达到 0。建议用这种方法。

② 通过清空定时器的开始/停止位为 0 来停止定时器。如果 $TCNTn <= TCMPn$，输出高电平；如果 $TCNTn > TCMPn$，输出低电平。

③ 在 TCON 中，通过逆变器的开/关位，TOUTn 可以被转换。逆变器移除额外的电路以调节输出电平。

8. PWM 死区发生器

该死区是用于电源设备的 PWM 控制。这种功能用于在关闭一个开关设备和打开另一个开关设备之间插入。这个定时器禁止两个开关设备同时转向，即很短的时间。其死区特性开启时输出波形比较如图 8.16 所示。

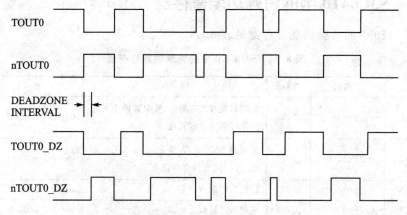

图 8.16　PWM 死区特性开启时输出波形比较

9. 定时器中断的产生

通过控制 INTRGEN_SEL 端口状态,PWMTIMER 提供产生脉冲中断和电平中断的灵活性。当 INTRGEN_SEL 端口状态是逻辑 1,将产生可选电平或可选脉冲中断。在 PWMTIMER 内部写入具体值到 TINT_CSTAT 寄存器,控制中断产生。中断产生是基于 TINT_CSTAT 寄存器中设置的值。

10. S3C6410 PWM 定时器编程模型

为控制和观察 PWM 的状态,可使用下面的寄存器。

① TCFG0:时钟预定标器和死区结构。

② TCFG1:时钟多路复用器和 DMA 模式的选择。

③ TCON:定时器控制寄存器。

④ TCNTB0:定时器 0 计数缓冲寄存器。

⑤ TCMPB0:定时器 0 比较缓冲寄存器。

⑥ TCNTO0:定时器 0 计数观察寄存器。

⑦ TCNTB1:定时器 1 计数缓冲寄存器。

⑧ TCMPB1:定时器 1 比较缓冲寄存器。

⑨ TCNTO1:定时器 1 计数观察寄存器。

⑩ TCNTB2:定时器 2 计数缓冲寄存器。

⑪ TCNTO2:定时器 2 计数观察寄存器。

⑫ TCNTB3:定时器 3 计数缓冲寄存器。

⑬ TCNTO3:定时器 3 计数观察寄存器。

⑭ TCNTB4:定时器 4 计数缓冲寄存器。

⑮ TCNTO4:定时器 4 计数观察寄存器。

⑯ TINT_CSTAT:定时器中断控制和状态寄存器。

ARM嵌入式系统原理与应用教程（第2版）

8.6.2　S3C6410 中的特殊功能寄存器

S3C6410 中的特殊功能寄存器见表 8.35。

表 8.35　S3C6410 中的特殊功能寄存器

寄存器	偏移量	读/写	描　述	复位值
TCFG0	0x7F006000	读/写	定时器配置寄存器 0,可配置两个 8 位预定标器和死区长度	0x0000_0101
TCFG1	0x7F006004	读/写	定时器配置寄存器 1 时,5 MUX 和 DMA 模式选择寄存器	0x0000_0000
TCON	0x7F006008	读/写	定时器控制寄存器	0x0000_0000
TCNTB0	0x7F00600C	读/写	定时器 0 计数缓冲器	0x0000_0000
TCMPB0	0x7F006010	读/写	定时器 0 比较缓冲寄存器	0x0000_0000
TCNTO0	0x7F006014	读	定时器 0 计数观察寄存器	0x0000_0000
TCNTB1	0x7F006018	读/写	定时器 1 计数缓冲器	0x0000_0000
TCMPB1	0x7F00601c	读/写	定时器 1 比较缓冲寄存器	0x0000_0000
TCNTO1	0x7F006020	读	定时器 1 计数观察寄存器	0x0000_0000
TCNTB2	0x7F006024	读/写	定时器 2 计数缓冲器	0x0000_0000
TCMPB2	0x7F006028	读/写	定时器 2 比较缓冲寄存器	0x0000_0000
TCNTO2	0x7F00602c	读	定时器 2 计数观察寄存器	0x0000_0000
TCNTB3	0x7F006030	读/写	定时器 3 计数缓冲器	0x0000_0000
TCMPB3	0x7F006034	读/写	定时器 3 比较缓冲寄存器	0x0000_0000
TCNTO3	0x7F006038	读	定时器 3 计数观察寄存器	0x0000_0000
TCNTB4	0x7F00603C	读/写	定时器 4 计数缓冲器	0x0000_0000
TCNTO4	0x7F006040	读/写	定时器 4 计数观察寄存器	0x0000_0000

214

1. TCFG0

定时器输入时钟频率＝PCLK/{预定标器的值＋1}/{分频值}

{预定标器的值}＝0～255

{分频值}＝1,2,4,8,16,TCLK

定时器配置寄存器 0(TCFG0)见表 8.36。

表 8.36　定时器配置寄存器 0 工作方式

TCFG0	位	读/写	描　述	初始状态
Reserved	[31:24]	读	保留	0x00
Deadzonelength	[23:16]	读/写	死区的长度	0x00
Prescaler 1	[15:8]	读/写	预定标器 1 的值,用于定时器 2,3 和 4	0x01
Prescaler 0	[7:0]	读/写	预定标器 0 的值,用于定时器 0 和 1	0x01

2. TCFG1

定时器配置寄存器 1(TCFG1)见表 8.37 和表 8.38。

表 8.37　定时器配置寄存器 1 工作方式 1

寄存器	地址	读/写	描　述	复位值
TCFG1	0x7F006004	读/写	定时器配置寄存器 1,可控制 5 MUX 和 DMA 模式选择位	0x0000_0000

表 8.38　定时器配置寄存器 1 工作方式 2

TCFG1	位	读/写	描　述	初始状态
Reserved	[31:24]	读	保留位	0x00
DMA mode	[23:20]	读/写	选择 DMA 请求通道选择位:0000:无选择,0001:INT0,0010:INT1,0011:INT2,0100:INT 3 0101 :INT4	0x00
Divider MUX 4	[19:16]	读/写	选择定时器 4 的 MUX 输入:0000:1/1 0001:1/2 0010:1/4 0011:1/8,0100: 1/16 0101: 外部 TCLK1	0x00
Divider MUX 3	[15:12]	读/写	选择定时器 3 的 MUX 输入:0000:1/1 0001:1/2 0010:1/4 0011:1/8,0100: 1/16 0101: 外部 TCLK1	0x00
Divider MUX 2	[11:8]	读/写	选择定时器 2 的 MUX 输入:0000:1/1 0001:1/2 0010:1/4 0011:1/8,0100:1/16,0101:外部 TCLK1	0x00
Divider MUX 1	[7:4]	读/写	选择定时器 1 的 MUX 输入:0000:1/1 0001:1/2,0010:1/4 0011:1/8,0100: 1/16 0101: 外部 TCLK0	0x00
Divider MUX 0	[3:0]	读/写	选择定时器 0 的 MUX 输入:0000:1/1 0001:1/2,0010:1/4 0011:1/8,0100: 1/16 0101: 外部 TCLK0	0x00

3. TCON

定时控制寄存器(TCON)见表 8.39 和表 8.40。

表 8.39　定时控制寄存器

寄存器	地　址	读/写	描　述	复位值
TCON	0x7F006008	读/写	定时器控制寄存器	0x0000_0000

表 8.40　定时控制寄存器的功能

TCON	位	读/写	描　述	初始值
Reserved	[31:23]	读	保留	0x000d
Timer 4 Auto Reload on/off	[22]	读/写	确定定时器 4 的自动加载开/关。0=One - shot 1=间隔模式(自动重载)	0x0
Timer 4 Manual Update(note)	[21]	读/写	确定定时器 4 的手动更新。0=无操作 1=更新 TCNTB4	0x0

TCON	位	读/写	描　　述	初始值
Timer4 Start/Stop	[20]	读/写	确定定时器 4 的启动/停止。 0＝停止　1＝开始定时器 4	0x0
Timer 3 Auto Reload on/off	[19]	读/写	确定定时器 3 的自动加载开/关。 0＝One－shot　1＝间隔模式(自动重载)	0x0
Timer3 output inverter on/off	[18]	读/写	确定定时器 3 的输出反转器开/关 0＝逆变器关闭　1＝逆变器开,用于 TOUT3	0x0
Timer 3 Manual Update (note)	[17]	读/写 读/写	确定定时器 3 的手动更新。 0＝无操作　1＝更新 TCNTB3 或 CMPB3	0x0
Timer 3 Start/Stop	[16]	读/写	确定定时器 3 的启动/停止。0＝停止　1＝开始 定时器 3	0x0
Timer 2 Auto Reload on/off	[15]	读/写	确定定时器 2 的自动加载开/关。 0＝One－shot　1＝间隔模式(自动重载)	0x0
Timer 2 Output Inverter on/off	[14]	读/写	确定定时器 2 的输出反转器开/关。 0＝逆变器关闭　1＝逆变器开,用于 TOUT2	0x0
Timer 2 Manual Update(note)	[13]	读/写	确定定时器 2 的手动更新。 0＝无操作　1＝更新 TCNTB2 或 TCMPB2	0x0
Timer 2 Start/Stop	[12]	读/写	确定定时器 2 的启动/停止。0＝停止　1＝开始 定时器 2	0x0
Timer 1 Auto Reload on/off	[11]	读/写	确定定时器 1 的自动加载开/关。 0＝One－shot　1＝间隔模式(自动重载)	0x0
Timer 1 Output Inverter on/off	[10]	读/写	确定定时器 1 的输出反转器开/关。 0＝逆变器关闭　1＝逆变器开,用于 TOUT1	0x0
Timer 1 Manual Update(note)	[9]	读/写	确定定时器 1 的手动更新。 0＝无操作　1＝更新 TCNTB1 或 TCMPB1	0x0
Timer1 Start/Stop	[8]	读/写	确定定时器 1 的启动/停止。0＝停止　1＝开始 定时器 1	0x0
Reserved	[7:5]	读/写	保留	0x0
Dead Zone Enable	[4]	读/写	确定死区的操作。0＝禁用　1＝使能	0x0
Timer 0 Auto Reload on/off	[3]	读/写	确定定时器 0 的自动加载开/关。0＝One－ shot　1＝间隔模式(自动重载)	0x0
Timer 0 output inverter on/off	[2]	读/写	确定定时器 0 的输出反转器开/关 0＝逆变器关闭　1＝逆变器开,用于 TOUT0	0x0
Timer 0 Manual Update(note)	[1]	读/写	确定定时器 0 的手动更新 0＝无操作　1＝更新 TCNTB0 或 TCMPB0	0x0
Timer 0 Start/Stop	[0]	读/写	确定定时器 0 的启动/停止。0＝停止　1＝开始 定时器 0	0x0

4. TCNTB0 /1 /2 /3 /4

定时器 0/1/2/3/4 计数寄存器（TCNTB0/1/2/3/4）见表 8.41 和表 8.42。

表 8.41　TCNTB0/1/2/3/4 计数寄存器 1

寄存器	地　址	读/写	描　　述	复位值
TCNTB0	0x7F00600C	读/写	定时器 0 计数缓冲器	0x0000_0000
TCNTB1	0x7F006018	读/写	定时器 1 计数缓冲器	0x0000_0000
TCNTB2	0x7F006024	读/写	定时器 2 计数缓冲器	0x0000_0000
TCNTB3	0x7F006030	读/写	定时器 3 计数缓冲器	0x0000_0000
TCNTB4	0x7F00603C	读/写	定时器 4 计数缓冲器	0x0000_0000

表 8.42　TCNTB0/1/2/3/4 计数寄存器 2

名　称	位	读/写	描　　述	初始状态
Timer 0 Count Buffer	[31:0]	读/写	设置定时器 0 的计数缓冲器的值	0x00000000
Timer 1 Count Buffer	[31:0]	读/写	设置定时器 1 的计数缓冲器的值	0x00000000
Timer 2 Count Buffer	[31:0]	读/写	设置定时器 2 的计数缓冲器的值	0x00000000
Timer 3 Count Buffer	[31:0]	读/写	设置定时器 3 的计数缓冲器的值	0x00000000
Timer 4 Count Buffer	[31:0]	读/写	设置定时器 4 的计数缓冲器的值	0x00000000

5.　TCMPB0 /1

定时器 0/1 比较缓冲寄存器（TCMPB0/1）见表 8.43 和表 8.44。

表 8.43　TCMPB0/1 比较缓冲寄存器 1

寄存器	地　址	读/写	描　述	复位值
TCMPB0	0x7F006010	读/写	定时器 0 比较缓冲寄存器	0x0000_0000
TCMPB1	0x7F00601C	读/写	定时器 1 比较缓冲寄存器	0x0000_0000

表 8.44　TCMPB0/1/2/3 比较缓冲寄存器 2

名　称	位	读/写	描　述	初始状态
Timer 0 Compare Buffer	[31:0]	读/写	设置定时器 0 的比较缓冲器的值	0x00000000
Timer 1 Compare Buffer	[31:0]	读/写	设置定时器 1 的比较缓冲器的值	0x00000000

6. TCNTO0 /1 /2 /3 /4

定时器 0/1/2/3/4 计数观察寄存器（TCNTO0/1/2/3/4）见表 8.45 和表 8.46。

表 8.45 TCNTO0/1/2/3/4 定时器 0/1/2/3/4 计数观察寄存器 1

寄存器	地 址	读/写	描 述	复位值
TCNTO0	0x7F006014	读	定时器 0 计数观察寄存器	0x0000_0000
TCNTO1	0x7F006020	读	定时器 1 计数观察寄存器	0x0000_0000
TCNTO2	0x7F00602C	读	定时器 2 计数观察寄存器	0x0000_0000
TCNTO3	0x7F006038	读	定时器 3 计数观察寄存器	0x0000_0000
TCNTO4	0x7F006040	读	定时器 4 计数观察寄存器	0x0000_0000

表 8.46 TCNTO0/1/2/3/4 定时器 0/1/2/3/4 计数观察寄存器 2

名 称	位	读/写	描 述	初始状态
Timer 0 Count Observation	[31:0]	读	设置定时器 0 计数观察寄存器的值	0x00000000
Timer 1 Count Observation	[31:0]	读	设置定时器 1 计数观察寄存器的值	0x00000000
Timer 2 Count Observation	[31:0]	读	设置定时器 2 计数观察寄存器的值	0x00000000
Timer 3 Count Observation	[31:0]	读	设置定时器 3 计数观察寄存器的值	0x00000000
Timer 4 Count Observation	[31:0]	读	设置定时器 4 计数观察寄存器的值	0x00000000

8.6.3 TINT_CSTAT

定时器中断控制和状态寄存器（TINT_CSTAT）见表 8.47 和表 8.48。

表 8.47 定时器中断控制

寄存器	位	读/写	描 述	复位值
TINT_CSTAT	0x7F006044	读/写	定时器中断控制和状态寄存器	0x0000_0000

表 8.48 定时器状态寄存器

TINT_CSTAT	位	读/写	描 述	初始状态
保留	[31:10]	读	保留位	0x00000
定时器 4 中断状态	[9]	读/写	定时器 4 中断状态位,通过写 1 清除该位	0x00
定时器 3 中断状态	[8]	读/写	定时器 3 中断状态位,通过写 1 清除该位	0x00
定时器 2 中断状态	[7]	读/写	定时器 2 中断状态位,通过写 1 清除该位	0x00
定时器 1 中断状态	[6]	读/写	定时器 1 中断状态位,通过写 1 清除该位	0x00
定时器 0 中断状态	[5]	读/写	定时器 0 中断状态位,通过写 1 清除该位	0x00
定时器 4 中断使能	[4]	读/写	定时器 4 中断启动,1:启动,0:禁止	0x00
定时器 3 中断使能	[3]	读/写	定时器 3 中断启动,1:启动,0:禁止	0x00
定时器 2 中断使能	[2]	读/写	定时器 2 中断启动,1:启动,0:禁止	0x00
定时器 1 中断使能	[1]	读/写	定时器 1 中断启动,1:启动,0:禁止	0x00
定时器 0 中断使能	[0]	读/写	定时器 0 中断启动,1:启动,0:禁止	0x00

8.7　RTC 实时时钟

S3C6410 中实时时钟 RTC 的功能及使用方法如下：当系统电源关闭时，通过备用电源可以运行实时时钟（RTC）单元。数据包含的时间，即为秒、分钟、小时、日期、日、月和年。可以用 RTC 单元操作一个外部 32.768 kHz 的晶体，并可以执行报警功能。

1. RTC 实时时钟的特性

➢ 二进制编码数据：秒、分钟、小时、日期、日、月和年。
➢ 闰年发生器。
➢ 报警功能：报警中断或从断电模式中唤醒。
➢ 时钟计数功能：时钟节拍中断或从断电模式中唤醒。
➢ 不存在千年虫问题。
➢ 独立的电源引脚（RTCVDD）。
➢ 支持毫秒标记的时间中断信号，用于 RTOS 内核时间标记。

2. 实时时钟的操作方式

S3C6410 中实时时钟的结构框图如图 8.17 所示。

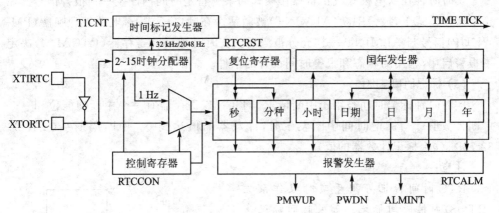

图 8.17　实时时钟的结构框图

图 8.17 中每个模块要求完成不同的功能。

(1) 闰年发生器

闰年发生器通过 BCDDAY、BCDMON 和 BCDYEAR 的数据来决定每个月的最后一天是 28、29、30 还是 31。这个模块通过决定最后的日期来判断闰年。一个 8 位的计数器只能代表两个 BCD 数字，因此它不能决定 00 年（年的最后两个数字为 00）是不是闰年。举例来说，它不能区分 1900 年和 2000 年。要解决这个问题，应使用 S3C6410 中实时时钟模块中的闰年发生器，在 2000 年，闰年发生器支持闰年产生在

2 月份的日期显示中会自动匹配相应的日期。注意 1900 年不是闰年,而 2000 年是闰年。因此在 S3C6410 中的 00 的两个数字表示 2000 而不是 1900。开启闰年发生器后闰月日期会自动修改。

(2) 读/写寄存器

RTCCON 寄存器的位 0 必须被设置为高位,才能正常写入实时时钟模块中的 BCD 寄存器,以显示秒、分钟、小时、日期、日、月和年。CPU 必须分别在 RTC 模块的 BCDSEC、BCDMIN、BCDHOUR、BCDDATE、BCDDAY、BCDMON 和 BCD-YEAR 寄存器中读取数据。但是,因为多个寄存器被读取,所以可能有一秒的偏差存在。例如,当用户从 BCDYEAR 到 BCDMIN 读取寄存器时,结果假设为 2059(年)、12(月)、31(日期)、23(小时)和 59(分钟)。当用户读取 BCDSEC 寄存器,当值为 1~59(秒)时,没有问题,但值为 0 秒,年、月、日、小时和分钟将被改变为 2060(年)、1(月)、1(日期)、0(小时)和 0(分钟),就是因为这一秒的变差。在这种情况下,如果 BCDSEC 置 0,用户必须从 BCDYEAR 到 BCDSEC 重新读取。

(3) 备份电源操作

通过备用电池可以驱动实时时钟逻辑,通过 RTCVDD 引脚进入实时时钟模块来提供电源。

(4) 报警功能

实时时钟在断电模式或正常操作模式的某一特定时间内产生一个报警信号。在正常操作模式下,报警中断(ALMINT)被激活。在断电模式下,电源管理唤醒(PM-WKUP)信号与 ALMINT 一样充分被激活。实时时钟报警寄存器(RTCALM)决定了报警启用/禁用的状态和报警时间设置的条件。

(5) 标记时间中断

实时时钟标记时间被用于中断请求。TICNT 寄存器有一个中断使能位和一个中断计数值。当标记时间中断发生时,计数器的值达到 0。中断周期 $=(n+1)/32\,768$ s($n=$ 标记计数器的值)。

注意:

RTC 时间标记可用于实时操作系统(RTOS)内核时间标记。如果时间标记是通过 RTC 时间标记产生的,RTOS 的时间相关功能将始终同步在实时时间中。

(6) 32.768 kHz XTAL 关系实例

图 8.18 显示了在 32.768 kHz 下实时时钟单位振动的电路。

表 8.49 给出了两种外部接口的描述。

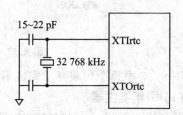

图 8.18 主振荡器电路的外部接口实例

表 8.49　外部接口描述

名　称	方　向	描　述
XTI	输入	32 kHz RTC 振荡器的时钟输入
XTO	输入	32 kHz RTC 振荡器的时钟输出

8.7.1　RTC 寄存器描述

表 8.50 给出和实时时钟相关的一些寄存器。

表 8.50　实时时钟寄存器

寄存器	地　址	读/写	描　述	复位值
INTP	0x7E005030	读/写	中断等待寄存器	0x0
RTCCON	0x7E005040	读/写	实时时钟控制寄存器	0x0
TICNT	0x7E005044	读/写	标记时间计数寄存器	0x0
RTCALM	0x7E005050	读/写	实时时钟报警控制寄存器	0x0
ALMSEC	0x7E005054	读/写	报警秒数据寄存器	0x0
ALMMIN	0x7E005058	读/写	报警分钟数据寄存器	0x00
ALMHOUR	0x7E00505C	读/写	报警小时数据寄存器	0x0
ALMDATE	0x7E005060	读/写	报警天数据寄存器	0x01
ALMMON	0x7E005064	读/写	报警月数据寄存器	0x01
ALMYEAR	0x7E005068	读/写	报警年数据寄存器	0x0
BCDSEC	0x7E005070	读/写	BCD 秒寄存器	未定义
BCDMIN	0x7E005074	读/写	BCD 分钟寄存器	未定义
BCDHOUR	0x7E005078	读/写	BCD 小时寄存器	未定义
BCDDATE	0x7E00507C	读/写	BCD 日期寄存器	未定义
BCDDAY	0x7E005080	读/写	BCD 天寄存器	未定义
BCDMON	0x7E005084	读/写	BCD 月寄存器	未定义
BCDYEAR	0x7E005088	读/写	BCD 年寄存器	未定义
CURTICCNT	0x7E005090	读	当前标记时间计数寄存器	0x0

(1) 实时时钟的控制寄存器（RTCCON）

RTCCON 寄存器地址 0x7E005040，可读/写，复位值为 0x0，和 RTCEN 寄存器一样，都是由 9 位组成。它控制 BCD 设置的读/写启动，即 CNTSEL 和 TICEN 测试。RTCEN 位能够控制 CPU 和 RTC 之间的所有接口，因此在系统复位后，它必须在 RTC 控制中设置为 1 来启动数据读取/写入。切断电源前，RTCEN 位必须清除为 0，以预防无意写入 RTC 寄存器。寄存器描述见表 8.51。

(2) 标记时间计数寄存器（TICNT）

标记时间计数寄存器 TICNT 地址 0x7E005044，可读/写，复位值为 0x0。位 [15:0] 为 TICK TIME COUNT，初始状态为 0，是 16 位标记定时器计数值。

ARM嵌入式系统原理与应用教程（第2版）

222

表 8.51 实时时钟的控制寄存器

RTCCON	位	描 述	初始状态
TICEN	[8]	标记定时器启动。0＝禁止，1＝启动	0
Reserved	[7:3]	保留	0
CNTSEL	[2]	BCD 计数选择。0＝合并 BCD 计数器，1＝保留（分开 BCD 计数器）	0
CLKSEL	[1]	BCD 时钟选择。0＝XTAL 1/2⁻15 分频时钟，1＝保留（XTAL 时钟单独测试）	0
RTCEN	[0]	RTC 控制启动。0＝禁止，1＝启动。注：当 RTCEN 启动，BCD 时间计数设置，RTC 时钟计数器复位和读取操作可以被执行	0

（3）实时时钟报警控制寄存器（RTCALM）

RTCALM 寄存器地址 0x7E005050，可读/写，复位值为 0x0，决定报警启动和报警时间，具体描述见表 8.52。注意：RTCALM 寄存器通过 ALMINT 和 PMWKUP 断电模式产生报警信号，而且，在正常的运作模式下只能通过 ALMINT。

表 8.52 实时时钟报警控制寄存器

RTCALM	位	描 述	初始状态
Reserved	[7]		0
ALMEN	[6]	通用报警启动：0＝禁止，1＝启动	0
YEAREN	[5]	年报警启动：0＝禁止，1＝启动	0
MONEN	[4]	月报警启动：0＝禁止，1＝启动	0
DATEEN	[3]	天报警启动：0＝禁止，1＝启动	0
HOUREN	[2]	小时报警启动：0＝禁止，1＝启动	0
MINEN	[1]	分钟报警启动：0＝禁止，1＝启动	0
SECEN	[0]	秒报警启动：0＝禁止，1＝启动	0

（4）报警秒数据寄存器（ALMSEC）

报警秒数据寄存器（ALMSEC）地址 0x7E005050，可读/写，复位值为 0x0，具体描述见表 8.53。

表 8.53 中报警秒数据寄存器

ALMSEC	位	描 述	初始状态
Reserved	[7]	保留	0
SECDATA	[6:4]	秒报警的 BCD 值。0～5	000
	[3:0]	0～9	0000

（5）报警分钟数据寄存器（ALMMIN）

报警分钟数据寄存器地址 0x7E005058，可读/写，复位值为 0x00，具体描述见表 8.54。

表 8.54　报警分钟数据寄存器

ALMMIN	位	描　述	初始状态
Reserved	[7]	保留	0
MINDATA	[6:4]	分钟报警的 BCD 值。0～5	000
	[3:0]	0～9	0000

(6) 报警小时数据寄存器(ALMHOUR)

报警小时数据寄存器地址 0x7E00505C,可读/写,复位值为 0x00,具体描述见表 8.55。

表 8.55　报警小时数据寄存器

ALMHOUR	位	描　述	初始状态
Reserved	[7:6]	保留	00
HOURDATA	[5:4]	时报警的 BCD 值。0～2	00
	[3:0]	0～9	0000

(7) 报警天数据寄存器(ALMDATE)

报警天数据寄存器地址 0x7E005060,可读/写,复位值为 0x00,具体描述见表 8.56。

表 8.56　报警天数据寄存器

ALMDATE	位	描　述	初始状态
Reserved	[7:5]	保留	00
MONDATA	4	月报警的 BCD 值。0～1	00
	[3:0]	0～9	00

(8) 报警年数据寄存器(ALMYEAR)

报警年数据寄存器地址 0x7E005068,可读/写,复位值为 0x0。位[7:0]为 YEARDATA,初始状态为 0x0,年报警的 BCD 值,00～99。

(9) BCD 秒寄存器(BCDSEC)

RTC 中实时时钟的显示经常应用 BCD 码来进行显示,BCD 秒寄存器地址 0x7E005070,可读/写,复位值未定义,具体描述见表 8.57。

表 8.57　BCD 秒寄存器

BCDSEC	位	描　述	初始状态
SECDATA	[6:4]	秒的 BCD 值。0～5	—
	[3:0]	0～9	—

(10) BCD 分钟寄存器(BCDMIN)

BCD 分钟寄存器地址 0x7E005074,可读/写,复位值未定义,具体描述见表 8.58。

(11) BCD 小时寄存器(BCDHOUR)

BCD 小时寄存器地址 0x7E005078,可读/写,复位值未定义,具体描述见表 8.59。

表 8.58　BCD 分钟寄存器

BCDMIN	位	描　述	初始状态
MINDATA	[6:4]	分的 BCD 值。0～5	—
	[3:0]	0～9	—

表 8.59　BCD 小时寄存器

BCDHOUR	位	描　述	初始状态
Reserved	[7:6]		
HOURDATA	[5:4]	时的 BCD 值。0～2	—
	[3:0]	0～9	—

（12）BCD 日期寄存器（BCDDATE）

BCD 小时寄存器地址 0x7E00507C，可读/写，复位值未定义，具体描述见表 8.60。

表 8.60　日期寄存器

BCDDAY	位	描　述	初始状态
Reserved	[7:6]	保留	
DATEDATA	[5:4]	日期的 BCD 值。0～3	—
	[3:0]	0～9	—

（13）BCD 天寄存器（BCDDAY）

BCD 天寄存器地址 0x7E005080，可读/写，复位值未定义，具体描述见表 8.61。

表 8.61　BCD 天寄存器

BCDDAY	位	描　述	初始状态
Reserved	[7:3]	保留	
DAYDADA	[2:0]	天的 BCD。1～7	—

（14）BCD 月寄存器（BCDMON）

BCD 月寄存器地址 0x7E005084，可读/写，复位值未定义，具体描述见表 8.62。

表 8.62　BCD 月寄存器

BCDMON	位	描　述	初始状态
Reserved	[7:5]	保留	
MONDATA	[4]	月的 BCD 值。0～1	—
	[3:0]	0～9	—

（15）BCD 年寄存器（BCDYEAR）

BCD 月寄存器地址 0x7E005084，可读/写，复位值未定义，位[7:0]为 Reserved，年的 BCD 值，0～99。

（16）当前标记时间计数寄存器（CURTICCNT）

当前标记时间计数寄存器地址 0x7E005090，可读，复位值为 0x0，位［15：0］为 Tickcounter observation，是当前标记计数值。

（17）RTC 中断等待寄存器（INTP）

RTC 中断等待寄存器地址 0x7E005030，可读/写，复位值未定义，具体描述见表 8.63。

表 8.63　RTC 中断等待寄存器

INTP	位	描　述	初始状态
Reserved	［7：2］	保留	00
ALARM	［1］	报警中断等待位。0：没有中断发生，1：中断发生	0
Time	［0］	Time TIC 中断等待位。0：没有中断发生，1：中断发生	0

8.7.2　RTC 寄存器编程举例

通过以上对 RTC 实时时钟的介绍，需要掌握 S3C6410 中 RTC 的基本特性及寄存器的相关功能。本小节主要结合 ARM11 来举例说明 RTC 实时时钟的具体实现，有助于更好地理解该模块的性能。

RTC 报警功能的实现：

输入：NONE（通过用户在 rtc.h 中预先定义报警值和警报组件的选择）。

输出：NONE（当 RTC 达到定义报警的值时，通过选择组件，如秒、分钟等，警报中断将发生）。

以下是 RTC 警报代码的具体实现：

```
void RTC_Alarm(void) //RTC 实时时钟警报函数
{
u32 uSelect;
RTC_Init();
RTC_SetCON(0,0,0,0,0,1); //没有复位,合并 BCD 计数器,1/32768,RTC 控制使能
RTC_SetAlmTime(AlmYear,AlmMon,AlmDate,AlmHour,AlmMin,AlmSec);
printf("Select alarm interrupt source \n");
printf("1:sec 2:min 3:hour 4:date 5:month 6:year 7:All components\n");
uSelect = GetIntNum();
switch(uSelect)
{
case 1:
RTC_SetAlmEn(1,0,0,0,0,0,1);
break;
case 2:
RTC_SetAlmEn(1,0,0,0,0,1,0);
break;
case 3:
```

```
RTC_SetAlmEn(1,0,0,0,1,0,0);
break;
case 4:
RTC_SetAlmEn(1,0,0,1,0,0,0);
break;
case 5:
RTC_SetAlmEn(1,0,1,0,0,0,0);
break;
case 6:
RTC_SetAlmEn(1,1,0,0,0,0,0);
break;
case 7:
RTC_SetAlmEn(1,1,1,1,1,1,1);
break;
default:
RTC_SetAlmEn(1,1,1,1,1,1,1);
break;
}
printf("After 5 sec,alarm interrupt will occur.. \n");
RTC_PrintAlm();
RTC_Print();
uCntAlarm = 0;
INTC_SetVectAddr(NUM_RTC_ALARM,Isr_RTC_Alm);
INTC_Enable(NUM_RTC_ALARM);
RTC_SetCON(0,0,0,0,0,0);  //没有复位,合并 BCD 计数器,1/32 768,RTC 控制禁用
while(uCntAlarm = = 0)
{
};
RTC_Print();
INTC_Disable(NUM_RTC_ALARM);
//RTC 控制禁用(用于电源消耗),1/32 768,正常的(合并),没有复位
RTC_SetCON(0,0,0,0,0,0);
}
```

8.8　I²C 总线接口

本节主要讲述 S3C6410 RISC 中 I²C 总线接口的功能和使用方法。

8.8.1　I²C 总线接口概述

S3C6410 RISC 处理器能支持一个多主控器 I²C 串行接口。一个专用的串行数据线（SDA）和一个串行时钟线（SCL）在总线主控器和连接到 I²C 总线的外部设备之间传输数据。SDA 和 SCL 线是双向的。在多主控制 I²C 总线模式下，多个 S3C6410

RISC 处理器能发送(或接收)串行数据到从属设备。主控器 S3C6410 能开始和结束 I²C 总线上的数据传输。在 S3C6410 中 I²C 总线使用标准的总线仲裁程序。

为了控制多个 I²C 总线操作,必须将值写入下面的寄存器:

➤ 多主控器 I²C 总线控制寄存器 IICCON;

➤ 多主控器 I²C 总线控制/状态寄存器,IICSTAT;

➤ 多主控器 I²C 总线发送/接收数据移位寄存器 IICDS;

➤ 读主控器 I²C 总线地址寄存器 IICADD。

当 I²C 总线空闲,SDA 和 SCL 线必须是高电平。SDA 从高到低转换能启动一个开始条件。当 SCL 处于高电平,保持稳定时,SDA 从低位到高位传输能启动一个停止条件。主设备能一直产生开始和停止条件。开始条件产生后,主控器通过在第一次输出的数据字节中写入 7 位的地址来选择从属器设备。第 8 位用于确定传输方向(读或写)。在到 SDA 总线上的每一个数据字节总数上必须是 8 位。在总线传输操作期间,发送或接收字节没有限制。数据一直是先从最高有效位(MSB)发送,并且每个字节后面必须立即跟随确认(ACK)位。I²C 总线模块图如图 8.19 所示。

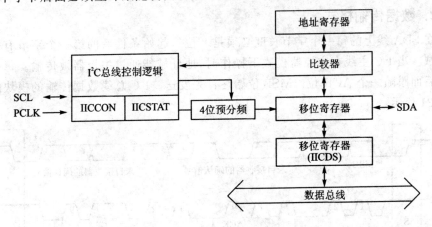

图 8.19　S3C6410 I²C 总线模块图

8.8.2　I²C 总线接口操作模式

S3C6410 I²C 总线接口有 4 种操作模式:主控器发送模式;主控器接收模式;从属器发送模式;从属器接收模式。这些操作模式之间的功能关系如下所述。

1. 开始和停止条件

I²C 总线接口无效时,它通常是在从属器模式。换句话说就是,在 SDA 线检测一个开始条件前(当信号 SCL 在高位时,SDA 线发生高位到低位的跃变,开始条件启动),接口必须在从属器模式下。当接口状态变为主控器模式时,在 SDA 线上的数据传输开始,并且产生 SCL 信号。开始条件能通过 SDA 线传输一个字节的串行数据。一个停止条件能结束该数据传输。主控器能一直产生开始和停止条件。当一个开始条件产生后，I²C 总线获得繁忙信号。停止条件将使 I²C 总线空闲。当主控器发起一个开始条件，它将发送一个从属地址来通知从属器设备。一个字节的地址域包含 7 位地址和 1 位传输方向指示器（表示写或读）。如果位 8 是 0，表示写操作（发送操作）；如果位 8 是 1，表示请求读取数据（接收操作）。主控器通过发出一个停止条件来完成传输操作。如果主控器想继续将数据发送到主线，它将产生另一个开始条件和一个从属地址。通过这种方式，读/写操作能在不同的格式下被执行。开始和停止条件模块图如图 8.20 所示。

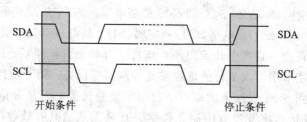

图 8.20　开始和停止条件模块图

2. 数据传输格式

在 SDA 线上的每一个字节长度必须是 8 位。起始条件后的第一个字节有一个地址域。当 I²C 主线在主控器模式下操作时，地址域能通过主控器被传输。每一个字节后面跟随一个 ACK 位。MSB 位始终首先发送。I²C 总线数据传输的模块图如图 8.21 所示。

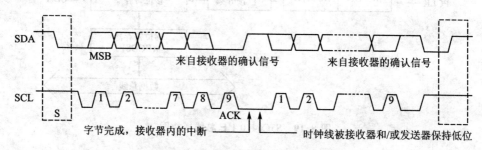

图 8.21　I²C 总线数据传输的模块图

3. ACK 信号传输

为了完成一个字节的发送操作，接收器必须将一个 ACK 位发送到发送器。ACK 脉冲在 SCL 线的第 9 个时钟产生。对于发送一个字节来说，8 个时钟是必要的。主控器将产生一个时钟脉冲来发送一个 ACK 位。当 ACK 时钟脉冲被接收时，通过使 SDA 置高位，发送器释放 SDA 线。在传送 ACK 时钟脉冲期间，接收器驱使 SDA 线置低位，以使 SDA 线在第 9 个 SCL 脉冲的高位时期保持低位。ACK 位传输功能能通过软件（IICSTAT）来激活或者禁止。然而，在 SCL 的第 9 个时钟，ACK 脉冲被要求来完成一个字节的数据传输操作。I²C 总线上的确认模块图，如图 8.22 所示。

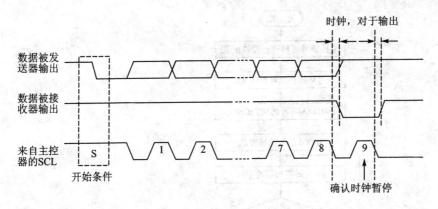

图 8.22 I²C 总线上的确认模块图

4. 读/写操作

在发送模式下,当发送数据时,I²C 总线接口将一直等待,直到数据移位(IICDS)寄存器接收到一个新的数据。新的数据写入寄存器之前,SCL 线将被保持在低位,数据写入后释放。S3C6410 保持中断来确定当前数据发送完成。CPU 接收中断请求后,它将新的数据写入到 I²CDS 寄存器。在接收模式下,当接收数据时,IICDS 寄存器被读取前,I²C 总线接口将一直等待。在新的数据被读出前,SCL 线将保持低位,读取后释放。S3C6410 保持中断来确认新的数据接收完成。CPU 接收到中断请求后,它从 IICDS 寄存器读取数据。

5. 异常中断条件

如果一个从属接收器不承认该从属地址,它将保持 SDA 线为高位。在这种情况下,主控器产生一个中断条件中断传输。中断传输和主控器的接收器是有关的。来自从属器的最后数据字节被接收后,通过取消一个 ACK 的产生,通知从属发送器操作结束。从属发送器释放 SDA 来允许主控器产生一个停止条件。

6. I²C 总线配置

为了控制串行时钟的频率(SCL),在 IICCON 寄存器中,4 位的预分频值被执行。I²C 总线接口地址被存储在 I²C 总线地址(IICADD)寄存器。由于默认,I²C 总线地址有一个未知值。

7. 每个模块的操作流程图

在 I²C 发送/接收操作前必须执行下面的步骤:
① 如果需要的话,在 IICADD 寄存器写入自己的从属器地址;
② 设置 IICCON 寄存器:启动中断,定义 SCL 周期;
③ 设置 IICSTAT 以能够连续输出。
主控器/发送器操作模式的操作流程图如图 8.23 所示。
主控器/接收器操作模式的操作流程图如图 8.24 所示。

ARM嵌入式系统原理与应用教程(第2版)

230

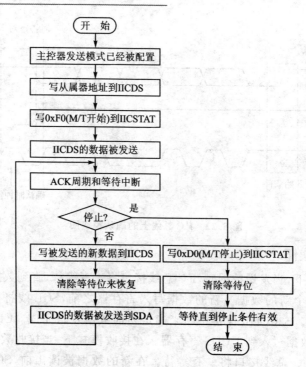

图 8.23　主控器/发送器操作模式

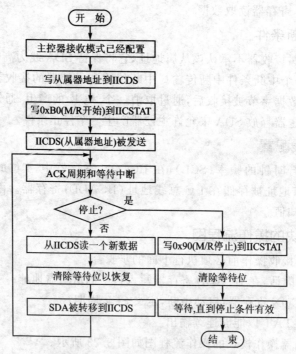

图 8.24　主控器/接收器操作模式

从属器/发送器操作模式的操作流程图如图 8.25 所示。

从属器/接收器操作模式的操作流程图如图 8.26 所示。

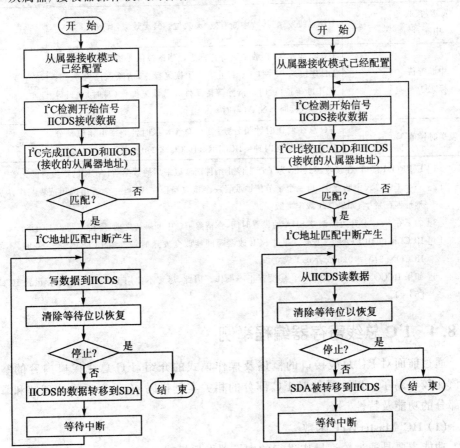

图 8.25　从属器/发送器操作模式　　　图 8.26　从属器/接收器操作模式

8.8.3　多主控器 I²C 总线控制寄存器(IICCON)

多主控器 I²C 总线控制寄存器地址 0x7F004000,可读/写,复位值为 0x0X,具体描述见表 8.64。

表 8.64　多主控器 I²C 总线控制寄存器

IICCON	位	描　　述	初始状态
确认产生[1]	[7]	I²C 总线确认有效位。0:无效,1:有效。发送模式下,在确认期间,IICSDA 空闲;接收模式下,在确认期间,IICSDA 为 L	0
发送时钟源选择	[6]	I²C 总线发送时钟预分频选择位的源时钟。0: IICCLK = f_{PCLK}/16,1: IICCLK = f_{PCLK}/512	0

续表 8.64

IICCON	位	描 述	初始状态
发送/接收中断[5]	[5]	I²C 总线发送/接收中断有效/无效位。0:无效 1:有效	0
中断等待标志[3][4]	[4]	I²C 总线发送/接收中断等待标志。当该位以 1 被读取时，IICS-DL 连接到 L 并且 I²C 停止。为了恢复操作，清除该位为 0。0:无中断等待(读时)；清除等待条件并且恢复操作(写时)。1:等待中断(读时)；N/A(写时)	0
发送时钟值[5]	[3:0]	I²C 总线发送时钟预分频。I²C 总线发送时钟频率由 4 位预分频值决定发送时钟＝IICCLK/(IICCON[3:0]+1)。	未定义

[1] E²PROM 接口，在接收模式下，为了产生停止条件而读取最后的数据前，ACK 的产生可能无效。

[2] 一个 I²C 总线中断产生：当一个字节传输或者一个接收操作完成；当一个通用调用或者一个从属器地址匹配发生；如果总线裁定失败。

[3] 为了在 SCL 上升边缘调整 SDA 的设置时间，在清除 I²C 中断等待之前，不得不写入 IICDS。

[4] IICCLK 由 IICCON[6]决定。通过 SCL 改变时间能改变发送时钟。当 IICCON[6]＝0 时，不能使 IICCON[3:0]＝0x0 或者 0x1 成立。

[5] 如果 IICCON[5]＝0，IICCON[4]没有正确操作。因此，尽管不使用 I²C 中断，也推荐设置 IICCON[5]＝1。

232

8.8.4 I²C 总线寄存器编程举例

通过前面对 I²C 总线接口的概述及操作模式的介绍，I²C 总线接口内容的掌握应该比较容易了。以下是针对 I²C 部分的相关实例代码，有助于更好地理解和掌握该部分的功能及特性。

(1) IIC_MasterWrP 函数

功能主要是通过轮询操作进行的主控器发送模式。

输入：cSlaveAddr [8bit SlaveDeviceAddress]，
pData [pointer of Data which you want to Tx]
输出：NONE

```
void IIC_MasterWrP(u8 cSlaveAddr,u8 * pData)
{
u32 uTmp0;
u32 uTmp1;
u8 cCnt;
s32 sDcnt = 100;
u32 uPT = 0;
uTmp0 = Inp32(rIICSTAT);
while(uTmp0&(1<<5))                //等待，直到 I²C 总线被释放
{
```

```
uTmp0 = Inp32(rIICSTAT);
}
uTmp1 = Inp32(rIICCON);
uTmp1 | = (1<<7);
Outp32(rIICCON,uTmp1);              //ACK 发生使能
Outp32(rIICDS,cSlaveAddr);
Outp32(rIICSTAT,0xf0);              //主控器发送开始
while(! (sDcnt = = -1))
{
if(Inp8(rIICCON)&0x10)
{
if((sDcnt - -) = = 0)
{
Outp32(rIICSTAT,0xd0);             //停止主控器发送条件,ACK 标志清除
uTmp0 = Inp32(rIICCON);
uTmp0 & = ~(1<<4);                 //清除等待位,重新开始
Outp32(rIICCON,uTmp0);
Delay(1);                          //等待,直到停止条件生效
break;
}
Outp8(rIICDS,pData[uPT + +]);
for(cCnt = 0;cCnt<10;cCnt + +);     //用于建立时间(IICSCL 的上升沿)
uTmp0 = Inp32(rIICCON);
uTmp0 & = ~(1<<4);                 //清除等待位,重新开始
Outp32(rIICCON,uTmp0);
}
}
}
```

(2) IIC_MasterRdP 函数

功能主要是通过轮询操作进行的主控器接收模式。

输入：cSlaveAddr [8bit SlaveDeviceAddress],

pData [pointer of Data which you want to Rx]

输出：NONE

```
void IIC_MasterRdP(u8 cSlaveAddr,u8 * pData)
{
u32 uTmp0;
u32 uTmp1;
u8 cCnt;
uTmp0 = Inp32(rIICSTAT);
while(uTmp0&(1<<5))                 //等待,直到 I²C 总线被释放
```

```
    {
    uTmp0 = Inp32(rIICSTAT);
    }
    uTmp1 = Inp32(rIICCON);
    uTmp1 | = (1<<7);
    Outp32(rIICCON,uTmp1);                    //ACK 发生使能
    Outp32(rIICDS,cSlaveAddr);
    Outp32(rIICSTAT,0xB0);                     //主控器接收开始
    while((Inp8(rIICSTAT)&0x1))
    {
    }
    cCnt = 0;
    while(cCnt<101)
    {
    if(Inp8(rIICCON)&0x10)
    {
    pData[cCnt] = Inp8(rIICDS);
    cCnt + + ;
    uTmp0 = Inp32(rIICCON);
    uTmp0 & = ~(1<<4);                        //清除等待位,重新开始
    Outp32(rIICCON,uTmp0);
    }
    }
    }
```

8.9 DMA 控制器

本节主要介绍用于 S3C6410 微处理器的 DMA 控制器。S3C6410 包含 4 个 DMA 控制器,每个 DMA 控制器由 8 个传输通道组成。DMA 控制器的每个通道能在 SPINE AXI 总线的设备和/或 PERIPHERAL AXI 总线之间通过 AHB 到 AXI (没有其他限制)进行数据传输。换言之,每个通道可以处理以下 4 种情形:

① 源及目标在中心总线上;

② 当目标在外设总线上可用时,在中心总线上,源也可以用;

③ 当目标在中心总线上可用时,在外设总线上,源也可以用;

④ 源及目标可用在外设总线上。

ARM 的 PrimeCell DMA 控制器 PL080 用来作为 S3C6410 DMA 控制器。该 DMAC 是一个 AMBA AHB 模块,连接到 AHB 总线。DMAC 是一个先进的微控制

器总线体系(Advanced Microcontroller Bus Architecture,AMBA),兼容系统单晶片(System‐on‐Chip,SoC),它的开发、测试、许可符合 ARM 的规范。DMA 的主要优点是没有 CPU 的干预,同样可以传输数据。DMA 的操作可以通过 S/W 初始化,或通过内部外设/外部引脚做请求。

8.9.1　DMA 控制器的特性

DMA 控制器提供以下功能:

① S3C6410 包含 4 个 DMA 控制器。每个 DMA 控制器由 8 个传输通道组成,每个通道支持单向传输。

② 每个 DMA 控制器提供了 16 个外设 DMA 请求。

③ 每个外设连接到 DMAC,可以表明一个脉冲 DMA 请求或者一个单一的 DMA 请求。DMA 脉冲的大小通过执行 DMAC 来设置。

④ 支持内存到内存,内存到外设,外设到内存以及外设向外设传输。

⑤ 通过使用连接表,支持分散 DMA 或集合 DMA。

⑥ 硬件 DMA 通道的优先权,每一个 DMA 通道有一个特定的硬件优先。DMA 通道 0 有最高优先级,通道 7 具有最低优先级。如果请求在同一时间两个通道变为有效,则首先服务最高优先级。

⑦ 该 DMAC 通过写入 DMA 控制寄存器来超过 AHB 接口。

⑧ 两个 AXI 总线主要通过 AHD 和 AXI 桥传输数据,当 DMA 请求其作用时,这些接口将用于传输数据。

⑨ 来源及目标的递增或非递增地址。

⑩ 可编程的 DMA 的脉冲大小。DMA 的脉冲大小可以编程,以提高效率的传输数据。通常是脉冲大小,在外设设置为 FIFO 的一半。

⑪ 内部 4 字 FIFO 通道。

⑫ 支持 8 位、16 位和 32 位宽度处理。

⑬ 支持大端和小端模式。复位时,DMA 控制器默认的是小端模式。

⑭ 单独的和组合的 DMA 错误和 DMA 计数中断请求。在一个 DMA 错误上或者当 DMA 计数读取 0(通常用于指示传输完成)时,处理器的中断产生。

3 个中断请求信号是用来做到以下几点:当传输已完成时,产生 DMACINTTC信号;当发生错误时,产生 DMACINERR 信号;DMACINTTC 和 DMACINERR 中断请求信号,DMACINTR 中断请求可以在系统中使用,其中有少数中断控制器的请求输入。

⑮ 中断屏蔽。DMA 错误和 DMA 终端计数中断请求可能被屏蔽。

⑯ 原始中断状态,DMA 错误和计数原始中断状态可以读取预屏蔽的信息。

DMA 控制器的结构框图如图 8.27 所示。

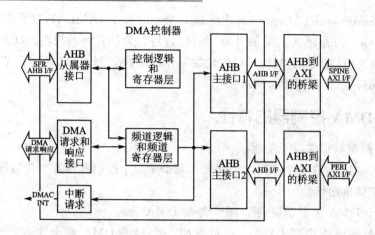

图 8.27 DMA 控制器的结构框图

8.9.2 DMA 源

该 S3C6410 支持 64 位 DMA 源，如表 8.65 所列。

表 8.65 DMA 源

组	DMA 编号	源	描 述
DMA0,SDMA0	0	DMA_UART0[0]	UART0 DMA 源 0
DMA0,SDMA0	1	DMA_UART0[1]	UART0 DMA 源 1
DMA0,SDMA0	2	DMA_UART1[0]	UART1 DMA 源 0
DMA0,SDMA0	3	DMA_UART1[1]	UART1 DMA 源 1
DMA0,SDMA0	4	DMA_UART2[0]	UART2 DMA 源 0
DMA0,SDMA0	5	DMA_UART2[1]	UART2 DMA 源 1
DMA0,SDMA0	6	DMA_UART3[0]	UART3 DMA 源 0
DMA0,SDMA0	7	DMA_UART3[1]	UART3 DMA 源 1
DMA0,SDMA0	8	DMA_PCM0_TX	PCM0 DMA TX
DMA0,SDMA0	9	DMA_PCM0_RX	PCM0 DMA RX
DMA0,SDMA0	10	DMA_I2S0_TX	I2S0 TX DMA
DMA0,SDMA0	11	DMA_I2S0_RX	I2S0 RX DMA
DMA0,SDMA0	12	DMA_SPI0_TX	SPI0 TX DMA
DMA0,SDMA0	13	DMA_SPI0_RX	SPI0 RX DMA
DMA0,SDMA0	14	DMA_HSI_TX	MIPI HSI DMA
DMA0,SDMA0	15	DMA_HSI_RX	MIPI HSI DMA
DMA1,SDMA1	0	DMA_PCM1_TX	PCM1 DMA TX
DMA1,SDMA1	1	DMA_PCM1_RX	PCM1 DMA RX
DMA1,SDMA1	2	DMA_I2S1_TX	I2S1 TX DMA
DMA1,SDMA1	3	DMA_I2S1_RX	I2S1 RX DMA

续表 8.65

组	DMA 编号	源	描　述
DMA1,SDMA1	4	DMA_SPI1_TX	SPI1 TX DMA
DMA1,SDMA1	5	DMA_SPI1_RX	SPI1 RX DMA
DMA1,SDMA1	6	DMA_AC_PCMou	AC97 PCMout DMA
DMA1,SDMA1	7	DMA_AC_PCMin	AC97 PCMin DMA
DMA1,SDMA1	8	DMA_AC_MICin	AC97 MICin DMA
DMA1,SDMA1	9	DMA_PWM	PWM DMA 源
DMA1,SDMA1	10	DMA_IrDA	IrDA DMA 源
DMA1,SDMA1	11	Reserved	
DMA1,SDMA1	12	Reserved	
DMA1,SDMA1	13	Reserved	
DMA1,SDMA1	14	DMA_SECU_RX	安全 RX DMA
DMA1,SDMA1	15	DMA_SECU_TX	安全 TX DMA 源
DMA0,SDMA0	7	DMA_UART3[1]	UART3 DMA 源 1

8.9.3　DMA 接口

1. DMA 请求信号

DMA 请求信号是由外设要求的数据传输而被使用的。该 DMA 请求信号表明：

➢ 是否传输单个字或脉冲（多字）数据的传输需要。

➢ 是否在数据包中，传输的是最后一次。

该 DMA 请求信号向 DMA 控制器为每个外设分列如下：

➢ DMACxBREQ：脉冲请求信号。这个执行程序脉冲字的数目被转移。

➢ DMACxSREQx：单传输请求信号。该 DMA 控制器传输单个字到外设或来自外设。

注意：如果外设只传输数据的脉冲，则它不是强制地去连接单一传输请求信号。如果外设只传输单一的数据的字，则它不是强制地去连接脉冲请求信号。

2. DMA 的响应信号

该 DMA 响应信号表明是否传输由 DMA 请求信号完成，响应信号也可以被用来表明是否有一个完整的包已传输。该 DMA 响应信号从 DMA 控制器中为每个外设进行了分配，分配如下：

➢ DMACxCLRx：DMA 的清除或确认信号。

➢ DMACxTC：DMA 的终端计数信号。

➢ DMA 使用 DMACxCLRx 信号来确认来自外设的 DMA 请求。

➢ 该 DMACxTC 信号有跳变表明 DMA 传输完成所用的 DMA 控制器。

注意：有些外设不需要连线的 DMA 终端计数信号。

3. DMA 接口传输类型

该 DMA 控制器支持 4 种类型的传输:从内存到外设,从外设到内存,从内存到内存,从外设到外设。每一个传输类型可以转让任一外设或 DMA 控制器作为流量控制器。因此,有 4 个可能的控制情况。

4. 在 DMA 控制器的流控制下外设到内存的处理

对于不是脉冲大小倍数的处理,使用脉冲和单一请求信号,如图 8.28 所示。

这两个请求信号并非互相排斥,该 DMA 控制器监控器 DMACBREQ,数据的数量左传输大于脉冲大小并当发生请求时,开始一个脉冲传输(来自外设)。当数据的数量左传输小于脉冲大小时,DMA 控制器监控 DMACBREQ,并当发生请求时,开始单一传输。

图 8.28　由脉冲和单一请求组成的外设到内存的处理

5. 在 DMA 控制器的流控制下内存到外设的处理

处理的外设数据较小时,只用脉冲模块请求信号,如图 8.29 所示,由脉冲组成的内存到外设的处理。

当剩余的数据数量大于脉冲的大小,DMA 控制器发送数据的全脉冲。当剩余的数据数量小于脉冲的大小,DMAC 再次监控 DMACBREQ,并且当发生请求时,传输剩余的数据。

6. 在 DMA 控制器的流控制下内存到内存的处理

软件程序从内存到内存传输的 DMA 通道,如图 8.30 所示。当它启用,DMA 通道没有 DMA 请求开始传输,然后继续,直到发生下列情况中的一种:所有数据转移;通过软件禁止该通道。

注意:必须执行内存到内存的传输与低通道优先,否则,其他 DMA 通道不能进入总线,直到内存到内存的传输已经完成,或其他 AHB 的控制无法执行任何处理。

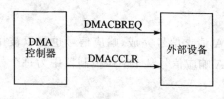

图 8.29　由脉冲组成的内存到外设的处理

图 8.30　在 DMA 控制器的流控制下内存到内存的处理

7. 在 DMA 控制器的流控制下外设到外设的处理

如图 8.31 所示,当处理的不是脉冲大小的倍数时,用下面的信号:单一和脉冲请求（DMACBREQ 和 DMACSREQ）来源是外设信号。脉冲请求（DMACBREQ）目标是外设信号。

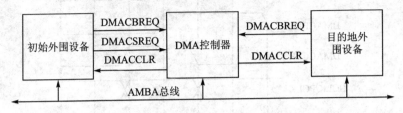

图 8.31　由脉冲和单一请求组成的外设到外设的处理

源外设遵循同样的程序，当作描述外设到内存的 DMA 控制器的流量控制。目标外设遵循同样的程序，当作描述内存到外设的处理下外设的流量控制。下一个 LLI 装载时，所有读/写传输是完整的。可以使用 DMACTC 信号表明，过去的数据已传输到外设上。DMA 控制器的流量控制如表 8.66 所列。

表 8.66　DMA 控制器的流量控制

传输方向	请求发生器	请求信号使用
外设到内存	外设	DMACBREQ
内存到外设	外设	DMACBREQ
内存到内存	DMA 控制器	None
外设到外设	外设	Src:DMACBREQ

8. 信号时序

DMA 信号的时序行为描述如下：

① DMA 请求信号 DMAC{L}(B/S)REQx。

通知 DMA 控制器，该外设准备按指定的大小进行 DMA 传输。高有效位。DMA 请求信号用于连接 DMACCLR 信号来实现握手。

② DMA 的承认或明确的 DMACCLRx。简单说明一个 DMA 传输的完成。高有效位。

③ DMA 的终端计数的 DMACTCx。简单说明数据包的最后已经准备。高有效位。

注意：如果 DMA 请求来源不使用相同的时钟作为 DMA 控制器，则在 DMAC-Sync 寄存器中，必须设置相关的位请求同步。

9. 功能时序图

外设表明，一个 DMA 请求保持有效状态。该 DMACCLR 信号声称，当结束数据项目已被传输时，DMA 控制器表明 DMACCLK 信号，如图 8.32 所示。

ARM 嵌入式系统原理与应用教程（第 2 版）

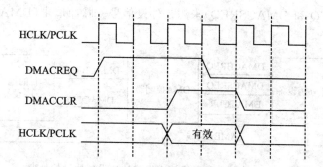

图 8.32　DMA 接口时序

8.9.4　程序员的模式

（1）设计 DMA 控制器

所有 AHB 从执行总线的处理必须是 32 位带宽。当编程 DMA 控制器时,消除尾端的问题。

（2）启动 DMA 控制器

在 DMA 配置寄存器,启动 DMA 控制器设置 DMA 的使能位。

（3）禁用 DMA 控制器

① 读取 DMACEnbldChns 寄存器,并确保所有 DMA 通道已被禁用。如果任何通道是有效的,提交禁用 DMA 通道。

② 在 DMA 配置寄存器写入 DMA 有效位,停用 DMA 控制器。

（4）启动 DMA 通道

启动 DMA 通道设置,控制有关 DMA 通道配置寄存器。通道必须在初始化之前是启用的。此外,DMA 控制器必须在设置之前启用通道。

（5）禁用 DMA 通道

在以下三个方面 DMA 通道可以被禁用:

① 直接写入通道使能位。如果使用这个方法,任何在 FIFO 中的突出数据将丢失。

② 使用有效和停止位连接通道使能位。

③ 直到传输完成,该通道是自动禁止的。

禁止 DMA 通道并不会丢失 FIFO 中数据的步骤如下:

① 在有关的通道配置寄存器中设置停止位,忽略进一步的 DMA 请求。

② 在有关的通道配置寄存器轮询有效位,直到它满足条件。该位指示是否通道中还有没传输的数据。

③ 在有关通道配置寄存器中,清除有关通道使能位。

（6）建立一个新的 DMA 传输

① 如果通道没有设置用于 DMA 处理的边界信号:读取 DMACEnbldChns 控制

器寄存器,并找出哪些通道是无效的;选择一个无效的通道,它有请求优先级。

② 执行 DMA 控制器。

(7) 停止 DMA 通道

在有关的 DMA 通道配置寄存器中,设置停止位,用于当前源请求,直到停止位被清除,任何另外来源的 DMA 请求被忽略。

(8) 编程 DMA 通道

① 决定是否使用安全 DMAC(SDMAC)或一般 DMAC。在正常状态下使用一般 DMAC,禁用系统控制器的安全 DMA 控制寄存器(sdma_sel)。

② 根据优先需要,选择自由 DMA 通道。DMA 通道 0 有最高优先权,DMA 通道 7 优先权最低。

③ 通过写 DMACIntTCClr 和 DMACIntErrClr 寄存器,清除通道中要用到的未处理的中断。先前的通道操作可能使剩余的中断有效。

④ 写源地址到 DMACCxSrcAddr 寄存器中。

⑤ 写目标址到 DMACCxSrcAddr 寄存器中。

⑥ 将下一个 LLI 的地址写入 DMACCxLLI 寄存器。如果传输单一的包,那么必须写入该寄存器,如表 8.67 所列。

表 8.67 写下一个 LLI 地址到 DMACCxLLI 寄存器

偏 移	内 容
下一个 LLI 地址	下一个 LLI 地址 0x10
下一个 LLI 地址 0x04	下一个 LLI 地址 0x10
下一个 LLI 地址 0x08	用于下一个传输的下一个 LLI 地址
下一个 LLI 地址 0x0C	用于下一个传输的 DMACCxControl0 数据
下一个 LLI 地址 0x10	用于下一个传输的 DMACCxControl0 数据

⑦ 写控制信息到 DMACCxControl 寄存器中。

⑧ 写通道配置信息到 DMACCxConfiguration 寄存器中。如果使能位被设置,那么该 DMA 通道自动启用。

8.9.5 DMA 寄存器描述

有 4 个 DMA 控制器,即 DMAC0、DMAC1、SDMAC0 和 SDMAC1,基地址分别是 0x7500_0000、0x7510_0000、0x7DB0_0000 和 0x7DC0_0000。用于 OneNAND 控制器的页面访问功能通过 DMAC0 和 SDAMC0 的通道 3 添加。DMA 寄存器的工作方式如表 8.68 所列。

ARM嵌入式系统原理与应用教程（第2版）

242

表 8.68　DMA 寄存器描述

名　称	类　型	宽　度	描　述	偏移量	复位值
DMACIntStatus	读	8	提供 DMA 控制器的中断状态。高位指示一个特殊的 DMA 通道中断有效	0x000	0x00
DMACIntTCStatus	读	8	用来判断处理过程中是否产生中断,高位指出传输被完成	0x004	0x00
DMACIntTCClear	写	8	当写入该寄存器,每个数据位都是高位使 DMACIntTCStatust 和 DMACRawIntTCStatus 寄存器清除,数据位是低位则对相应的寄存器没有影响	0x008	—
DMACIntErrorStatus	读	8	用来判断一个错误是否有中断产生	0x00C	0x00
DMACIntErrClr	写	8	当写这个寄存器时,每个数据位都是高位使 DMACIntErrorStatus 和 DMACRawIntErrorStatus 寄存器清除,数据位是低位则对相应的寄存器没有影响	0x010	—
DMACRawInt-TCStatus	读	8	屏蔽前,该寄存器提供 DMA 终端计数中断的原始状态。高位指出中断请求优先屏蔽,被激活	0x014	—
DMACRawInt-ErrorStatus	读	8	屏蔽前,该寄存器提供 DMA 错误的原始状态。高位指出中断请求优先屏蔽,被激活	0x018	—
DMACEnbldChns	读	8	寄存器显示 DMA 通道被激活,高位指出中断请求优先屏蔽,被激活	0x01C	0x00
DMACSoftBReq	读/写	16	该寄存器通过软件允许 DMA 的脉冲模块产生	0x020	0x0000
DMACSoftSReq	读/写	16	通过软件允许 DMA 的单一请求产生	0x024	0x0000
DMACSoftLBReq	读/写	16	通过软件允许 DMA 的最后脉冲模块产生	0x028	0x0000
DMACSoftLSReq	读/写	16	通过软件允许 DMA 的最后单一请求产生	0x02C	0x0000
DMACConfiguration	读/写	3	用来配置 DMA 控制器	0x030	0b000
DMACSync	读/写	16	启用或禁止用于 DMA 请求信号的同步逻辑	0x034	0x0000
DMACC0SrcAddr	读/写	32	DMA 通道 0 的初始化地址	0x100	0x00000000
DMACC0DestAddr	读/写	32	DMA 通道 0 的目标地址	0x104	0x00000000
DMACC0LLI	读/写	32	DMA 通道 0 的链表地址	0x108	0x00000000
DMACC0Control0	读/写	32	DMA 通道 0 控制器 0	0x10C	0x00000000

名　称	类　型	宽　度	描　述	偏移量	复位值
DMACC0Control1	读/写	32	DMA 通道 0 控制器 1	0x110	0x00000000
DMACC0Configuration	读/写	19	DMA 通道 0 配置寄存器	0x114	0x00000
DMACC1SrcAddr	读/写	32	DMA 通道 1 的初始化地址	0x120	0x00000000
DMACC1DestAddr	读/写	32	DMA 通道 1 的目标地址	0x124	0x00000000
DMACC1LL	读/写	32	DMA 通道 1 的链表地址	0x128	0x00000000
DMACC1Control0	读/写	32	DMA 通道 1 控制器 0	0x12C	0x00000000
DMACC1Control1	读/写	32	DMA 通道 1 控制器 1	0x130	0x00000000
DMACC1Configuration	读/写	19	DMA 通道 1 配置寄存器	0x134	0x00000
DMACC2SrcAddr	读/写	32	DMA 通道 2 的初始化地址	0x140	0x00000000
DMACC2DestAddr	读/写	32	DMA 通道 2 的目标地址	0x144	0x00000000
DMACC2LLI	读/写	32	DMA 通道 2 的链表地址	0x148	0x00000000
DMACC2Control0	读/写	32	DMA 通道 2 控制器 0	0x14C	0x00000000
DMACC2Control1	读/写	32	DMA 通道 2 控制器 1	0x150	0x00000000
DMACC2Configuration	读/写	19	DMA 通道 2 配置寄存器	0x154	0x00000
DMACC3SrcAddr	读/写	32	DMA 通道 3 的初始化地址	0x160	0x00000000
DMACC3DestAddr	读/写	32	DMA 通道 3 的目标地址	0x164	0x00000000
DMACC3LLI	读/写	32	DMA 通道 3 的链表地址	0x168	0x00000000
DMACC3Control0	读/写	32	DMA 通道 3 控制器 0	0x16C	0x00000000
DMACC3Control1	读/写	32	DMA 通道 3 控制器 1	0x170	0x00000000
DMACC3Configuration	读/写	19	DMA 通道 3 配置寄存器	0x174	0x00000
DMACC4SrcAddr	读/写	32	DMA 通道 4 的初始化地址	0x180	0x00000000
DMACC4DestAddr	读/写	32	DMA 通道 4 的目标地址	0x184	0x00000000
DMACC4LLI	读/写	32	DMA 通道 4 的链表地址	0x188	0x00000000
DMACC4Control0	读/写	32	DMA 通道 4 控制器 0	0x18C	0x00000000
DMACC4Control1	读/写	32	DMA 通道 4 控制器 1	0x190	0x00000000
DMACC4Configuration	读/写	19	DMA 通道 4 配置寄存器	0x194	0x00000
DMACC5SrcAddr	读/写	32	DMA 通道 5 初始化地址	0x1A0	0x00000000
DMACC5DestAddr	读/写	32	DMA 通道 5 目标地址	0x1A4	0x00000000
DMACC5LLI	读/写	32	DMA 通道 5 链表地址	0x1A8	0x00000000
DMACC5Control0	读/写	32	DMA 通道 5 控制器 0	0x1AC	0x00000000
DMACC5Control1	读/写	32	DMA 通道 5 控制器 1	0x1B0	0x00000000
DMACC5Configuration	读/写	19	DMA 通道 5 配置寄存器	0x1B4	0x00000
DMACC6SrcAddr	读/写	32	DMA 通道 6 初始化地址	0x1C0	0x00000000
DMACC6DestAddr	读/写	32	DMA 通道 6 目标地址	0x1C4	0x00000000
DMACC6LLI	读/写	32	DMA 通道 6 链表地址	0x1C8	0x00000000
DMACC6Control0	读/写	32	DMA 通道 6 控制器 0	0x1CC	0x00000000
DMACC6Control1	读/写	32	DMA 通道 6 控制器 1	0x1D0	0x00000000

续表 8.68

名　称	类　型	宽　度	描　述	偏移量	复位值
DMACC6Configuration	读/写	19	DMA 通道 6 配置寄存器	0x1D4	0x00000
DMACC7SrcAddr	读/写	32	DMA 通道 7 初始化地址	0x1E0	0x00000000
DMACC7DestAddr	读/写	32	DMA 通道 7 目标地址	0x1E4	0x00000000
DMACC7LLI	读/写	32	DMA 通道 7 链表地址	0x1E8	0x00000000
DMACC7Control	读/写	32	DMA 通道 7 控制器 0	0x1EC	0x00000000
DMACC7Control1	读/写	32	DMA 通道 7 控制器 1	0x1F0	0x00000000
DMACC7Configuration	读/写	19	DMA 通道 7 配置寄存器	0x1F4	0x00000

(1) 中断状态寄存器 DMACIntStatus

DMACIntStatus 寄存器是只读类型，在屏蔽后指示中断状态，位[7:0]为 IntStatus。高位指示一个特殊的 DMA 通道中断请求有效。由于错误或者终端计数中断请求，该请求产生。

(2) 中断终端计数状态寄存器 DMACIntTCStatus

DMACIntTCStatus 寄存器是只读类型，并且屏蔽后显示终端计数状态，位[7:0]为 IntTCStatus。如果结合中断请求，这个寄存器必须用于关联 DMACIntStatus 寄存器，DMACINTCOMBINE 用于中断请求。如果使用 DMACINTT 的中断请求，那么就得读 DMACIntTCStatus 寄存器来确定中断请求的来源。

(3) 中断终端计数清除寄存器 DMACIntTCClear

DMACIntTCClear 寄存器是只写类型，用于清除中断计数中断请求，位[7:0]为 IntTCClear。当写入这个寄存器，每个数据位设置为高位，原因是在状态寄存器中的相应位被清除。数据位为低位，不影响该寄存器中的相应位。

(4) 中断错误状态寄存器 DMACIntErrorStatus

DMACIntErrorStatus 寄存器是只读类型，屏蔽后显示错误请求的状态，位[7:0]为 IntErrorStatus。如果结合中断请求，该寄存器必须被用于关联 DMACIntStatus 寄存器，DMACINTCOMBINE 用于请求中断。如果 DMACINTERROR 中断请求只用于 DMACIntErrorStatus 寄存器，需要读取。

(5) 中断错误清除寄存器 DMACIntErrClr

DMACIntErrClr 寄存器是只写类型，用于清除错误中断请求，位[7:0]为 IntErrClr。当读这个寄存器时，每个数据位是高位，原因是在状态寄存器中的相应位被清除。当数据位是低位，不影响该寄存器中的相应位。

(6) 原始中断终端计数状态寄存器 DMACRawIntTCStatus

DMACRawIntTCStatus 寄存器是只读类型，位[7:0]为 RawIntTCStatus。它指示其中的 DMA 通道请求一个传输完成（终端计数中断）。高位指示终端计数中断请求是有效的，优先于屏蔽。

(7) 原始错误中断状态寄存器 DMACRawIntErrorStatus

DMACRawIntErrorStatus 寄存器是只读类型，位[7:0]为 RawIntErrorStatus，

它指示 DMA 通道屏蔽前,请求传输完成。高位指示终端的计数中断请求优先于屏蔽被激活。

(8) 通道启动状态寄存器 DMACEnbldChns

DMACEnbldChns 寄存器是只读类型,位[7:0]为 EnabledChannels,它指示其中 DMA 通道由 DMACCxConfiguration 寄存器中的启动位启动。高位指示 DMA 通道已启动。该位在 DMA 传输完成时被清除。

(9) 软件脉冲请求寄存器 DMACSoftBReq

DMACSoftBReq 寄存器是读/写类型,位[15:0]为 SoftBReq,它通过软件允许 DMA 脉冲请求发生。DMA 请求可以发生于每个来源,写入 1 到相应的寄存器位。当完成传输时,寄存器位被清除。写入 0 到这个寄存器没有影响。读取该寄存器指示其中源请求单一 DMA 传输。从外设或者软件请求寄存器产生一个请求。

注意:软件和硬件外设请求不能在同一时间使用。

(10) 配置寄存器 DMACConfiguration

DMACConfiguration 读/写寄存器,用于配置 DMA 控制器的操作。个别 AHB 主接口的字节序,可以通过写入这个寄存器的 M1 和 M2 被改变。M1 允许 AHB 主机口 1 的字节序被改变。M2 允许 AHB 主机口 2 的字节序被改变。AHB 主机口在复位上被设置为小端模式。表 8.69 显示 DMACConfiguration 寄存器的位分配。

表 8.69　DMACConfiguration 寄存器的位分配

DMACConfiguration	位	类　型	功　　能
M2	[2]	读/写	AHB 主接口 2 字节序配置:0＝小端模式,1＝大端模式。复位为 0
M1	[1]	读/写	AHB 主接口 1 字节序配置:0＝小端模式,1＝大端模式。复位为 0
E	[0]	读/写	DMA 控制器启动:0＝禁止,1＝启动。复位为 0。禁止 DMA 控制器还原电力消耗

(11) 同步寄存器 DMACSync

DMACSync 读/写寄存器,16 位,用于为 DMA 请求信号启动/禁止同步逻辑。DMA 请求信号由 DMACBREQ[15:0]、DMACSREQ[15:0]、DMACLBREQ [15:0]和 DMACLSREQ[15:0]信号组成。位设置为 0,用于 DMA 请求的特殊组启动同步逻辑。位设置为 1,用于 DMA 请求的特殊组禁止同步逻辑。这个寄存器复位为 0,同步逻辑启动。

注意:当外设产生 DMA 请求运行 DMA 控制器的不同时钟时,必须使用同步逻辑。外设和 DMA 控制器禁止同步逻辑相同的时钟运行,来改进 DMA 请求应答时间。如果有必要,DMA 响应信号,DMACCLK 和 DMACTC 在外设上必须是同步的。

(12) 通道源地址寄存器 DMACCxSrcAddr

DMACCxSrcAddr 读/写寄存器，位[31:0]为 SrcAddr，包含当前数据的源地址（字节对齐）被传输。通道启动前，每个寄存器都直接通过软件编程。当 DMA 通道启动这个寄存器时：

➤ 作为源地址是增量。

➤ 根据链接列表完成一个数据包的传输。

当通道有效但不提供有用的信息时，读这个寄存器。这是因为通过时间软件处理读取值，通道可能有进步；当通道停止时，只能故意被读取，在这种情况下，它显示最后信息源地址被读取。源地址和目标地址必须对准源和目标的宽度。

(13) 通道目标地址寄存器 DMACCxDestAddr

DMACCxDestAddr 读/写寄存器，位[31:0]为 DestAddr，它包含当前数据的源地址（字节定位）被传输。通道启动前，每个寄存器都直接通过软件编程。当 DMA 通道启动时，随着目标地址的增加，该寄存器不断进行更新。当通道有效但不提供有用的信息时，读这个寄存器。这是因为通过时间软件处理读取值，通道可能有进步；当通道停止时，只能故意被读取，在这种情况下，它显示最后信息源地址被读取。源地址和目标地址必须对准源和目标的宽度。

(14) 通道链表列表项目寄存器，DMACCxLLI

DMACCxLLI 寄存器位分配见表 8.70，它包含下一个链表列表项目（LLI）的字对齐地址。

表 8.70　DMACCxLLI 寄存器的位分配

DMACCxLLI	位	类　型	功　能
LLI	[31:2]	读/写	链表列表项目。用于下一个 LLI，地址的位[31:2] 。
R	[1]	读/写	保留，必须被写入为 0，屏蔽读
LM	[0]	读/写	用于下载下一个 LLI 的 AHB 主选择。LM＝0＝AHB 主机 1，LM＝1＝AHB 主机 2

(15) 通道控制寄存器 DMACCxControl0

DMACCxControl0 寄存器位分配见表 8.71，它包含 DMA 通道控制信息，如脉冲大小和传输宽度。通道启动前，每个寄存器都直接通过软件编程。当 DMA 道启动时，随着目标地址的增加，该寄存器不断进行更新，并当完成一个数据包的传输时，读这个寄存器，同时通道有效，但不发送有用的信息。这是因为通过时间软件处理读取值，通道可能有进步；当通道停止时，只能故意被读取。

表 8.71　DMACCxControl0 寄存器的位分配

DMACCxControl	位	类　型	功　能
I	[31]	读/写	终端计数中断启动位。控制是否为当前的 LLI
Prot	[30:28]	读/写	保护

DMACCxControl	位	类 型	功 能
DI	[27]	读/写	目标增量。每个传输后,随设置的目标地址递增
SI	[26]	读/写	源增量。每个传输后,随设置的源地址递增
D	[25]	读/写	目标 AHB 主机选择:0=AHB 主机 1(AXI_SPINE),用于目标传输选择;1=AHB 主机 2(AXI_PERI),用于目标传输选择
S	[24]	读/写	源 AHB 主选择:0=AHB 主机 1(AXI_SPINE),用于源传输选择;1=AHB 主机 2(AXI_PERI),用于源传输选择
Dwidth	[23:21]	读/写	目标传输宽度。传输宽度比 AHB 主总线宽度宽是非法的。源与目标宽度和其他的宽度不同。硬件自动压缩和解压数据包作为请求
Swidth	[20:18]	读/写	源传输宽度。传输宽度比 AHB 主总线宽度宽是非法的。源与目标宽度和其他的宽度不同。硬件自动压缩和解压数据包作为请求
DBSize	[17:15]	读/写	目标脉冲大小。显示传输的数目,提出一个目标脉冲传输请求。这个值必须设置为目标外设的脉冲大小,或如果目标是内存,就是内存边界大小。脉冲大小是数据量,当 DMACxBREQ 信号在目标外设中有效时,脉冲大小被传输。脉冲大小与 AHBH-BURST 没有关系
SBSize	[14:12]	读/写	源脉冲大小。显示传输数目,提出一个源脉冲。这个值必须设置为源外设的脉冲大小,或如果源是内存,就是内存边界大小。脉冲大小是数据量,当 DMACxBREQ 信号在源外设中有效时,脉冲大小被传输。脉冲大小与 AHB HBURST 没有关系
Reserved	[11:0]	读	保留

源或目标脉冲大小如表 8.72 所列。源或目标传输宽度如表 8.73 所列。

表 8.72　源或目标脉冲大小

DBSize 或 SBSize 的位值	源或目标脉冲传输请求大小
0b000	1
0b001	4
0b010	8
0b011	16
0b100	32
0b101	64
0b110	128
0b111	256

表 8.73　源或目标传输宽度

SWidth 或 DWidth	源或目标宽度
0b000	字节(9)
0b001	半字节(16)
0b010	字(32)
0b011	保留
0b100	保留
0b101	保留
0b110	保留
0b111	保留

当传输发生时,AHB 存取信息提供给源和目标外设。编程 DMA 通道提供传输信息,DMACCxControl 寄存器的 PROT 位和 DMACCxConfiguration 寄存器的

Lock 位,通过软件编程和外设使用,来判断这个信息是否有必要。提供信息的 3 个位如表 8.74 所列,显示这 3 个保护位的目标。

表 8.74　保护位

位	描　述	目　标
0	特权或用户	表明该访问是在用户或特权模式:0=用户模式,1=特权模式。该位控制 AHB HPROT[1]信号
1	bufferable	表明该访问是 bufferable 或 not bufferable :0=not bufferable,1=bufferable。这个位控制 AHB HPROT[2]信号
2	cacheable	表明该访问是 cacheable 或 not cacheable :0=not cacheable,1=cacheable。这个位控制 AHB HPROT[3]信号

（16）通道控制寄存器 DMACCxControl1

DMACCxControl1 读/写寄存器,包含 DMA 通道控制信息,如传输大小。在 DMA 通道启动之前,每个寄存器通过软件直接编程。当 DMA 通道启动时,随着目标地址的增加,该寄存器不断进行更新。当通道有效但不提供有用的信息时,读这个寄存器。这是因为通过时间软件处理读取值,通道可能有进步;当通道停止时,只能故意被读取,在这种情况下,它显示最后信息源地址被读取。

位[24:0]为 TransferSize,指传输大小。用于写入,当 DMA 控制器是流量控制器时,此栏显示传输(源的宽度)的数目来执行。用于读取,传输大小在目标总线上显示传输完成的数目。当通道有效但没有给予有意义的值时,软件已经处理该读取的值,通道已经进行,这时读该寄存器。当通道启动和禁止时,特意被使用。如果 DMAC 控制器不是流量控制器,传输值的大小不可以被使用。

（17）通道配置寄存器 DMACCxConfiguration

DMACCxConfiguration 寄存器读/写,位分配见表 8.75,用于配置 DMA 通道。当请求一个新的 LLI 时,该寄存器不更新。

表 8.75　DMACCxConfiguration 寄存器的位分配

DMACCxConfi-guration	位	类　型	功　能
H	[18]	读/写	停止:0=允许 DMA 请求,1=屏蔽进一步的源 DMA 请求。FIFO 通道的内容被传输完成。该值有效,并通道启动位完全禁止一个 DMA 通道
A	[17]	读	有效:0=通道的 FIFO 中没有数据,1=通道的 FIFO 中有数据。该值有效,并通道启动位完全禁止 DMA 通道
L	[16]	读/写	锁设置该位来使锁定的传输启动
ITC	[15]	读/写	终端计数中断屏蔽。清除该位,屏蔽相关通道的终端计数错误中断
IE	[14]	读/写	中断错误屏蔽。清除该位,屏蔽相关通道的错误中断

续表 8.75

DMACCxConfiguration	位	类型	功　能
FlowCntrl	[13:11]	读/写	流控制和传输类型。该值用于指示流控制器和传输类型。支持的流控制器只有 DMA 控制器。传输类型有存储器到存储器,存储器到外设,外设到存储器,或外设到外设
Reserved (OneNandModeDst)	[10]	读/写	保留,必须写入 0,并且屏蔽读取操作。用于 DMAC0 和 SD-MAC0 的通道 3,该位用于支持页写入类型。如果该位设置为 1,并且目标地址指向 OneNAND 控制器的地址域,则目标地址增量设置支持 OneNAND 控制器的 01 指令。当该位设置为 1,D 应是 AHB 主控器 1,D1 应是增量,DWidth 应为字,DBSize 应是 4 的倍数
DestPeripheral	[9:6]	读/写	目标外设。该值选择 DMA 目标请求外设。如果是传输到存储器,则该区域屏蔽
Reserved (OneNandModeSrc)	[5]	读/写	保留。必须写 0,并且屏蔽读取。对于通道 3,该位用于支持页写入类型。如果该位设置为 1,并且目标地址指向 OneNAND 控制器的地址域,则目标地址增量设置支持 OneNAND 控制器的 01 指令。当该位设置为 1,D 应是 AHB 主控器 1,D1 应是增量,DWidth 应为字,DBSize 应是 4 的倍数
SrcPeripheral	[4:1]	读/写	源外设。该值选择 DMA 源请求外设。如果传输源是存储器,则屏蔽该区域
E	[0]	读/写	通道有效。读取该位来指示当前通道是有效还是无效。0＝通道无效,1＝通道有效。通过读取 DMACEnbldChns 寄存器也能知道通道有效位的状态。通过设置该位来使通道无效。当前 AHB 传输完成并且通道无效时,通道 FIFO 的数据将丢失。通过设置通道有效位,来重启通道有不可预知的结果,并且通道必须充分初始化,当最后的 LLI 被读取,或者有通道错误,通道有效位被清除,通道也无效。如果通道不得不停止,并且不丢失通道 FIFO 的数据,则必须设置停止位以屏蔽进一步的 DMA 请求。必须轮询激活位直到它为 0,也就是 FIFO 中没有剩余数据了。最后可以清除通道有效位

8.10　SPI 控制器

8.10.1　概　述

　　SPI 总线是一种全双工串行同步通信协议,SPI(Serial Peripheral Interface)串行外围接口能够支持串行数据传输,其包含两个独立的 8/16/32 位移位寄存器分别用于发送和接收。在 SPI 传输期间，数据同步发送（串行移出）和接收（串行移入）。SPI 控制器具有如下特性：

> 全双工，表示可以同时发送和接收。
> 用于发送和接收的 8/16/32 位移位寄存器。
> 位预分频逻辑，由时钟配置寄存器的低 8 位决定。
> 3 个时钟源，包括 PCLK、USBCLK 和 Epll clock。
> 支持 National Semiconductor Microwire 的协议和 Motorola 的串行外设口。
> 两个独立的发送和接收 FIFO。
> 支持主模式和从模式。
> 支持只接收未发送的操作。
> 发送/接收的最大频率为 50 MHz，但在 CPHA＝1，且为从发送模式时，最大频率为 20 MHz。

S3C6410 的 SPI 控制器和 SPI 接口的外部设备之间的外部信号有 4 个接口，在 SPI 禁用时可以用作通用的 GPIO 口。

XspiCLK：串行时钟信号，用于控制传输数据的时间，可作为输入和输出。

XspiMISO：在主模式下，主设备通过此引脚获取从设备输出引脚输出的数据，此时作为输入；在从模式下，主设备通过此引脚输出数据到从设备，此时作为输出。

XspiMOSI：在主模式下，主设备通过此引脚输出数据给从设备，此时作为输出；在从模式下，主设备通过此引脚接收来自从设备输出的数据，此时作为输入。

XspiCS：从选择信号，当此引脚为低电平时，所有的数据发送/接收顺序被执行。

8.10.2　SPI 的操作

S3C6410 的 SPI 接口在 S3C6410 和外设之间传输一位串行数据，SPI 支持 CPU 或 DMA 分别发送或接收 FIFO，并且支持同时双向传输数据。SPI 有两个通道，分别为 TX 通道和 RX 通道，TX 通道有一个从 TX FIFO 传输数据到外设的途径，RX 通道有一个从外设接收数据到 RX FIFO 的途径。

CPU 或 DMA 如果要写数据到 FIFO 中，就必须先写数据到 SPI_TX_DATA 寄存器中，这样此寄存器中的内容就会自动移动到发送 FIFO 中；同样，如果要从接收 FIFO 中读取数据，CPU 或 DMA 就必须访问寄存器 SPI_RX_DATA，紧接着，接收 FIFO 的数据就会自动移动到 SPI_RX_DATA 寄存器中。在此结合前面提到的移位寄存器，图 8.33 给出数据寄存器、FIFO 和移位寄存器的关系。

为更好去理解 SPI 的控制逻辑，图 8.34 出 SPI 总线协议的逻辑框图。

(1) 操作模式

HS_SPI 支持主和从这两个操作模式，在主模式中，主设备产生 HS_SPICLK 并且发送到外设。XspiCS 信号用于选择从设备，当其为低电平时指示数据有效，也就是在开始发送或者接收数据包之前，必须先设置 XspiCS 为低电平。

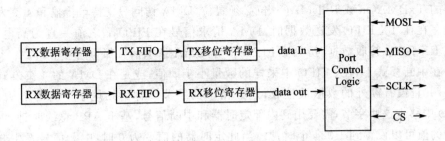

图 8.33　数据寄存器、FIFO 和移位寄存器的关系图

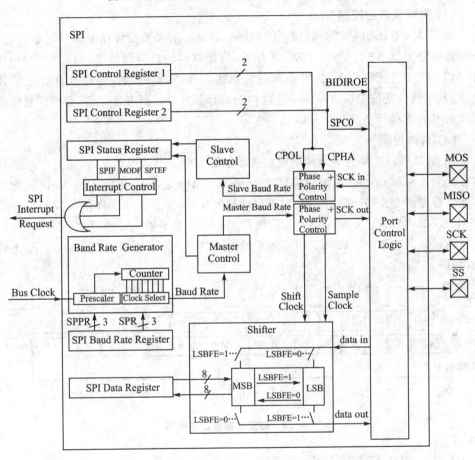

图 8.34　SPI 总线规范逻辑框图

(2) FIFO 访问

S3C6410 的 SPI 支持 CPU 和 DMA 来访问 FIFO，CPU 和 DMA 访问 FIFO 数据的大小可以选择 8/16/32 位。如果选择 8 位，有效的数据位为 0～7 位。通过触发用于定义的阈值，CPU 对 FIFO 的访问正常打开和关闭。每个 FIFO 的触发阈值可以设为 0～64 字节中任何一个值。如果采用 DMA 访问，那么 SPI_MODE_CFG 寄存器的 TxDMAOn 或 RxDMAOn 位必须置位,DMA 访问只支持单传输和 4 突发式传输。在往 TX FIFO 发送数据时,DMA 请求信号在 FIFO 满之前一直为高电平。在从 RX FIFO 接收数据时,只要 FIFO 非空,DMA 请求信号都为高电平。

在中断模式下,RX FIFO 中采样的数量小于阈值,或是在 DMA 的 4 突发式模式下,并且没有额外的数据被接收,这些留下的字节被称为结尾字节。为了从 RX FIFO 中移走这些字节,需要用到内部定时器和中断信号,基于 APB 总线时钟,内部时钟的值可以设置到 1 024 个时钟。当此定时器的值变为 0 时,中断信号发生并且 CPU 能移走 RX FIFO 中的这些结尾字节。

(3) 数据包数目控制

在主模式下,SPI 能够控制接收的数据包数量。如果要接收任何数目的数据包,只需要设置 PACKET_CNT_REG 寄存器,当接收到的数据包的数量和设置的一样时,SPI 停止产生 SPICLK,如果要重新装载此功能,需要强制性遵循软件或是硬件复位,其中软件复位能够清除除了特殊功能寄存器之外的所有寄存器,而硬件复位则清除所有的寄存器。

(4) 片选控制

XspiCS 可以选择为手动控制或是自动控制。对于手动控制模式,需要对从选择信号控制寄存器 CS_REG 的 AUTO_N_MANUAL 位清零,此模式的 XspiCS 电平由此寄存器的 NSSOUT 位控制;对于自动控制模式,需要对从选择信号控制寄存器 CS_REG 的 AUTO_N_MANUAL 位置位,XspiCS 电平被自动确定在包与包之前,其非活动期间有 NCS_TIME_COUNT 的值来决定,此模式下的 NSSOUT 是无效的,如图 8.35 所示。

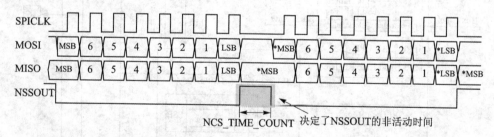

图 8.35 自动片选模式波形图

8.10.3 SPI 传输格式

为了支持不同传输特性的外围设备,S3C6410 的 SPI 支持 4 种数据传输格式,由 CPOL 和 CPHA 来决定。

CPOL(clock polarity)时钟极性控制位指定串行时钟是 active high(即当 SCLK 时钟有效时为高电平)还是 active low(即当 SCLK 时钟有效时为低电平),此控制位对传输格式没有重大的影响。CPOL=0 时,表示 SCLK 空闲时为低电平;CPOL=1

时，表示 SCLK 空闲时为高电平。

CPHA(clock phase)时钟相位控制位选择两个不同的基础传输格式中的一种，CPHA 表示数据采样的时刻，如果数据采样时刻对应是 SCLK 的第一个跳变沿，则 CPHA＝0；如果数据采样时刻对应是 SCLK 的第二个跳变沿，则 CPHA＝1。

SPI 主设备和从设备的时钟相位和极性应该一致，这样，SPI 主设备就需要根据从设备的时钟相位和极性特性来确定 CPOL 和 CPHA 的值。在一些情况下，为了允许一个主设备和多个有不同要求的从设备通信，需要主设备来改变时钟相位和极性的值。

特殊功能寄存器工作方式如表 8.76～表 8.87 所列。

表 8.76　特殊功能寄存器 1

寄存器	地　址	读/写	描　述	初始值
CH_CFG(Ch0)	0x7F00B000	读/写	SPI 配置寄存器	0x0
CH_CFG(Ch1)	0x7F00C000	读/写	SPI 配置寄存器	0x0
Clk_CFG(Ch0)	0x7F00B004	读/写	时钟配置寄存器	0x0
Clk_CFG(Ch1)	0x7F00C004	读/写	时钟配置寄存器	0x0
MODE_CFG(Ch0)	0x7F00B008	读/写	FIFO 控制寄存器	0x0
MODE_CFG(Ch1)	0x7F00C008	读/写	FIFO 控制寄存器	0x0
MODE_CFG(Ch0)	0x7F00B008	读/写	FIFO 控制寄存器	0x0
MODE_CFG(Ch1)	0x7F00C008	读/写	FIFO 控制寄存器	0x0
Slave_slection_reg(Ch0)	0x7F00B00C	读/写	从属器选择寄存器	0x1
Slave_slection_reg(Ch1)	0x7F00C00C	读/写	从属器选择寄存器	0x1
SPI_INT_EN(Ch0)	0x7F00B010	读/写	SPI 中断启动寄存器	0x0
SPI_INT_EN(Ch1)	0x7F00C010	读/写	SPI 中断启动寄存器	0x0
SPI_STATUS(Ch0)	0x7F00B014	读	SPI 状态寄存器	0x0
SPI_STATUS(Ch1)	0x7F00C014	读	SPI 状态寄存器	0x0
SPI_TX_DATA(Ch0)	0x7F00B018	写	SPI 发送数据寄存器	0x0
SPI_TX_DATA(Ch1)	0x7F00C018	写	SPI 发送数据寄存器	0x0
SPI_RX_DATA(Ch0)	0x7F00B01C	读	SPI 接收数据寄存器	0x0
SPI_RX_DATA(Ch1)	0x7F00C01C	读	SPI 接收数据寄存器	0x0
FB_Clk_sel(Ch0)	0x7F00B02C	读/写	反馈时钟选择寄存器	0x3
FB_Clk_sel(Ch1)	0x7F00C02C	读/写	反馈时钟选择寄存器	0x3

表 8.77　特殊功能寄存器 2

CH_CFG	位	读/写	描　　述	初始状态
SW_RST	[5]	读/写	软复位。0:不活动,1:活动	1'b0
SLAVE	[4]	读/写	确定 SPI 通道是主控器还是从属器。0:主控器,1:从属器	1'b0
CPOL	[3]	读/写	确定一个有效的高位或低位时钟。0:有效的高位,1:有效的低位	1'b0
CPHA	[2]	读/写	从两个基本的不同传输格式中选择一个。0:格式 A,1:格式 B	1'b0
RxChOn	[1]	读/写	SPI 接收通道打开。0:通道关闭,1:通道打开	1'b0
TxChOn	[0]	读/写	SPI 发送通道打开。0:通道关闭,1:通道打开	1'b0

表 8.78　特殊功能寄存器 6

Clk_CFG	位	读/写	描　　述	初始状态
ClkSel	[10:9]	读/写	选择时钟源来产生 SPI 时钟输出。00:PCLK,01:USB-CLK,10:Epll 时钟,11:保留。对于使用 USBCLK 源,USB_SIG_MASK 在系统控制器必须设置为打开	2'b0
ENCLK	[8]	读/写	时钟开/关。0:无效,1:有效	1'b0
Prescaler Value	[7:0]	—	SPI 时钟输出分频频率。SPI 时钟输出＝时钟源/(2×(预分频值＋1))	8'h0

表 8.79　特殊功能寄存器 4

MODE_CFG	位	读/写	描　　述	初始状态
Ch_tran_size	[30:29]	读/写	00:字节,01:半字,10:字,11:保留	2'b0
Trailing	Count	[28:19]	计数值,从接收 FIFO 中写入的最后数据到覆盖 FIFO 中结尾的字节	10'b0
BUS	transfer	size	00:字节,01:半字,10:字,11:保留	2'b0
RxTrigger	[16:11]	读/写	在中断模式,接收 FIFO 触发电平为 6'h0~6'h40。该值是接收 FIFO 的字节数	6'b0
TxTrigger	[10:5]	读/写	在中断模式,发送 FIFO 触发电平为 6'h0~6'h40。该值是发送 FIFO 的字节数	6'b0
reserved	[4:3]	—	—	—
RxDMA On	[2]	读/写	DMA 模式打开/关闭。0:DMA 模式关闭,1:DMA 模式打开	1'b0
RxDMA On	[2]	读/写	DMA 模式打开/关闭。0:DMA 模式关闭,1:DMA 模式打开	1'b0
DMA transfer	[0]	读/写	DMA 传输类型,单个或者 4 个脉冲。0:单个,1:4 个脉冲。设置 DMA 传输大小必须和 SPI 中一样	1'b0

注:通道传输大小应当小于或等于总线传输大。

表 8.80　特殊功能寄存器 5

Slave_slection_reg	位	读/写	描　述	初始状态
nCS_time_count	[9:4]	读/写	nSSout 无效时间＝((nCS 时间计数＋3)/2)×SPI-CLKout)	6'b0
reserved	[3:2]	保留		
Auto_n_Manual	[1]	读/写	芯片选择设置分手动或自动选择。0:手动,1:自动	1'b0
nSSout	[0]	读/写	从属器选择信号(只用于手动)。0:有效,1:无效	1'b1

表 8.81　特殊功能寄存器 6

SPI_INT_EN	位	读/写	描　述	初始状态
IntEnTrailing	[6]	读/写	用于结尾计数设置为 0 的中断启动。0:无效,1:有效	1'b0
IntEnRxOverrun	[5]	读/写	用于接收超限运行的中断启动。0:无效,1:有效	1'b0
IntEnRxUnderrun	[4]	读/写	用于接收超限运行的中断启动。0:无效,1:有效	1'b0
IntEnTxOverrun	[3]	读/写	用于发送超限运行的中断启动。0:无效,1:有效	1'b0
IntEnTxUnderrun	[2]	读/写	用于发送超限运行的中断启动。0:无效,1:有效	1'b0
IntEnRxFifoRdy	[1]	读/写	用于 RxFifoRdy(中断模式)的中断启动。0:无效,1:有效	1'b0
IntEnRxFifoRdy	[1]	读/写	用于 TxFifoRdy(中断模式)的中断启动。0:无效,1:有效	1'b0

表 8.82　特殊功能寄存器 7

SPI_STATUS	位	读/写	描　述	初始状态
TX_done	[21]	读	表示传输完成。0:所有的情况除了熔断情况,1:发送 FIFO 和移位寄存器为空时	1'b0
Trailing_byte	[20]	读	表示结尾计数是 0	1'b0
RxFifoLvl	[19:13]	读	数据水平在接收 FIFO。0～7'h40 字节	1'b0
TxFifoLvl	[12:6]	读	数据水平在发送 FIFO。0～7'h40 字节	1'b0
RxOverrun	[5]	读	接收 FIFO 超限错误。0:无错误,1:错误	1'b0
RxUnderrun	[4]	读	接收 FIFO 欠载运行错误。0:无错误,1:错误	1'b0
TxOverrun	[3]	读	发送 FIFO 超限错误。0:无错误,1:错误	1'b0
TxUnderrun	[2]	读	发送 FIFO 欠载运行错误	1'b0
RxFifoRdy	[1]	读	0:FIFO 中数据少于触发器电平。1:FIFO 中数据多于触发器电平	1'b0
TxFifoRdy	[0]	读	0:FIFO 中数据多于触发器电平。1:FIFO 中数据少于触发器电平	1'b0

表 8.83　特殊功能寄存器 8

SPI_TX_DATA	位	读/写	描　述	初始状态
TX_DATA	[31:0]	写	该区域包含要通过 SPI 通道发送的数据	32'b0

表 8.84　特殊功能寄存器 9

SPI_RX_DATA	位	读/写	描　述	初始状态
RX_DATA	[31:0]	读	该区域包含通过 SPI 通道被接收到的数据	32'b0

表 8.85　特殊功能寄存器 10

Packet_Count_reg	位	读/写	描　述	初始状态
Packet_Count_En	[16]	读/写	启动位,用于信息包计数。0:无效,1:有效	1'b0
Count	Value	读/写	包计数值	16'b0

表 8.86　特殊功能寄存器 11

SWAP_CFG	位	读/写	描　述	初始状态
RX_Half – word swap	[7]	读/写	0:关闭,1:交换	1'b0
RX_Byte swap	[6]	读/写	0:关闭,1:交换	1'b0
RX_Byte swap	[5]	读/写	0:关闭,1:交换	1'b0
RX_SWAP_en	[4]	读/写	交换启动。0:正常,1:交换	1'b0
TX_Half – word swap	[3]	读/写	0:关闭,1:交换	1'b0
TX_Byte swap	[2]	读/写	0:关闭,1:交换	1'b0
TX_Bit swap	[1]	读/写	0:关闭,1:交换	1'b0
TX_SWAP_en	[0]	读/写	交换启动。0:正常,1:交换	1'b0

表 8.87　特殊功能寄存器 12

SWAP_CFG	位	读/写	描　述	初始状态
SPICLKout delay	[2]	读/写	0:没有额外延时,1:2.7 ns 延时(基于典型)	1'b0
FB_Clk_sel	[1:0]	读/写	00:0 ns 额外延时,01:3 ns 额外延时,10:6 ns 额外延时,11:9 ns 额外延时。延时基于典型情况	2'b3

8.10.4　SPI 接口编程示例

本小节主要介绍 SPI 在 ARM11 处理器中的编程实现,结合以上对 SPI 接口的理解,相信读者很容易能掌握 SPI 接口的功能及特性。

1. SPI 复位

功能:复位某一个 SPI 通道。

输入:SPI_channel

输出：NONE

```
void SPI_reset( SPI_channel * ch ) {
// 带有时钟延时的复位
// 清除寄存器
Outp32( &ch->m_cBase->ch_cfg,Inp32(&ch->m_cBase->ch_cfg) & ~(0x3F) );
Outp32( &ch->m_cBase->ch_cfg,Inp32(&ch->m_cBase->ch_cfg) | (1<<5) );
Delay(10);
// 释放复位信号
Outp32( &ch->m_cBase->ch_cfg,Inp32(&ch->m_cBase->ch_cfg) & ~(1<<5) );
```

2. SPI 通道初始化

功能：初始化某一个 SPI 通道。

输入：SPI_channel

输出：NONE

```
SPI_channel * SPI_channel_Init( int channel )
{
SPI_channel * ch = &SPI_current_channel[channel];
memset ( (void * )ch,0,sizeof(SPI_channel) );
ch->m_ucChannelNum = channel;
if ( channel = = 0 ) {
ch->m_cBase = (SPI_SFR * )SPI0_BASE;
ch->m_ucIntNum = NUM_SPI0;
ch->m_fDMA = SPI_DMADoneChannel0;
ch->m_fISR = SPI_interruptChannel0;
# ifdef SPI_NORMAL_DMA
ch->m_ucDMACon = DMA0;
SYSC_SelectDMA( eSEL_SPI0_TX,1 ); //标准的 DMA 设置
SYSC_SelectDMA( eSEL_SPI0_RX,1 ); //标准的 DMA 设置
# else
ch->m_ucDMACon = SDMA0;
SYSC_SelectDMA( eSEL_SPI0_TX,0 ); //安全的 DMA 设置
SYSC_SelectDMA( eSEL_SPI0_RX,0 ); //安全的 DMA 设置
# endif
}
else if ( channel = = 1 ) {
ch->m_cBase = (SPI_SFR * )SPI1_BASE;
ch->m_ucIntNum = NUM_SPI1;
ch->m_fDMA = SPI_DMADoneChannel1;
ch->m_fISR = SPI_interruptChannel1;
# ifdef SPI_NORMAL_DMA
```

```
ch->m_ucDMACon = DMA1;
SYSC_SelectDMA( eSEL_SPI1_TX,1 );    //标准的 DMA 设置
SYSC_SelectDMA( eSEL_SPI1_RX,1 );    //标准的 DMA 设置
#else
ch->m_ucDMACon = SDMA1;
SYSC_SelectDMA( eSEL_SPI1_TX,0 );    //安全的 DMA 设置
SYSC_SelectDMA( eSEL_SPI1_RX,0 );  / 安全的 DMA 设置
#endif
}
else {
Assert(0);
}
//片选 OFF - 激活 LOW
Outp32(&ch->m_cBase->slave_sel,Inp32(&ch->m_cBase->slave_sel) | (1<<0) );
SPI_GPIOPortSet(channel);    //设置通道 GPIO
return ch;
}
```

3. SPI 基本寄存器的设置

输入：SPI_channel
输出：NONE

```
void SPI_setBasicRegister( SPI_channel * ch ) {
Outp32( &ch->m_cBase->ch_cfg,                    //清除寄存器
(ch->m_eClockMode<<4)|                           //主/从模式
(ch->m_eCPOL<<3)|                                //CPOL 高态有效/行
(ch->m_eCPHA<<2) );                              //CPHA 传输格式
Outp32( &ch->m_cBase->clk_cfg,(Inp32(&ch->m_cBase->clk_cfg) & ~(0x7ff))|
//清除寄存器
(ch->m_eClockSource<<9) | //时钟设置
( ( (ch->m_eClockMode = = SPI_MASTER)? (1):(0) )<<8) | //时钟使能
ch->m_cPrescaler);                               //预定标器设置
Outp32( &ch->m_cBase->mode_cfg,(Inp32(&ch->m_cBase->mode_cfg)&(u32)(1<<
31))|
//清除寄存器
(ch->m_eChSize<<29)|                             //通道传输大小
(ch->m_uTraillingCnt<<19)|                       //trailling 计数
(ch->m_eBusSize<<17)|                            //总线传输大小
(ch->m_ucRxLevel<<11)|                           //Rx 触发级
(ch->m_ucTxLevel<<5)|                            //Tx 触发级
(ch->m_eDMAType<<0) );                           //DMA 类型
}
```

接下来根据示例介绍 SPI 总线规范中 CPHA＝0 和 CPHA＝1 的传输格式。

(1) CPHA＝0(图 8.36 和图 8.37)

SCK空闲的时候为低电平，故CPOL=0；SCLK空闲的时候为高电平，故CPOL=1

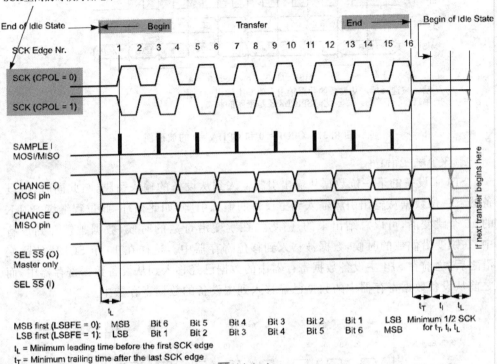

图 8.36　CPHA＝0 时的时序图

第 1 个跳变沿：

　　SCLK 的第 1 个跳变沿，从设备的第 1 个数据位输入到主设备(即锁存到主设备,这里的锁存也可以理解为采样)和主设备的第 1 个数据位输入到从设备(也即锁存到从设备)中。对于一些设备，只要从设备被选择，从设备数据输出引脚输出的数据的第 1 位是有效的，在这种格式中，在$\overline{\text{SS}}$引脚变低后的半个时钟周期就产生第 1 个跳变沿。SPI 控制器部分 CPOL＝0、CPHA＝0 的时序图就属于这种情形。

　　接着继续介绍图 8.37 的时序图。

第 2 个跳变沿：

　　前面一个跳变沿从串行数据输入引脚锁存到主设备和从设备的数据位被移入到对应的移位寄存器的 LSB 或 MSB,这由 LSBFE 位来决定。前面的两个跳变沿就完成一个数据位的传输了,也说明了对应于一个跳变沿,发送和接收时同时进行的,而不是一个跳变沿对应发送,另一个跳变沿对应接收。

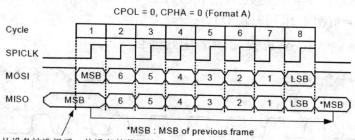

图 8.37　CPOL＝0 和 CPHA＝0 的波形图

第 3 个跳变沿:

SPI 主设备的下一位数据从输出引脚输入到从设备的输入引脚,与此同时,从设备的下一位数据从输出引脚输入到主设备的输入引脚,如此循环,此过程继续 SCLK 的 16 个跳变沿,可以总结出来的规律是:在跳变沿奇数的时候,数据被锁存到设备中,在跳变沿偶数的时候,数据被移入到移位寄存器中。这样在 16 个 SCLK 的跳变沿之后,之前在 SPI 主设备数据寄存器中的数据已经移入到从设备数据寄存器中,而之前从设备数据寄存器中的数据已经移入到主设备的数据寄存器中。

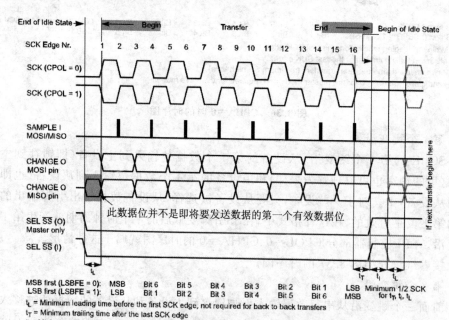

图 8.38　CPHA＝1 的时序图

一些设备在数据输出引脚输出的第 1 个数据位有效之前需要第 1 个 SCK 跳变沿,在第 2 个跳变沿的时候才同步数据输入到主设备和从设备中。这种格式中,在 8 个时钟传输操作周期开始时,通过设置 CPHA 位(CPHA=1)来产生第 1 个跳变沿。

(2) CPHA=1(图 8.38 和图 8.39)

第 1 个跳变沿:

在 SCK 时钟同步延时半个周期后马上产生第 1 个跳变沿,此时主设备指示从设备发送其第 1 个数据位到主设备的数据输入引脚,但是此数据位并不是即将要发送的数据字节有效的数据位。图 8.39 是 S3C6410 的 SPI 控制器的 CPOL=0 和 CPHA=1 的时序图。

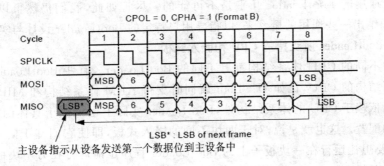

主设备指示从设备发送第一个数据位到主设备中

图 8.39 CPOL=0 和 CPHA=1 的时序图

第 2 个跳变沿:

这是主设备和从设备的锁存跳变沿,也就是说在此跳变沿的时候,从设备的第 1 个数据位输入到主设备(也即锁存到主设备)和主设备的第一个数据位输入到从设备(也即锁存到从设备)中。

第 3 个跳变沿:

前面一个跳变沿从串行数据输入引脚锁存到主设备和从设备的数据位被移入到对应的移位寄存器的 LSB 或 MSB,这由 LSBFE 位来决定,到此就完成了一个数据位的传输了。

第 4 个跳变沿:

SPI 主设备的下一位数据从输出引脚输入到从设备的输入引脚,与此同时,从设备的下一位数据从输出引脚输入到主设备的输入引脚,如此循环,此过程继续 SCLK 的 16 个跳变沿,可以总结出来的规律是:在跳变沿偶数的时候,数据被锁存到设备中,在跳变沿奇数的时候,数据被移入到移位寄存器中。

这样在 16 个 SCLK 的跳变沿之后,之前在 SPI 主设备数据寄存器中的数据已经移入到从设备数据寄存器中,而之前从设备数据寄存器中的数据已经移入到主设备的数据寄存器中。

8.11　BootLoader 简介

8.11.1　BootLoader 简介

简单地说,BootLoader 就是在操作系统内核运行之前运行的一段小程序。通过这段小程序,可以初始化硬件设备、建立内存空间的映射图,从而将系统的软硬件环境带到一个合适的状态,以便为最终调用操作系统内核准备好正确的环境。通常,BootLoader 严重依赖于硬件而实现,特别是在嵌入式世界。因此,在嵌入式世界里建立一个通用的 BootLoader 几乎是不可能的。尽管如此,我们仍然可以对 BootLoader 归纳出一些通用的概念来,以指导用户特定的 BootLoader 设计与实现。

（1）BootLoader 所支持的 CPU 和嵌入式板

每种不同的 CPU 体系结构都有不同的 BootLoader。有些 BootLoader 也支持多种体系结构的 CPU,比如 U - Boot 就同时支持 ARM 体系结构和 MIPS 体系结构。除了依赖于 CPU 的体系结构外,BootLoader 实际上也依赖于具体的嵌入式板级设备的配置。这也就是说,对于两块不同的嵌入式板,即使它们基于同一种 CPU 而构建,要想让运行在一块板子上的 BootLoader 程序也能运行在另一块板子上,通常也都需要修改 BootLoader 的源程序。

（2）BootLoader 的安装媒介（Installation Medium）

系统加电或复位后,所有的 CPU 通常都从某个由 CPU 制造商预先安排的地址上取指令。比如,基于 ARM7TDMI core 的 CPU 在复位时通常都从地址 0x00000000 取它的第一条指令。而基于 CPU 构建的嵌入式系统通常都有某种类型的固态存储设备（比如:ROM、E^2PROM 或 Flash 等）被映射到这个预先安排的地址上。因此在系统加电后,CPU 将首先执行 BootLoader 程序。

图 8.40 就是一个同时装有 BootLoader、内核的启动参数、内核映像和根文件系统映像的固态存储设备的典型空间分配结构图。

（3）用来控制 BootLoader 的设备或机制

主机和目标机之间一般通过串口建立连接,BootLoader 软件在执行时通常会通过串口来进行,比如:输出打印信息到串口,从串口读取用户控制字符等。

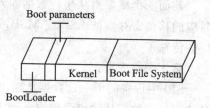

图 8.40　固态存储设备的典型空间分配结构

（4）BootLoader 的启动过程是单阶段（Single Stage）还是多阶段（Multi - Stage）

通常多阶段的 BootLoader 能提供更为复杂的功能和更好的可移植性。从固态存储设备上启动的 BootLoader 大多都是 2 阶段的启动过程,也即启动过程可以分为 stage1 和 stage2 两部分。而至于在 stage1 和 stage2 具体完成哪些任务将在下面讨论。

(5) BootLoader 的操作模式(Operation Mode)

大多数 BootLoader 都包含两种不同的操作模式:启动加载模式和下载模式,这种区别仅对于开发人员才有意义。但从最终用户的角度看,BootLoader 的作用就是用来加载操作系统,而并不存在所谓的启动加载模式与下载工作模式的区别。

启动加载(Bootloading)模式:这种模式也称为自主(Autonomous)模式。也即 BootLoader 从目标机上的某个固态存储设备上将操作系统加载到 RAM 中运行,整个过程并没有用户的介入。这种模式是 BootLoader 的正常工作模式,因此在嵌入式产品发布的时侯,BootLoader 显然必须工作在这种模式下。

下载(Downloading)模式:在这种模式下,目标机上的 BootLoader 将通过串口连接或网络连接等通信手段从主机(Host)下载文件,比如:下载内核映像和根文件系统映像等。从主机下载的文件通常首先被 BootLoader 保存到目标机的 RAM 中,然后再被 BootLoader 写到目标机上的 Flash 类固态存储设备中。BootLoader 的这种模式通常在第一次安装内核与根文件系统时被使用;此外,以后的系统更新也会使用 BootLoader 的这种工作模式。工作于这种模式下的 BootLoader 通常都会向它的终端用户提供一个简单的命令行接口。

像 Blob 或 U-Boot 等这样功能强大的 BootLoader 通常同时支持这两种工作模式,而且允许用户在这两种工作模式之间进行切换。比如,Blob 在启动时处于正常的启动加载模式,但是它会延时 10 s 等待终端用户按下任意键而将 Blob 切换到下载模式。如果在 10 s 内没有用户按键,则启动操作系统内核。

(6) BootLoader 与主机之间进行文件传输所用的通信设备及协议

最常见的情况,目标机上的 BootLoader 通过串口与主机之间进行文件传输,传输协议通常是 xmodem/ymodem/zmodem 协议中的一种。但是,串口传输的速度有限,因此通过以太网连接并借助 TFTP 协议来下载文件是个更好的选择。

(7) BootLoader 的主要任务与典型结构框架

在继续本节的讨论之前,首先假定内核映像与根文件系统映像都被加载到 RAM 中运行,因为在嵌入式系统中内核映像与根文件系统映像也可以直接在 ROM 或 Flash 这样的固态存储设备中直接运行,但这种做法无疑以运行速度的牺牲为代价。

从操作系统的角度看,BootLoader 的总目标就是正确地调用内核来执行。另外,由于 BootLoader 的实现依赖于 CPU 的体系结构,因此大多数 BootLoader 都分为 stage1 和 stage2 两大部分。依赖于 CPU 体系结构的代码,比如设备初始化代码等,通常都放在 stage1 中,而且通常都用汇编语言来实现,以达到短小精悍的目的。而 stage2 则通常用 C 语言来实现,这样可以实现复杂的功能,而且代码会具有更好的可读性和可移植性。

BootLoader 的 stage1 通常包括以下步骤(以执行的先后顺序):

> 硬件设备初始化。
> 为加载 BootLoader 的 stage2 准备 RAM 空间。
> 复制 BootLoader 的 stage2 到 RAM 空间中。
> 设置好堆栈。
> 跳转到 stage2 的 C 入口点。

BootLoader 的 stage2 通常包括以下步骤（以执行的先后顺序）：

> 初始化本阶段要使用到的硬件设备。
> 检测系统内存映射（memory map）。
> 将 kernel 映像和根文件系统映像从 Flash 上读到 RAM 空间中。
> 为内核设置启动参数。
> 调用内核。

8.11.2　启动方法

1. BootLoader stage1 的启动方法

这是 BootLoader 一开始就执行的操作，其目的是为 stage2 的执行以及随后的 kernel 的执行准备好一些基本的硬件环境。它通常包括以下步骤（以执行的先后顺序）：

① 屏蔽所有的中断。为中断提供服务通常是 OS 设备驱动程序的责任，因此在 BootLoader 的执行全过程中可以不必响应任何中断。中断屏蔽可以通过写 CPU 的中断屏蔽寄存器或状态寄存器（比如 ARM 的 CPSR 寄存器）来完成。

② 设置 CPU 的速度和时钟频率。

③ RAM 初始化。包括正确地设置系统内存控制器的功能寄存器和各内存库控制寄存器等。

④ 通过初始化 UART 向串口打印 BootLoader 的 Logo 字符信息。

⑤ 关闭 CPU 内部指令/数据 Cache。

2. 为加载 stage2 准备 RAM 空间

为了获得更快的执行速度，通常把 stage2 加载到 RAM 空间中来执行，因此必须为加载 BootLoader 的 stage2 准备好一段可用的 RAM 空间范围。由于 stage2 通常是 C 语言执行代码，因此在考虑空间大小时，除了 stage2 可执行映象的大小外，还必须把堆栈空间也考虑进来。此外，空间大小最好是 memory page 大小（通常是 4 KB）的倍数。一般而言，1 MB 的 RAM 空间已经足够。具体的地址范围可以任意安排，比如 Blob 就将它的 stage2 可执行映像安排到从系统 RAM 起始地址 0xc0200000 开始的 1 MB 空间内执行。但是，将 stage2 安排到整个 RAM 空间的最顶 1 MB（也即 (RamEnd-1 MB)-RamEnd）是一种值得推荐的方法。为了后面的叙述方便，这里把所安排的 RAM 空间范围的大小记为 stage2_size（字节），把起始地址和终止地址

分别记为:stage2_start 和 stage2_end(这两个地址均以 4 字节边界对齐)。因此:

$$stage2\_end = stage2\_start + stage2\_size$$

另外,还必须确保所安排的地址范围的的确确是可读/写的 RAM 空间,因此,必须对所安排的地址范围进行测试。具体的测试方法可以采用类似于 Blob 的方法,即以 memory page 为被测试单位,测试每个 memory page 开始的两个字是否是可读/写的。为了后面叙述的方便,记这个检测算法为:test_mempage,其具体步骤如下:

① 先保存 memory page 一开始两个字的内容。

② 向这两个字中写入任意的数字。比如:向第 1 个字写入 0x55,第 2 个字写入 0xaa。

③ 然后,立即将这两个字的内容读回。显然,读到的内容应该分别是 0x55 和 0xaa;如果不是,则说明这个 memory page 所占据的地址范围不是一段有效的 RAM 空间。

④ 再向这两个字中写入任意的数字。比如:向第 1 个字写入 0xaa,第 2 个字中写入 0x55。

⑤ 然后,立即将这两个字的内容立即读回。显然,读到的内容应该分别是 0xaa 和 0x55;如果不是,则说明这个 memory page 所占据的地址范围不是一段有效的 RAM 空间。

⑥ 恢复这两个字的原始内容。测试完毕。

为了得到一段干净的 RAM 空间范围,也可以将所安排的 RAM 空间范围进行清零操作。

(1) 复制 stage2 到 RAM 中

复制时要确定两点:stage2 的可执行映象在固态存储设备的存放起始地址和终止地址;RAM 空间的起始地址。

(2) 设置堆栈指针 SP

堆栈指针的设置是为执行 C 语言代码作准备。通常可以把 SP 的值设置为 (stage2_end－4),也即在所安排的那个 1 MB 的 RAM 空间的最顶端(堆栈向下生长)。此外,在设置堆栈指针 SP 之前,也可以关闭 LED 灯,以提示用户我们准备跳转到 stage2。

(3) 跳转到 stage2 的 C 入口点

在上述一切都就绪后,就可以跳转到 BootLoader 的 stage2 去执行了。比如,在 ARM 系统中,这可以通过修改 PC 寄存器为合适的地址来实现。

BootLoader 的 stage2 可执行映象被复制到 RAM 空间时的系统内存布局如图 8.41 所示。

3. Boot Loader 的 stage2

正如前面所说,stage2 的代码通常用 C 语言来实现,以便于实现更复杂的功能和取得更好的代码可读性和可移植性。但是与普通 C 语言应用程序不同的是,在编

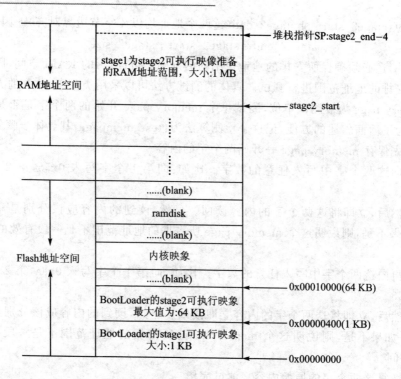

图 8.41　RAM 空间时的系统内存布局

译和链接 BootLoader 这样的程序时，我们不能使用 glibc 库中的任何支持函数。其原因是显而易见的。这就给我们带来一个问题，那就是从哪里跳转进 main() 函数呢？直接把 main() 函数的起始地址作为整个 stage2 执行映像的入口点或许是最直接的想法。但是这样做有两个缺点：无法通过 main() 函数传递函数参数；无法处理 main() 函数返回的情况。一种更为巧妙的方法是利用 trampoline（弹簧床）的概念，即用汇编语言写一段 trampoline 小程序，并将这段 trampoline 小程序作为 stage2 可执行映象的执行入口点。然后可以在 trampoline 汇编小程序中用 CPU 跳转指令跳入 main() 函数中去执行；而当 main() 函数返回时，CPU 执行路径显然再次回到我们的 trampoline 程序。简而言之，这种方法的思想就是：用这段 trampoline 小程序来作为 main() 函数的外部包裹（external wrapper）。下面给出一个简单的 trampoline 程序示例（来自 Blob）：

```
.text
.globl _trampoline
_trampoline:
    bl    main
    /* if main ever returns we just call it again */
    b _trampoline
```

可以看出，当 main() 函数返回后，我们又用一条跳转指令重新执行 trampoline

程序，当然也就重新执行 main( )函数，这也就是 trampoline（弹簧床）一词的意思所在。

4. 初始化本阶段要使用到的硬件设备

这通常包括：初始化至少一个串口，以便和终端用户进行 I/O 输出信息；初始化计时器等。在初始化这些设备之前，也可以重新把 LED 灯点亮，以表明已经进入 main( )函数执行。设备初始化完成后，可以输出一些打印信息、程序名字符串、版本号等。

8.11.3　检测系统的内存映射

所谓内存映射就是指在整个 4 GB 物理地址空间中有哪些地址范围被分配用来寻址系统的 RAM 单元。比如，在 SA‐1100 CPU 中，从 0xc0000000 开始的 512 MB 地址空间被用作系统的 RAM 地址空间，而在 Samsung S3C6410 CPU 中，从 0x0c000000 到 0x10000000 之间的 64M 地址空间被用作系统的 RAM 地址空间。虽然 CPU 通常预留出一大段足够的地址空间给系统 RAM，但是在搭建具体的嵌入式系统时却不一定会实现 CPU 预留的全部 RAM 地址空间。也就是说，具体的嵌入式系统往往只把 CPU 预留的全部 RAM 地址空间中的一部分映射到 RAM 单元上，而让剩下的那部分预留 RAM 地址空间处于未使用状态。由于上述这个事实，因此 BootLoader 的 stage2 必须在它想干点什么（比如，将存储在 Flash 上的内核映像读到 RAM 空间中）之前检测整个系统的内存映射情况，也即它必须知道 CPU 预留的全部 RAM 地址空间中的哪些被真正映射到 RAM 地址单元，哪些是处于 unused 状态的。

1. 加载内核映像和根文件系统映像

(1) 规划内存占用的布局

这里包括两个方面：内核映像所占用的内存范围；根文件系统所占用的内存范围。在规划内存占用的布局时，主要考虑基地址和映像的大小两个方面。对于内核映像，一般将其复制到从（MEM_START＋0x8000）这个基地址开始的大约 1 MB 大小的内存范围内（嵌入式 Linux 的内核一般都不操过 1 MB）。为什么要把从 MEM_START 到 MEM_START＋0x8000 这段 32 KB 大小的内存空出来呢？这是因为 Linux 内核要在这段内存中放置一些全局数据结构，如启动参数和内核页表等信息。而对于根文件系统映像，则一般将其复制到 MEM_START＋0x00100000 开始的地方。如果用 Ramdisk 作为根文件系统映像，则其解压后的大小一般是 1 MB。

(2) 从 Flash 上复制

由于像 ARM 这样的嵌入式 CPU 通常都是在统一的内存地址空间中寻址 Flash 等固态存储设备的，因此从 Flash 上读取数据与从 RAM 单元中读取数据并没有什么不同。用一个简单的循环就可以完成从 Flash 设备上复制映像的工作：

```
    while(count) {
            * dest + + = * src + + ; / * they are all aligned with word boundary * /
            count - = 4; / * byte number * /
    };
```

2. 设置内核的启动参数

应该说,在将内核映像和根文件系统映像复制到 RAM 空间中后,就可以准备启动 Linux 内核了。但是在调用内核之前,应该作一步准备工作,即设置系统内核的启动参数。

以 Linux 2.4. x 为例,系统以后的内核都期望以标记列表(tagged list)的形式来传递启动参数。启动参数标记列表以标记 ATAG_CORE 开始,以标记 ATAG_NONE 结束。每个标记由标识被传递参数的 tag_header 结构以及随后的参数值数据结构来组成。数据结构 tag 和 tag_header 定义在 Linux 内核源码的 include/asm/setup. h 头文件中。

在嵌入式系统中,通常需要由 Boot Loader 设置的常见启动参数有:ATAG_CORE、ATAG_MEM、ATAG_CMDLINE、ATAG_RAMDISK、ATAG_INITRD 等。比如,设置 ATAG_CORE 的代码如下:

```
params = (struct tag * )BOOT_PARAMS;
params - >hdr. tag = ATAG_CORE;
params - >hdr. size = tag_size(tag_core);
params - >u. core. flags = 0;
params - >u. core. pagesize = 0;
params - >u. core. rootdev = 0;
params = tag_next(params);
```

其中,BOOT_PARAMS 表示内核启动参数在内存中的起始基地址,指针 params 是一个 struct tag 类型的指针。宏 tag_next()将以指向当前标记的指针为参数,计算紧临当前标记的下一个标记的起始地址。注意,内核的根文件系统所在的设备 ID 就是在这里设置的。

3. 调用内核方法

Boot Loader 调用 Linux 内核的方法是直接跳转到内核的第一条指令处,也即直接跳转到 MEM_START+0x8000 地址处。在跳转时,要满足下列条件。

① CPU 寄存器的设置:R0=0;R1=机器类型 ID,关于 Machine Type Number,可以参见其他嵌入式 Linux 书籍;R2=启动参数标记列表在 RAM 中起始基地址。

② CPU 模式:必须禁止中断(IRQs 和 FIQs);CPU 必须为 SVC 模式。

③ Cache 和 MMU 的设置:MMU 必须关闭;指令 Cache 可以打开也可以关闭;数据 Cache 必须关闭;

如果用 C 语言,可以像下列示例代码这样来调用内核:

```
void ( * theKernel)(int zero,int arch,u32 params_addr) =
    (void ( * )(int,int,u32))KERNEL_RAM_BASE;
...
theKernel(0,ARCH_NUMBER,(u32) kernel_params_start);
```

注意，theKernel( )函数调用应该永远不返回的。如果这个调用返回，则说明出错。

4. 关于串口终端

在 BootLoader 程序的设计与实现中，从串口终端正确地收到打印信息表示 BootLoader 启动基本成功。此外，向串口终端打印信息也是一个非常重要而又有效的调试手段。但是，我们经常会碰到串口终端显示乱码或根本没有显示的问题。造成这个问题主要有两种原因：BootLoader 对串口的初始化设置不正确；运行在 host 端的终端仿真程序对串口的设置不正确，包括：波特率、奇偶校验、数据位和停止位等方面的设置。

此外，有时也会碰到这样的问题，那就是：在 BootLoader 的运行过程中可以正确地向串口终端输出信息，但当 BootLoader 启动内核后却无法看到内核的启动输出信息。对这一问题的原因可以从以下几个方面来考虑：

① 首先请确认内核在编译时配置了对串口终端的支持，并配置了正确的串口驱动程序。

② BootLoader 对串口的初始化设置可能会和内核对串口的初始化设置不一致。此外，对于诸如 S3C6410 这样的 CPU，CPU 时钟频率的设置也会影响串口，因此如果 BootLoader 和内核对其 CPU 时钟频率的设置不一致，也会使串口终端无法正确显示信息。

③ 最后，还要确认 BootLoader 所用的内核基地址必须和内核映像在编译时所用的运行基地址一致，尤其是对于操作系统而言。假设内核映像在编译时用的基地址是 0xC0008000，但 BootLoader 却将它加载到 0xC0010000 处去执行，那么内核映像当然不能正确执行了。

BootLoader 的设计与实现是一个非常复杂的过程。当从串口收到"uncompressing XXXX.................. done,booting the kernel……"内核启动信息，表明 BootLoader 已经配置成功正常启动。

8.12　本章小结

本章主要在前一章所设计的最小系统硬件平台上，进行简单程序设计的基本步骤介绍，同时也介绍了 S3C6410 相关硬件接口模块的工作原理、BootLoader 基本原理及配置方式。通过对本章的阅读，希望读者能掌握基于 S3C6410 各个硬件部件的工作原理及软件程序基本编程方法。

8.13　练习题

1. PWM 输出波形的特点是什么？
2. 在控制系统中为何要加入看门狗功能？
3. 编程实现输出占空比为 2:1，波形周期为 9 ms 的 PWM 波形。
4. 编程实现 1 s 内不对看门狗实现喂狗操作，看门狗会自动复位。
5. 采用定时器 3 软件查询方式编写延时子程序，要求：prescaler1＝99,8 分频，延时时间为 1 s。

第9章

S3C6410 综合应用设计实例

本章主要介绍基于 S3C6410 的综合应用设计实例,通过对本章的阅读,可以使读者增加使用 S3C6410 ARM 处理器设计特定应用系统的能力。由于 ARM 体系结构的一致性及外围电路的通用性,本章的所有内容对设计基于其他 ARM 内核芯片设计的综合应用系统,也具有很大的参考价值。

本章的主要内容:

➢ S3C6410 光敏传感器系统设计实例;

➢ S3C6410 温湿度传感器系统设计实例;

➢ S3C6410 电机和灯光传感器系统设计实例;

➢ S3C6410 烟雾传感器系统设计实例;

➢ S3C6410 干簧管传感器系统设计实例。

9.1 基于 S3C6410 光敏传感器系统设计实例

9.1.1 基本原理

光敏电阻又称光导管,如图 9.1 所示,常用的制作材料为硫化镉,另外还有硒、硫化铝、硫化铅和硫化铋等材料。这些制作材料具有在特定波长的光照射下,其阻值迅速减小的特性。这是由于光照产生的载流子都参与导电,在外加电场的作用下作漂移运动,电子奔向电源的正极,空穴奔向电源的负极,从而使光敏电阻器的阻值迅速下降。

光敏电阻器是利用半导体的光电效应制成的一种电阻值随入射光的强弱而改变的电阻器;入射光强,电阻减小,入射光弱,电阻增大。光敏电阻器一般用于光的测量、光的控制和光电转换(将光的变化转换为电的变化)。常用的光敏电阻器硫化镉光敏电阻器,它是由半导体材料制成的。光敏电阻器的阻值随入射光线(可见光)的强弱变化而变化,在黑暗条件下,它的阻值(暗阻)可达 1～10 MΩ,在强光条件(100LX)下,它阻值(亮阻)仅有

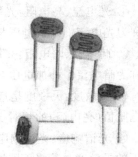

图 9.1 光敏电阻器实物图

几百至数千欧姆。光敏电阻器对光的敏感性（即光谱特性）与人眼对可见光（0.4～0.76 μm）的响应很接近，只要人眼可感受的光，都会引起它的阻值变化。设计光控电路时，都用白炽灯泡（小电珠）光线或自然光线作控制光源，使设计大为简化。

通常，光敏电阻器都制成薄片结构，以便吸收更多的光能。当它受到光的照射时，半导体片（光敏层）内就激发出电子—空穴对参与导电，使电路中电流增强。为了获得高的灵敏度，光敏电阻的电极常采用梳状图案，它是在一定的掩膜下向光电导薄膜上蒸镀金或铟等金属形成的。

光敏电阻器通常由光敏层、玻璃基片（或树脂防潮膜）和电极等组成。光敏电阻器在电路中用字母"R"或"RL"、"RG"表示。

1. 分类、特点及应用

根据光敏电阻的光谱特性，可分为三种光敏电阻器。

① 紫外光敏电阻器：对紫外线较灵敏，包括硫化镉、硒化镉光敏电阻器等，用于探测紫外线。

② 红外光敏电阻器：主要有硫化铅、碲化铅、硒化铅、锑化铟等光敏电阻器，广泛用于导弹制导、天文探测、非接触测量、人体病变探测、红外光谱、红外通信等国防、科学研究和工农业生产中。

③ 可见光光敏电阻器：包括硒、硫化镉、硒化镉、碲化镉、砷化镓、硅、锗、硫化锌光敏电阻器等。主要用于各种光电控制系统，如光电自动开关门户，航标灯、路灯和其他照明系统的自动亮灭，自动给水和自动停水装置，机械上的自动保护装置和"位置检测器"，极薄零件的厚度检测器，照相机自动曝光装置，光电计数器，烟雾报警器，光电跟踪系统等方面。

2. 光敏电阻的主要参数

① 光电流、亮电阻：光敏电阻器在一定的外加电压下，当有光照射时，流过的电流称为光电流。外加电压与光电流之比称为亮电阻，常用"100LX"表示。

② 暗电流、暗电阻：光敏电阻在一定的外加电压下，当没有光照射时，流过的电流称为暗电流。外加电压与暗电流之比称为暗电阻，常用"0LX"表示。

③ 灵敏度：灵敏度是指光敏电阻不受光照射时的电阻值（暗电阻）与受光照射时的电阻值（亮电阻）的相对变化值。

④ 光谱响应：光谱响应又称光谱灵敏度，是指光敏电阻在不同波长的单色光照射下的灵敏度。若将不同波长下的灵敏度画成曲线，就可以得到光谱响应的曲线。

⑤ 光照特性：光照特性指光敏电阻输出的电信号随光照度而变化的特性。从光敏电阻的光照特性曲线可以看出，随着光照强度的增加，光敏电阻的阻值开始迅速下降。若进一步增大光照强度，则电阻值变化减小，然后逐渐趋向平缓。在大多数情况下，该特性为非线性。

⑥ 伏安特性曲线：伏安特性曲线用来描述光敏电阻的外加电压与光电流的关

系,对于光敏器件来说,其光电流随外加电压的增大而增大。

⑦ 温度系数:光敏电阻的光电效应受温度影响较大,部分光敏电阻在低温下的光电灵敏较高,而在高温下的灵敏度则较低。

⑧ 额定功率:额定功率是指光敏电阻用于某种线路中所允许消耗的功率,当温度升高时,其消耗的功率就降低。

3. 工作原理

光敏电阻的工作原理是基于内光电效应。在半导体光敏材料两端装上电极引线,将其封装在带有透明窗的管壳里就构成光敏电阻,为了增加灵敏度,两电极常做成梳状。用于制造光敏电阻的材料主要是金属的硫化物、硒化物和碲化物等半导体。通常采用涂敷、喷涂、烧结等方法在绝缘衬底上制作很薄的光敏电阻体及梳状欧姆电极,接出引线,封装在具有透光镜的密封壳体内,以免受潮影响其灵敏度。在黑暗环境里,它的电阻值很高,当受到光照时,只要光子能量大于半导体材料的禁带宽度,则价带中的电子吸收一个光子的能量后可跃迁到导带,并在价带中产生一个带正电荷的空穴,这种由光照产生的电子-空穴对了半导体材料中载流子的数目,使其电阻率变小,从而造成光敏电阻阻值下降。光照越强,阻值越低。入射光消失后,由光子激发产生的电子—空穴对将复合,光敏电阻的阻值也就恢复原值。在光敏电阻两端的金属电极加上电压,其中便有电流通过,受到波长的光线照射时,电流就会随光强的增大而变大,从而实现光电转换。光敏电阻没有极性,纯粹是一个电阻器件,使用时既可加直流电压,也可加交流电压。半导体的导电能力取决于半导体导带内载流子数目的多少。

4. 光敏传感器节点电路原理

光敏传感器(光敏电阻)的电路原理如图 9.2 所示,在非强光照射条件下,LightDS 口保持高电平状态,LMV331 是一个单路比较器,当 1 的电平高于参考电平

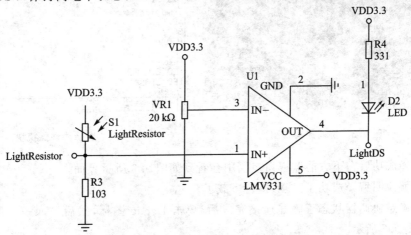

图 9.2　光敏电阻应用原理电路图

3 的时候，会输出高电平，否则二极管将会导通。我们的 S1 是光敏电阻，利用光敏电阻的特性，收到光照以后光敏电阻的阻值会变小，LightResistor 流过 R3 的电流会增大，LightResistor 的电位就会升高，然后就会与脚 3 进行比较，当其电位高于 3 时就会输出高电平，就会关闭二极管 D2。

光敏电阻在打开时首先有一个自定义的阈值，这个阈值是可调的，主要依靠调节光敏电阻右边的可变电阻来调节阈值。在外围的光线大于阈值时发光二极管 D2 会亮，在外围的光线小于阈值时发光二极管 D2 将熄灭。

光敏电阻属半导体光敏器件，除具灵敏度高、反应速度快、光谱特性及 r 值一致性好等特点外，在高温、多湿的恶劣环境下，还能保持高度的稳定性和可靠性，可广泛应用于照相机、太阳能庭院灯、草坪灯、验钞机、石英钟、音乐杯、礼品盒、迷你小夜灯、光声控开关、路灯自动开关以及各种光控玩具、光控灯饰、灯具等光自动开关控制领域。

9.1.2　协调器程序下载方法

图 9.3 是协调器实物图。

如图 9.4 所示，首先在左上方的模块选择区域选择 CoordinatorEB 模块，也就是协调器模块。然后选择 Project 菜单中的 Rebuild 或者是 Make，如图 9.5 所示，就可以重新编译文件。

图 9.3　协调器实物图

图 9.4　选择协调器模块

编译成功后在下方的监视窗口当中会看到如图 9.6 所示界面。

这就说明编译成功了，能够进行下载了。

在确定协调器状态正确并连接完成后，单击 Debug 图标，然后进入一个假死界面，如图 9.7 所示。

稍后系统进入仿真界面，如图 9.8 所示。

这样,程序就烧写完成了。

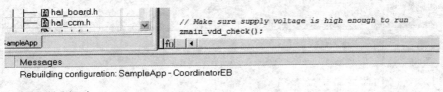

hal_board.h
hal_ccm.h
// Make sure supply voltage is high enough to run
zmain_vdd_check();
SampleApp
Messages
Rebuilding configuration: SampleApp - CoordinatorEB
217 file(s) deleted.
AF.c
AccessCodeSpace.s51
DebugTrace.c
FlashErasePage.s51
MTEL.c

图 9.5 编译文件

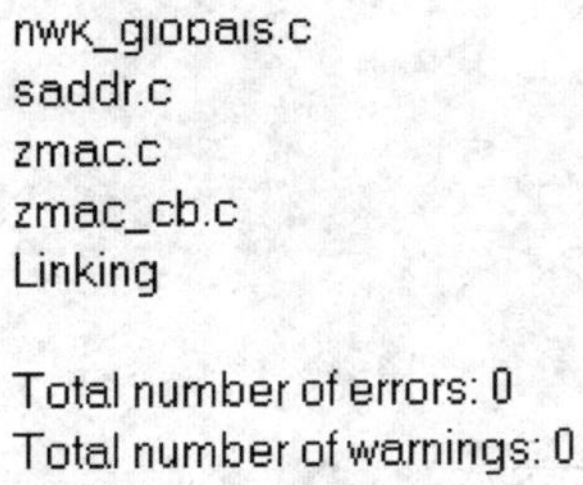

nwk_globals.c
saddr.c
zmac.c
zmac_cb.c
Linking
Total number of errors: 0
Total number of warnings: 0

图 9.6 编译文件后的错误与警告

SampleApp.c
$Date: 2007-05-31 15:56:04 -0700 (Thu, 31 May 2007) $
$Revision: 14490 $
Chipcon Emulator

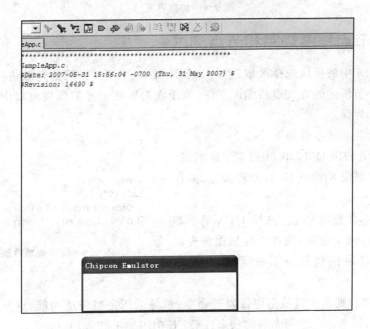

图 9.7 假死界面

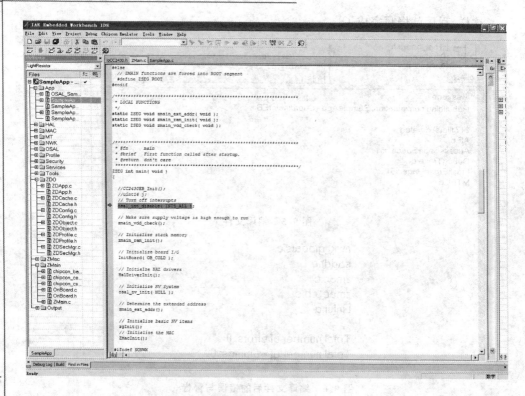

图 9.8　仿真界面

9.1.3　节点程序烧写和节点测试

在图 9.4 中的模块选择区域选择 LightResistor 模块，也就是光敏传感器模块，以 9.1.2 小节所述的方式重新编译文件，编译成功后在下方的监视窗口中会看到如图 9.9 所示界面。

节点性能测试步骤如下：

① 打 开 SSCOM，串 口 设 置：波 特 率 115 200，数据位 8，停止位 1，无校验位，操作如图 9.10 所示。

同样的，此处也要注意选择 HEX 显示和 HEX 发送这两个选项，现在需要根据预先设定好的串口通信协议向传感器节点发送命令。

```
nwk_globals.c
saddr.c
zmac.c
zmac_cb.c
Linking
Total number of errors: 0
Total number of warnings: 0
```

图 9.9　编译成功界面

② 用串口通信工具根据协议发送命令（最好采用定时发送功能，这样可以明显看到现象），发送命令查询光照的状态：CC EE 01 02 01 00 00 FF。

在测试的过程中可以用手去遮挡光敏电阻，然后就可以观察串口的返回信息，进

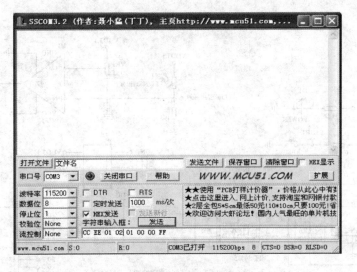

图 9.10 串口调试

而来判断光照,如图 9.11 所示。

EE CC 01 02 01 00 00 FF   小于阈值
EE CC 01 02 01 00 01 FF   大于阈值

图 9.11 测试过程

9.1.4 硬件电路原理图和部分程序代码

光敏传感器硬件电路原理图如图 9.12 所示。

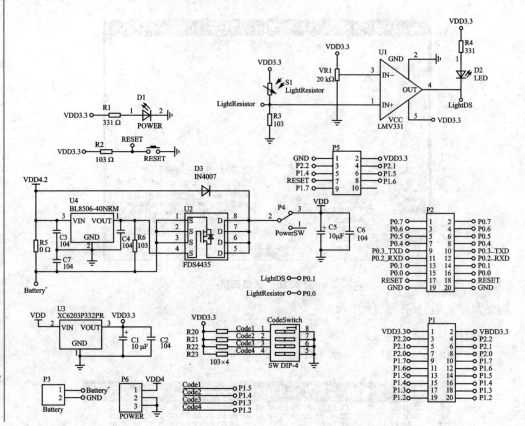

图 9.12　光敏传感器硬件电路原理图

部分程序代码如下所示:

```
# include ＜ioCC2430.h＞
# define uint unsigned int
# define uchar unsigned char
//定义控制灯的端口
# define RLED P1_0                    //定义 LED1 为 P10 口控制
# define YLED P1_1                    //定义 LED2 为 P11 口控制
//函数声明
void Delay(uint);                     //延时函数
void Initial(void);                   //初始化 P0 口
/ * * * * * * * * * * * * * * * * * * * * * * * * *
//延时
 * * * * * * * * * * * * * * * * * * * * * * * * * */
void Delay(uint n)
{
    uint tt;
```

```
    for(tt = 0;tt<n;tt + +);
    for(tt = 0;tt<n;tt + +);
    for(tt = 0;tt<n;tt + +);
    for(tt = 0;tt<n;tt + +);
    for(tt = 0;tt<n;tt + +);
}
/ * * * * * * * * * * * * * * * * * * * * * * * * * * * *
//初始化程序
* * * * * * * * * * * * * * * * * * * * * * * * * * * */
void Initial(void)
{
    P1DIR | = 0x03;             //P10、P11 定义为输出
    RLED = 1;
    YLED = 1;                   //LED
}
/ * * * * * * * * * * * * * * * * * * * * * * * * * *
//主函数
* * * * * * * * * * * * * * * * * * * * * * * * * * */
void main(void)
{
    Initial();                 //调用初始化函数
    RLED = 0;                  //LED1
    YLED = 0;                  //LED2
    while(1)
    {
        YLED = !YLED;
        Delay(10000);
    }
}
# include <ioCC2430.h>
# define uint unsigned int
# define uchar unsigned char
# define RLED P1_0
# define YLED P1_1
uint counter = 0;              //统计溢出次数
uint TempFlag;                 //用来标志是否要闪烁
void Initial(void);
void Delay(uint);
/ * * * * * * * * * * * * * * * * * * * * * * * * *
//普通延时程序
* * * * * * * * * * * * * * * * * * * * * * * * * * */
void Delay(uint n)
```

```
{
    uint i;
    for(i = 0;i<n;i + +);
    for(i = 0;i<n;i + +);
    for(i = 0;i<n;i + +);
    for(i = 0;i<n;i + +);
    for(i = 0;i<n;i + +);
}
/ * * * * * * * * * * * * * * * * * * * * * * * * * * *
//初始化程序
  * * * * * * * * * * * * * * * * * * * * * * * * * * * */
void Initial(void)
{
    //初始化 P1
    P1DIR = 0x03;                //P10、P11 为输出
    RLED = 1;
    YLED = 1;                    //灭 LED
    //用 T1 来做实验
    T1CTL = 0x0d;                //中断无效,128 分频;自动重装模式(0x0000 - >0xffff);
}
/ * * * * * * * * * * * * * * * * * * * * * * * * * * *
//主函数
  * * * * * * * * * * * * * * * * * * * * * * * * * * * */
void main()
{
    Initial();                  //调用初始化函数
    RLED = 0;                   //点亮红色 LED
    while(1)                    //查询溢出
    {
            if(IRCON > 0)
            {
                IRCON = 0;   //清溢出标志
                TempFlag = !TempFlag;
            }
        if(TempFlag)
        {
            YLED = RLED;
            RLED = ! RLED;
            Delay(6000);
        }
    }
}
```

9.2　基于 S3C6410 温湿度传感器系统设计实例

9.2.1　基本原理

　　温湿度传感器节点电路板如图 9.13 所示。温湿度传感器采用瑞士 Sensirion 公司推出的 SHT10 单片数字温湿度集成传感器。SHT10 采用 CMOS 过程微加工专利技术（CMOSens technology），确保产品具有极高的可靠性和出色的长期稳定性。该传感器由 1 个电容式聚合体测湿元件和 1 个能隙式测温元件组成，并与 1 个 14 位 A/D 转换器以及 1 个 2 - wire 数字接口在单芯片中无缝结合，使得该产品具有功耗低、反应快、抗干扰能力强等优点。SHT10 的特点包括：

➢ 相对湿度和温度的测量兼有露点输出；

➢ 全部校准，数字输出；

➢ 接口简单（2 - wire），响应速度快；

➢ 超低功耗，自动休眠；

➢ 出色的长期稳定性；

➢ 超小体积（表面贴装）；

➢ 测湿精度±45％RH，测温精度±0.5 ℃（25 ℃）。

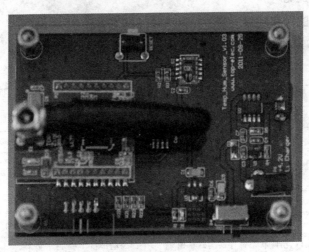

图 9.13　温湿度传感器节点电路板

1. 引脚说明及接口电路

（1）SHT 典型应用电路

SHT 典型应用电路如图 9.14 所示。

(2) 电源引脚（VDD、GND）

SHT10 的供电电压为 2.4～5.5 V。传感器上电后，要等待 11 ms 从"休眠"状态恢复，在此期间不发送任何指令。电源引脚（VDD 和 GND）之间可增加 1 个 100 nF 的电容器，用于去耦滤波。

(3) 串行接口

SHT10 的两线串行接口（bidirectional 2 - wire）在传感器信号读取和电源功耗方面都做了优化处理，其总线类似 I^2C 总线但并不兼容 I^2C 总线。

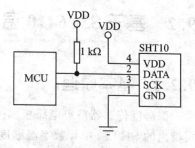

图 9.14　SHT10 典型应用电路图

① 串行时钟输入（SCK）。SCK 引脚是 MCU 与 SHTIO 之间通信的同步时钟，由于接口包含了全静态逻辑，因此没有最小时钟频率。

② 串行数据（DATA）。DATA 引脚是 1 个三态门，用于 MCU 与 SHT10 之间的数据传输。DATA 的状态在串行时钟 SCK 的下降沿之后发生改变，在 SCK 的上升沿有效。在数据传输期间，当 SCK 为高电平时，DATA 数据线上必须保持稳定状态。为避免数据发生冲突，MCU 应该驱动 DATA 使其处于低电平状态，而外部接 1 个上拉电阻将信号拉至高电平。

2. 命令与时序

(1) SHT10 的操作命令

SHT10 的操作命令如表 9.1 所列。

表 9.1　SHT10 命令

命　令	代　码
保留	0000x
测量温度	00011
测量湿度	00101
读状态寄存器	00111
写状态寄存器	00110
保留	0101x～1110x
软复位，复位接口，清除状态寄存器为默认值，下一个命令前等待至少 11 ms	11110

(2) 命令时序

发送一组"传输启动"序列进行数据传输初始化，如图 9.15 所示。其时序为：当 SCK 为高电平时 DT 翻转后保持低电平，紧接着 SCK 产生 1 个发脉冲，随后在 SCK 为高电平时 DATA 翻转后保持高电平。

紧接着的命令包括 3 个地址位（仅支持 000）和 5 个命令位。SHT10 指示正确接收命令的时序为：在第 8 个 SCK 时钟的下降沿之后将 DATA 拉为低电平（ACK 位），在第 9 个 SCK 时钟的下降沿之后释放 DATA（此时为高电平）。

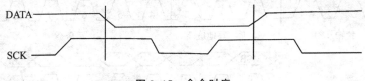

图 9.15　命令时序

(3) 测量时序(RH 和 T)

"000 00101"为相对湿度（RH）量，"000 00101"为温度（θ）测量。发送一组测量命令后控制器要等待测量结束，与 8/12/14 位的测量相对应，这个过程大约需要 20/80/320 ms。测量时间随内部晶振的速度而变化，最多能够缩短 30%。SHT10 下拉 DATA 至低电平而使其进入空闲模式。重新启动 SCK 时钟读出数据之前，控制器必须等待这个"数据准备好"信号。

接下来传输 2 个字节的测量数据和 1 个字节的 CRC 校验。MCU 必须通过拉低 DATA 来确认每个字节。所有的数据都从 MSB 开始，至 LSB 有效。例如对于 12 位数据，第 5 个 SCK 时钟时的数值作为 MSB 位；而对于 8 位数据，第 1 个字节（高 8 位）数据无意义。

确认 CRC 数据位之后，通信结束。如果不使用 CRC - 8 校验，控制器可以在测量数据 LSB 位之后，通过保持 ACK 位为高电平来结束本次通信。

测量和通信结束后，SHT10 自动进入休眠状态模式。

(4) 复位时序

如果与 SHT10 的通信发生中断，可以通过随后的信号序列来复位串口，如图 9.16 所示。保持 DATA 为高电平，触发 SCK 时钟 9 次或更多，接着在执行下次命令之前必须发送一组传输启动序列。这些序列只复位串口，状态寄存器的内容仍然保留。

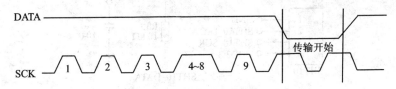

图 9.16　复位时序

(5) 状态寄存器读/写时序

SHT10 通过状态寄存器实现初始状态设定，如图 9.17 和图 9.18 所示。

温湿度传感器需要用 SPI 总线的方式通信，除了连接两个供电引脚以外，剩下的就是两根通信总线，一根时钟线和一根数据线。由于是以模拟 I/O 的方式进行总线通信，所以需要外接上拉电阻以提高通信的稳定可靠性。SHT10 温湿度传感器电路图如图 9.19 所示。

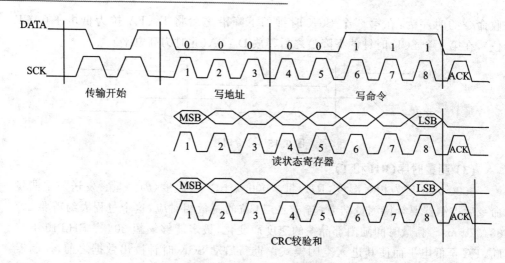

图 9.17　读状态寄存器时序

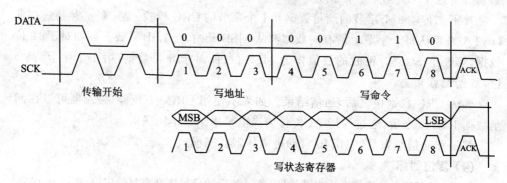

图 9.18　写状态寄存器时序

284

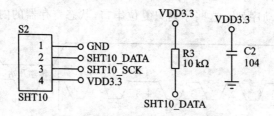

图 9.19　SHT10 温湿度传感器电路图

　　编程需要完成的任务就是按照手册上的时序，以单片机的编程方式去拉低和拉高相应引脚的电平，就可以读取传感器的状态。

9.2.2　节点程序烧写和节点测试

　　在图 9.4 的模块选择区域选择 Temp_Hum_Sensor 模块，也就是温湿度传感器模块，以 9.1.2 和 9.1.3 小节所述的方式重新编译文件和程序烧写。

节点性能测试步骤如下：

① 打开 SSCOM，串口设置：波特率 115 200，数据位 8，停止位 1，无校验位，状态如图 9.20 所示。

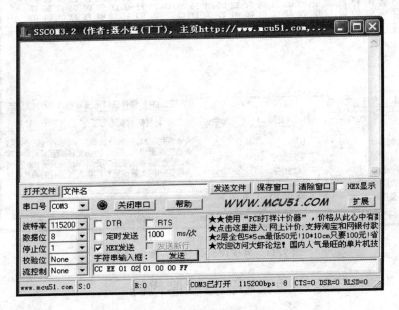

图 9.20　串口设置

注意选择 HEX 显示和 HEX 发送这两个选项，现在需要根据预先设定好的串口通信协议向传感器节点发送命令。

② 用串口通信工具根据协议发送命令（最好采用定时发送功能，这样可以明显地看到现象），发送命令去查询当前传感器的状态，也就是温湿度传感器的状态，命令格式如表 9.2 所列，然后根据协议去分析收到的命令。

表 9.2　温湿度传感器节点控制命令列表

功　能	发　　送	返　　回	意　义
查询温度	CC EE NO 03 01 00 00 FF	EE CC NO 03 01 XH XL FF	温度值
查询湿度	CC EE NO 03 02 00 00 FF	EE CC NO 03 02 XH XL FF	湿度值
查询温湿度	CC EE NO 03 03 00 00 FF	EE CC NO 03 03 XH XL YH YL FF	温湿度值

在得到温湿度传感器数据以后，还需要用协议中的计算公式去解析和拼接高位数据和低位数据，温湿度的参数均以 0.01 为单位，$(XH * 256 + XL)/100$ 为最终结果，单位分别为摄氏度和％。

在上位机编程的时候同样可以通过这些串口返回的数据进行解析，来得到传感器的温湿度值，如图 9.21 所示。

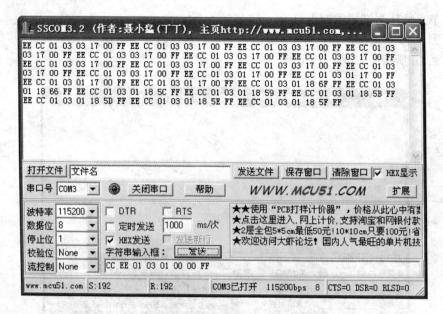

图 9.21　温度传感器节点实验串口通信

9.2.3　硬件电路原理图和部分程序代码

温湿度传感器硬件电路原理图如图 9.22 所示。

部分程序代码如下所示：

```c
uint16 ReadSORH(uint8 param)
{
  double temp;
  uint16 i,j;
  uint16 result;
  uint16 SORH = 0;
    DATA_OUTPUT;
    DATA_HIGH;
    SCK_OUTPUT;
    SCK_LOW;
    //通信复位
    for( i = 0; i<10; i++ )
    {
      SCK_HIGH;
      j = 100;
      while(j--)
      {
        asm("nop");
      }

      SCK_LOW;
      j = 100;
      while(j--)
      {
        asm("nop");
      }
    }

  SCK_HIGH;
  j = 50;
  while(j--)
  {
    asm("nop");
  }
  DATA_LOW;
  j = 50;
  while(j--)
  {
    asm("nop");
  }
```

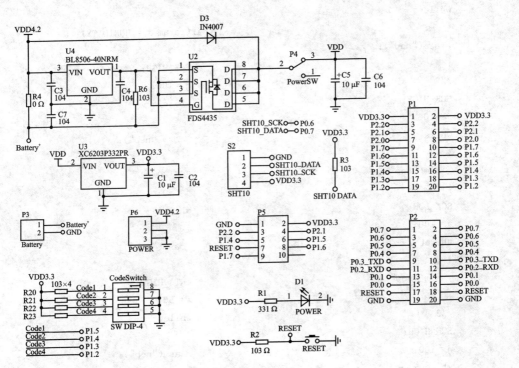

图 9.22　温湿度传感硬件电路原理图

```
SCK_LOW;
j = 100;
while(j--)
{
  asm("nop");
}
SCK_HIGH;
j = 50;
while(j--)
{
  asm("nop");
}
DATA_HIGH;
j = 50;
while(j--)
{
  asm("nop");
}
SCK_LOW;
//发送命令字:00000101
```

```
j = 50;
while(j--)
{
  asm("nop");
}
DATA_LOW;
j = 50;
while(j--)
{
  asm("nop");
}
//1
SCK_HIGH;
j = 100;
while(j--)
{
  asm("nop");
}
SCK_LOW;
j = 100;
```

```
    while(j -- )
    {
      asm("nop");
    }
    //2
    SCK_HIGH;
    j = 100;
    while(j -- )
    {
      asm("nop");
    }
    SCK_LOW;
    j = 100;
    while(j -- )
    {
      asm("nop");
    }
    //3
    SCK_HIGH;
    j = 100;
    while(j -- )
    {
      asm("nop");
    }
    SCK_LOW;
    j = 100;
    while(j -- )
    {
      asm("nop");
    }
    //4
    SCK_HIGH;
    j = 100;
    while(j -- )
    {
      asm("nop");
    }
    SCK_LOW;
    j = 100;
    while(j -- )
    {
      asm("nop");
    }
  }
  if(param == HUMIDITY)
  {
    SCK_HIGH;
    j = 100;
    while(j -- )
    {
      asm("nop");
    }
    SCK_LOW;
    j = 50;
    while(j -- )
    {
      asm("nop");
    }
    DATA_HIGH;
    j = 50;
    while(j -- )
    {
      asm("nop");
    }
    SCK_HIGH;
    j = 100;
    while(j -- )
    {
      asm("nop");
    }
    SCK_LOW;
    j = 50;
    while(j -- )
    {
      asm("nop");
    }
    DATA_LOW;
    j = 50;
    while(j -- )
    {
      asm("nop");
    }
    SCK_HIGH;
    j = 100;
    while(j -- )
```

```
    asm("nop");
  }
  SCK_LOW;
  j = 50;
  while(j--)
  {
    asm("nop");
  }
  DATA_HIGH;
  j = 50;
  while(j--)
  {
    asm("nop");
  }
  SCK_HIGH;
  j = 100;
  while(j--)
  {
    asm("nop");
  }
  DATA_INPUT;
  SCK_LOW;
  j = 100;
  while(j--)
  {
    asm("nop");
  }
}
else if(param == TEMPERATURE)
{
  SCK_HIGH;
  j = 100;
  while(j--)
  {
    asm("nop");
  }
  SCK_LOW;
  j = 100;
  while(j--)
  {
    asm("nop");
```

```
  }
  SCK_HIGH;
  j = 100;
  while(j--)
  {
    asm("nop");
  }
  SCK_LOW;
  j = 50;
  while(j--)
  {
    asm("nop");
  }
  DATA_HIGH;
  j = 50;
  while(j--)
  {
    asm("nop");
  }
  SCK_HIGH;
  j = 100;
  while(j--)
  {
    asm("nop");
  }
  SCK_LOW;
  j = 100;
  while(j--)
  {
    asm("nop");
  }
  SCK_HIGH;
  j = 100;
  while(j--)
  {
    asm("nop");
  }
  DATA_INPUT;
  SCK_LOW;
  j = 100;
  while(j--)
  {
```

```
        asm("nop");
    }
}
else
{
    return 0;
}

SCK_HIGH;
j = 100;
while(j--)
{
    asm("nop");
}
SCK_LOW;
j = 100;
while(j--)
{
    asm("nop");
}
//等待测量结束
while(P0_7 == 1);
//读取 3 个字节数据
j = 50;
while(j--)
{
    asm("nop");
}
//高 2/4 位无效
SCK_HIGH;
j = 100;
while(j--)
{
    asm("nop");
}
SCK_LOW;
j = 100;
while(j--)
{
    asm("nop");
}
SCK_HIGH;

j = 100;
while(j--)
{
    asm("nop");
}
SCK_LOW;
j = 100;
while(j--)
{
    asm("nop");
}
SCK_HIGH;
j = 50;
while(j--)
{
    asm("nop");
}
if(param == TEMPERATURE)
{
    SORH |= (P0_7<<13);
}
j = 50;
while(j--)
{
    asm("nop");
}
SCK_LOW;
j = 100;
while(j--)
{
    asm("nop");
}
SCK_HIGH;
j = 50;
while(j--)
{
    asm("nop");
}
if(param == TEMPERATURE)
{
SORH |= (P0_7<<12);
}
```

```
j = 50;
while(j -- )
{
  asm("nop");
}
SCK_LOW;
j = 100;
while(j -- )
{
  asm("nop");
}
SCK_HIGH;
j = 50;
while(j -- )
{
  asm("nop");
}
SORH | = (PO_7<<11);
j = 50;
while(j -- )
{
  asm("nop");
}
SCK_LOW;
j = 100;
while(j -- )
{
  asm("nop");
}
SCK_HIGH;
j = 50;
while(j -- )
{
  asm("nop");
}
SORH | = (PO_7<<10);
j = 50;
while(j -- )
{
  asm("nop");
}
SCK_LOW;
```

```
j = 100;
while(j -- )
{
  asm("nop");
}
SCK_HIGH;
j = 50;
while(j -- )
{
  asm("nop");
}
SORH | = (PO_7<<9);
j = 50;
while(j -- )
{
  asm("nop");
}
SCK_LOW;
j = 100;
while(j -- )
{
  asm("nop");
}
SCK_HIGH;
j = 50;
while(j -- )
{
  asm("nop");
}
SORH | = (PO_7<<8);
j = 50;
while(j -- )
{
  asm("nop");
}
SCK_LOW;
j = 50;
while(j -- )
{
  asm("nop");
}
//发 ACK
```

```
DATA_OUTPUT;
DATA_LOW;
j = 50;
while(j--)
{
    asm("nop");
}
SCK_HIGH;
j = 100;
while(j--)
{
    asm("nop");
}
SCK_LOW;
j = 50;
while(j--)
{
    asm("nop");
}
DATA_INPUT;
j = 50;
while(j--)
{
    asm("nop");
}
//低 8 数据位
SCK_HIGH;
j = 50;
while(j--)
{
    asm("nop");
}
SORH | = (P0_7<<7);
j = 50;
while(j--)
{
    asm("nop");
}
SCK_LOW;
j = 100;
while(j--)
{
    asm("nop");
}
SCK_HIGH;
j = 50;
while(j--)
{
    asm("nop");
}
SORH | = (P0_7<<6);
j = 50;
while(j--)
{
    asm("nop");
}
SCK_LOW;
j = 100;
while(j--)
{
    asm("nop");
}
SCK_HIGH;
j = 50;
while(j--)
{
    asm("nop");
}
SORH | = (P0_7<<5);
j = 50;
while(j--)
{
    asm("nop");
}
SCK_LOW;
j = 100;
while(j--)
{
    asm("nop");
}
SCK_HIGH;
j = 50;
while(j--)
{
```

```
  asm("nop");
}
SORH | = (P0_7<<4);
j = 50;
while(j--)
{
  asm("nop");
}
SCK_LOW;
j = 100;
while(j--)
{
  asm("nop");
}
SCK_HIGH;
j = 50;
while(j--)
{
  asm("nop");
}
SORH | = (P0_7<<3);
j = 50;
while(j--)
{
  asm("nop");
}
SCK_LOW;
j = 100;
while(j--)
{
  asm("nop");
}
SCK_HIGH;
j = 50;
while(j--)
{
  asm("nop");
}
SORH | = (P0_7<<2);
j = 50;
while(j--)
{
```

```
  asm("nop");
}
SCK_LOW;
j = 100;
while(j--)
{
  asm("nop");
}
SCK_HIGH;
j = 50;
while(j--)
{
  asm("nop");
}
SORH | = (P0_7<<1);
j = 50;
while(j--)
{
  asm("nop");
}
SCK_LOW;
j = 100;
while(j--)
{
  asm("nop");
}
SCK_HIGH;
j = 50;
while(j--)
{
  asm("nop");
}
SORH | = (P0_7<<0);
j = 50;
while(j--)
{
  asm("nop");
}
SCK_LOW;
j = 50;
while(j--)
{
```

```
         asm("nop");                              j = 50;
     }                                            while(j--)
     DATA_OUTPUT;                                 {
     DATA_LOW;                                        asm("nop");
     j = 50;                                      }
     while(j--)                                   if(param == TEMPERATURE)
     {                                            {
         asm("nop");                                  temp = 0.01 * SORH - 39.635;
     }                                                result = (uint16)(temp * 100);
     SCK_HIGH;                                    }
     j = 100;                                     else if(param == HUMIDITY)
     while(j--)                                   {
     {                                                temp = (-2.8) * 0.000001 * SORH * SORH;
         asm("nop");                                  temp = temp + 0.0405 * SORH - 4;
     }                                                result = (uint16)(temp * 100);
     SCK_LOW;                                     }
     j = 50;                                      else
     while(j--)                                   {
     {                                                return 0;
         asm("nop");                              }
     }                                            return result;
     DATA_HIGH;                               }
```

9.3　基于 S3C6410 电机和灯光传感器系统设计实例

9.3.1　基本原理

电机和灯光传感器节点电路板实物图和硬件原理图分别如图 9.23 和图 9.24 所示。灯光电路由二极管（LED1～LED4）和限流电阻（R3～R6）组成，限流电阻的作用主要是控制二极管的亮度和保护二极管。电机的控制通过控制芯片 LG9110 实现，CC2430 芯片 I/O 口控制 LG9110 引脚（IA 和 IB）的电流方向就可以控制其转向和起停。控制电机启动和停止的方法是：给 M_R 和 M_F 加上不同的电平，然后就可以让电机向不同的方向旋转。

9.3.2　节点程序烧写和节点测试

在图 9.4 的模块选择区域选择 Motor 模块，以 9.1.2 和 9.1.3 小节所述的方式重新编译文件和程序烧写。

节点性能测试步骤如下：

① 首先要通过先开协调器或者是先开节点再去成功组网，并且让协调器与计算

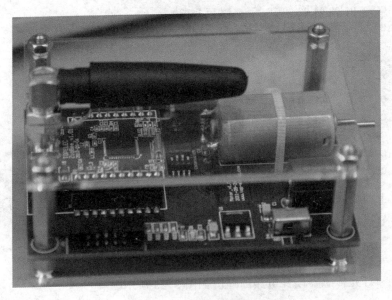

图 9.23 传感器实物图

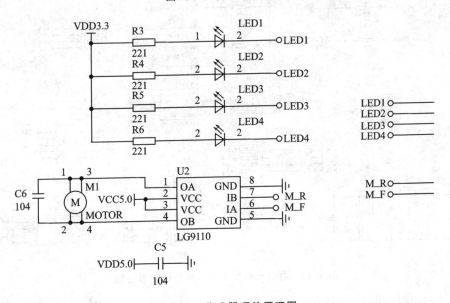

图 9.24 传感器硬件原理图

机通过串口相连，打开计算机上的串口调试助手，并且选择 HEX 发送。

② 用串口通信工具根据协议发送命令，最好采用定时发送功能，这样可以明显地看到现象。发送命令去控制电路板的状态。

发送：CC EE 01 09 01 00 00 FF　　　　打开 LED1

发送：CC EE 01 09 02 00 00 FF　　　　关闭 LED1

发送：CC EE 01 09 03 00 00 FF　　　　打开 LED2

发送:CC EE 01 09 04 00 00 FF　　　　关闭 LED2

发送:CC EE 01 09 05 00 00 FF　　　　打开 LED3

发送:CC EE 01 09 06 00 00 FF　　　　关闭 LED3

发送:CC EE 01 09 07 00 00 FF　　　　打开 LED4

发送:CC EE 01 09 08 00 00 FF　　　　关闭 LED4

发送:CC EE 01 09 09 00 00 FF　　　　电机正转

发送:CC EE 01 09 10 00 00 FF　　　　电机反转

发送:CC EE 01 09 11 00 00 FF　　　　电机停止

发送:CC EE 01 09 12 00 00 FF　　　　关闭全部 LED

发送:CC EE 01 09 13 00 00 FF　　　　打开全部 LED

通过上面的协议我们发送相应的命令就可以在此电机传感器节点上看到相应的现象,如果可以的话在电机上捆线圈会使得现象更为明显。

9.2.3　硬件电路原理图和部分程序代码

电机和灯光传感器硬件电路原理图如图 9.25 所示。

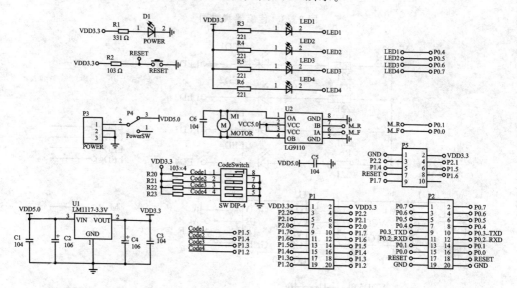

图 9.25　电机和灯光传感器硬件电路原理图

部分程序代码如下所示:

```
/********************************************************
* 函数功能:初始化串口 0
* 入口参数:无
* 返 回 值:无
* 说    明:115200－8－n－1
********************************************************/
void initUARTtest(void)
```

```
{
    CLKCON & = ～0x40;                    //晶振
    while(! (SLEEP & 0x40));             //等待晶振稳定
    CLKCON & = ～0x47;                    //TICHSPD128 分频,CLKSPD 不分频
    SLEEP | = 0x04;                      //关闭不用的 RC 振荡器
    PERCFG = 0x00;                       //位置 1 P0 口
    P0SEL = 0x3c;                        //P0 用作串口
    P2DIR & = ～0XC0;                     //P0 优先作为串口 0
    U0CSR | = 0x80;                      //UART 方式
    U0GCR | = 11;                        //baud_e
    U0BAUD | = 216;                      //波特率设为 115 200
    UTX0IF = 0;
}
/* *********************************************************
* 函数功能:串口发送字符串函数
* 入口参数: data:数据
*           len: 数据长度
* 返 回 值:无
* 说     明:
* ******************************************************** */
void UartTX_Send_String(char * Data,int len)
{
    int j;
    for(j = 0;j<len;j + +)
    {
        U0DBUF = * Data + +;
        while(UTX0IF = = 0);
        UTX0IF = 0;
    }
}
/* *********************************************************
* 函数功能:主函数
* 入口参数:无
* 返 回 值:无
* 说     明:无
* ******************************************************** */
void main(void)
{
    uchar i;
    //P1 out
    P1DIR = 0x03;                        //P1 控制 LED
    led1 = 0;
```

```
led2 = 1;                          //关 LED
initUARTtest();
UartTX_Send_String(Txdata,29);//TOP ELEC
    for(i = 0;i<30;i++)Txdata[i] = ' ';
    strcpy(Txdata,"UART0 TX test\n ");          //将 UART0 TX test 赋给 Txdata;
while(1)
{
    UartTX_Send_String(Txdata,sizeof("UART0 TX Test")); //串口发送数据
    Delay(50000);           //延时
    Delay(50000);
    Delay(50000);
}
}
```

9.4　基于 S3C6410 烟雾传感器系统设计实例

9.4.1　基本原理

系统中使用的是 MQ-2 烟雾传感器,适用于家庭或工厂的气体泄漏监测装置,适宜于液化气、丁烷、丙烷、甲烷、酒精、氢气、烟雾等监测装置。其功能及性能特点如下:

➤ 具有信号输出指示;

➤ 双路信号输出(模拟量输出及 TTL 电平输出);

➤ TTL 输出,有效信号为低电平(当输出低电平时信号灯亮,可直接接单片机);

➤ 模拟量输出 0~5 V 电压,浓度越高输出电压越高;

➤ 对液化气、天然气、城市煤气均有较好的灵敏度;

➤ 使用寿命长、稳定可靠;

➤ 快速的响应恢复特性。

烟雾传感器原理如图 9.26 所示,图中的 GAS 脚是实验中需要关注的检测点,它的电平状态的变化决定了传感器状态的变化,我们需要使用单片机去读取这个引脚的值,从而去确定目前引脚的状态变化情况。当有烟雾发生时,此引脚为高电平,没有烟雾发生时为低电平。烟雾传感器上电位计 VR1 的主要作用是调节和控制烟雾传感器的灵敏度,通过调节设置可以用于检测不同的气体和设置不同的报警阈值。

9.4.2　节点程序烧写和节点测试

在图 9.4 的模块选择区域选择 MQ_2 模块,以 9.1.2 和 9.1.3 小节所述的方式重新编译文件和程序烧写。

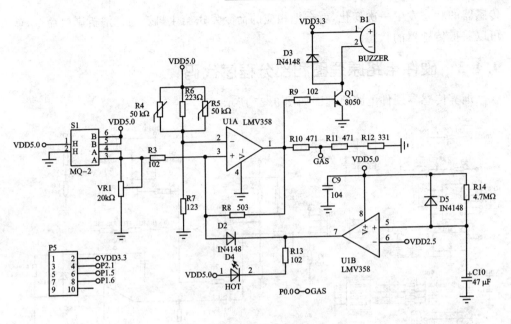

图 9.26 烟雾传感器原理图

使用烟雾传感器前要对烟雾传感器进行预热,因为传感器需要进行加热后方可使用。预热的方法如下:

① 首先接 5 V 电源,打开节点,然后会看到在节点的底板上有两盏二极管亮,加热 5 分钟后,我们会发现其中的一盏灯熄灭,这说明加热已经完成。

② 加热完成后,只需要将烟雾或者是有害气体靠近传感器就可以发现蜂鸣器会响,也就是传感器正常工作了。

③ 如果遇到传感器不响的情况,用螺丝刀调节变阻器,直到发出声音,这样就可以让传感器检测此种危险气体,因为不同的气体需要的变阻器的值是不一样的。

传感器在接收到有害气体之后,位于传感器边上的蜂鸣器会报警,在烟雾停止后报警随即停止。

烟雾传感器节点测试步骤如下:

① 首先要通过开协调器或者是开节点去成功组网,并且让协调器与计算机通过串口相连,打开计算机上的串口调试助手,并且选择 HEX 发送。

② 用串口通信工具根据协议发送命令,最好采用定时发送功能,这样可以明显地看到现象。发送命令去查询当前传感器的状态,也就是烟雾传感器的状态,根据协议去分析收到的命令。串口调试查询命令如下:

EE CC 01 07 01 00 00 FF   无烟雾
EE CC 01 07 01 00 01 FF   有烟雾

③ 让节点以中断的方式主动反馈传感器状态的变化,用烟雾靠近传感器,每当

ARM嵌入式系统原理与应用教程（第2版）

传感器的状态发生一次变化,就会把相应的命令发送给主机。通过解析串口命令,就可以获得传感器的状态。

9.4.3　硬件电路原理图和部分程序代码

烟雾传感器硬件电路原理图如图 9.27 所示。

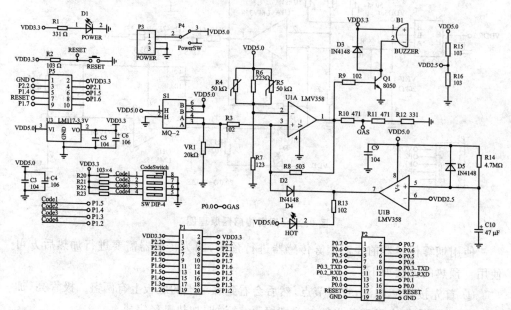

图 9.27　烟雾传感器电路硬件原理图

部分程序源代码如下所示:

```
void InitialAD(void)
{
    //P1 out
    P1DIR = 0x03;              //P1 控制 LED
    led1 = 1;
    led2 = 1;                  //关 LED
    ADCH & = 0X00;             //清 EOC 标志
    ADCCON3 = 0xbd;            //单次转换,参考电压为电源电压,AVDD 进行 A/D 转换
    ADCCON1 = 0X30;            //停止 A/D
    ADCCON1 | = 0X40;          //启动 A/D
}
/* * * * * * * * * * * * * * * * * * * * * * * * * * * * * * * * * * * *
* 函数功能:串口发送字符串函数
* 入口参数: data:数据
*           len:数据长度
* 返 回 值:无
```

```
* 说    明 :
* * * * * * * * * * * * * * * * * * * * * * * * * * * * * * * * * * * * * * * * /
void UartTX_Send_String(char * Data,int len)
{
  int j;
  for(j = 0;j<len;j++)
  {
    U0DBUF = * Data++;
    while(UTX0IF = = 0);
    UTX0IF = 0;
  }
}
/ * * * * * * * * * * * * * * * * * * * * * * * * * * * * * * * * * * * * * * *
* 函数功能:主函数
* 入口参数:无
* 返 回 值:无
* 说    明 :无
* * * * * * * * * * * * * * * * * * * * * * * * * * * * * * * * * * * * * * * /
void main(void)
{
    char temp[2];
      float num;
    initUARTtest();                    //初始化串口
    InitialAD();                       //初始化 ADC
    led1 = 1;
    while(1)
    {
        if(ADCCON1> = 0x80)
        {
            led1 = 1;                  //转换完毕指示
            temp[1] = ADCL;
            temp[0] = ADCH;
            ADCCON1 | = 0x40;          //开始下一转换
            temp[1] = temp[1]>>2;      //数据处理
            temp[1] | = temp[0]<<6;
            temp[0] = temp[0]>>2;
            temp[0] & = 0x3f;
            num = (temp[0] * 256 + temp[1]) * 3.3/2047;
            //定参考电压为 3.3 V,12 位精确度
            adcdata[1] = (char)(num) % 10 + 48;
            //adcdata[2] = '.';
            adcdata[3] = (char)(num * 10) % 10 + 48;
```

```
UartTX_Send_String(adcdata,6);    //串口送数
Delay(30000);
led1 = 0;                         //完成数据处理
Delay(30000);
    }
}
```

9.5　基于 S3C6410 干簧管传感器系统实例

9.5.1　基本原理

干簧管节点电路板如图 9.28 所示。干簧管是一种磁敏的特殊开关。它通常由两个或三个既导磁又导电的材料做成的簧片触点，被封装在充有惰性气体（如氮、氦等）或真空的玻璃管里，玻璃管内管内平行封装的簧片端部重叠，并留有一定间隙或相互接触以构成开关的常开或常闭接点。

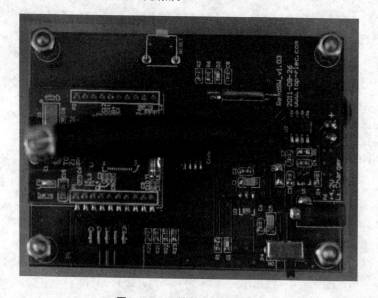

图 9.28　干簧管节点电路板

当永久磁铁靠近干簧管时，或者由绕在干簧管上面的线圈通电后形成磁场使簧片磁化时，簧片的接点就会感应出极性相反的磁极。由于磁极极性相反而相互吸引，当吸引的磁力超过簧片的抗力时，分开的接点便会吸合；当磁力减小到一定值时，在簧片抗力的作用下接点又恢复到初始状态。这样便完成了一个开关的作用。干簧管实物和等效电路如图 9.29 所示，干簧管节点的电路原理图如图 9.30 所示。

操作时，程序只需要读取图 9.30 中 ReedSW 引脚的相应状态，就可以知道周围

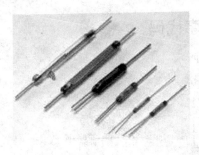
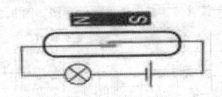

图 9.29　干簧管实物和原理图

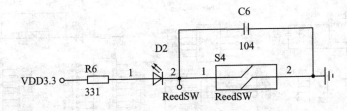

图 9.30　干簧管节点的电路原理图

是否拥有变化的磁场存在。当用磁铁去靠近干簧管传感器时，干簧管接通，ReedSW 引脚变为低电平，从而驱动发光二极管 D2 发光。

　　干簧管作为传感器，可用于计数、限位等。有一种自行车公里计，就是在轮胎上粘上磁铁，在一旁固定上两个簧片的干簧管构成的。装在门上，可作为开门时的报警、问候等。

9.5.2　节点程序烧写和节点测试

　　在图 9.4 的模块选择区域选择 ReedSW 模块，以 9.1.2 和 9.1.3 小节所述的方式重新编译文件和程序烧写。

　　干簧管雾传感器节点现象：当磁铁靠近干簧管传感器后，传感器边上的二极管会发光。测试步骤如下所述：

　　① 首先要通过开协调器或者是开节点去成功组网，并且让协调器与计算机通过串口相连，打开计算机上的串口调试助手，并且选择 HEX 发送。

　　② 用串口通信工具根据协议发送命令，最好采用定时发送功能，这样可以明显地看到现象。发送命令去查询当前传感器的状态，也就是干簧管是否连通，根据协议去分析收到的命令。串口协议发送命令如下：

```
EE CC 01 05 01 00 00 FF    无磁场
EE CC 01 05 01 00 01 FF    有磁场
```

　　③ 让节点以中断的方式主动反馈传感器状态的变化，用磁铁去靠近传感器，每当传感器的状态发生一次变化，就会把相应的命令发送给主机。

ARM嵌入式系统原理与应用教程（第2版）

9.5.3 硬件电路原理图和部分程序代码

干簧管传感器硬件电路原理图如图9.31所示。

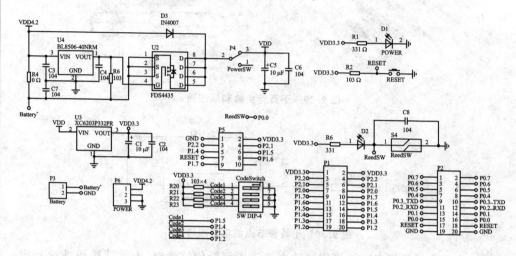

图9.31 干簧管传感器硬件电路原理图

部分程序源代码如下所示：

```c
#define uchar unsigned char
#define DELAY 10000
//小灯控端口定义
#define RLED P1_0
#define YLED P1_1
void Delay(void);
void Init_IO_AND_LED(void);
void PowerMode(uchar sel);
/* ***********************************************
* 函数功能:延时
* 入口参数:无
* 返 回 值:无
* 说    明:可在宏定义中改变延时长度
*********************************************** */
void Delay(void)
{
    uint tt;
    for(tt = 0;tt<DELAY;tt + +);
    for(tt = 0;tt<DELAY;tt + +);
    for(tt = 0;tt<DELAY;tt + +);
    for(tt = 0;tt<DELAY;tt + +);
    for(tt = 0;tt<DELAY;tt + +);
}

/* ***********************************************
* 函数功能:初始化电源
```

```
* 入口参数:para1,para2,para3,para4
* 返 回 值:无
* 说       明:para1,模式选择
* para1      0        1        2        3
* mode      PM0      PM1      PM2      PM3
*****************************************************/
void PowerMode(uchar sel)
{
    uchar i,j;
    i = sel;
    if(sel<4)
    {
        SLEEP & = 0xfc;
        SLEEP | = i;
        for(j = 0;j<4;j + + );
        PCON = 0x01;
    }
    else
    {
        PCON = 0x00;
    }
}
/ ****************************************************
* 函数功能:初始化 I/O,控制 LED
```

```
* 入口参数:无
* 返 回 值:无
* 说       明:初始化完成后关灯
*****************************************************/
void Init_IO_AND_LED(void)
{
    P1DIR = 0X03;
    RLED = 1;
    YLED = 1;
    P1SEL & = ~0X0C;
    P1DIR & = ~0X0C;
    P1INP  & = ~0X0c;           //有上拉、下拉
    P2INP & = ~0X40;            //选择上拉
    P1IEN | = 0X0c;             //P12 P13
    PICTL | = 0X02;             //下降沿
    EA = 1;
    IEN2 | = 0X10;              //P1IE = 1;
    P1IFG | = 0x00;             //P12 P13
};
/ ****************************************************
* 函数功能:主函数
* 入口参数:
* 返 回 值:无
* 说       明:绿色 LED 闪烁 10 次后进入睡眠状态
*****************************************************/
```

ARM 嵌入式系统原理与应用教程（第 2 版）

```
void main()
{
    uchar count = 0;
    Init_IO_AND_LED();
    RLED = 0 ;                   //开红色 LED,系统工作指示
    Delay();                     //延时
    Delay();
    Delay();
    Delay();
    while(1)
    {
        YLED = ! YLED;
                RLED = 0;
        count + + ;
        if(count > = 20)
            {
                count = 0;
                RLED = 1;
                PowerMode(3);
                //10 次闪烁后进入睡眠状态
            }
        //Delay();
        Delay();//延时函数无形参,只能通过改变系统时钟频率来改变小灯的闪烁频率
    };
}
/ * * * * * * * * * * * * * * * * * * * * * * * * * * * * * * * * * * * * * * *
//唤醒系统
* * * * * * * * * * * * * * * * * * * * * * * * * * * * * * * * * * * * * * */
# pragma vector = P1INT_VECTOR
 __interrupt void P1_ISR(void)
{
        if(P1IFG>0)
        {
          P1IFG = 0;
        }
        P1IF = 0;
}
```

9.6　本章小结

　　本章主要介绍了基于 S3C6410 主控系统和 CC2430 单片机节点系统构成的光敏传感器系统、温湿度传感器系统、烟雾传感器系统、电机和灯光传感器系统、干簧管传感器系统应用,通过硬件组成电路和部分软件程序能使读者初步掌握此种 ARM 处理器的系统设计方法。

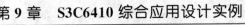

9.7　练习题

1. TFT 液晶显示屏外部接口信号有哪些?
2. 简述 VFRAME、VLINE、VCLK 这几个信号的作用。
3. 编程实现在 LCD 上显示一幅你自己的图片。

第 **10** 章

RealView MDK 集成开发环境的使用

本章将介绍 ARM 处理器开发软件 RealView MDK(Microcontroller Development Kit)。通过学习如何在 RealView MDK 集成开发环境下编写、编译一个工程的例子,使读者能够掌握在 RealView MDK 软件平台下开发用户应用程序。本章还介绍了如何使用 μVision 编辑调试工程的方法,使读者对于调试工程有个初步的理解,为进一步地使用和掌握调试工具起到抛砖引玉的作用。

本章的主要内容:

➢ RealView MDK 软件组成介绍;

➢ 使用 RealView MDK 创建工程;

➢ 用 μVision IDE 进行代码调试。

10.1　RealView MDK 集成开发环境组成介绍

MDK 即 RealView MDK 或 MDK – ARM,是 ARM 公司收购 Keil 公司以后,基于 μVision 界面推出的针对 ARM7、ARM9、Cortex – M0、Cortex – M3、Cortex – R4 等 ARM 处理器的嵌入式软件开发工具。MDK – ARM 集成了业内最领先的技术,包括 μVision4 集成开发环境与 RealView 编译器 RVCT。支持 ARM7、ARM9 和最新的 Cortex – M3/M0 核处理器,自动配置启动代码,集成 Flash 烧写模块,强大的 Simulation 设备模拟、性能分析等功能,与 ARM 之前的工具包 ADS 等相比,RealView 编译器的最新版本可将性能改善超过 20%。

Keil 公司开发的 ARM 开发工具 MDK,是用来开发基于 ARM 核的系列微控制器的嵌入式应用程序。它适合不同层次的开发者使用,包括专业的应用程序开发工程师和嵌入式软件开发的入门者。MDK 包含了工业标准的 Keil C 编译器、宏汇编器、调试器、实时内核等组件,支持所有基于 ARM 的设备,能帮助工程师按照计划完成项目。μVision3 IDE 开发环境如图 10.1 所示。

μVision3 IDE 主要特性:功能强大的源代码编辑器;可根据开发工具配置的设备数据库;用于创建和维护工程的工程管理器;集汇编、编译和链接过程于一体的编译工具;用于设置开发工具配置的对话框;真正集成高速 CPU 及片上外设模拟器的源码级调试器;高级 GDI 接口,可用于目标硬件的软件调试和 ULINK2 仿真器的连

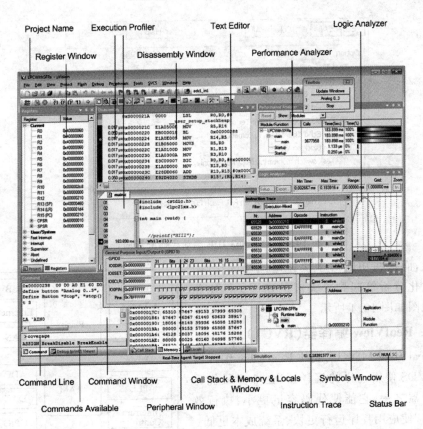

图 10.1　μVision3 IDE 开发环境

接;用于下载应用程序到 Flash ROM 中的 Flash 编程器;完善的开发工具手册、设备数据手册和用户向导。

1. 启动代码配置向导

μVision3 IDE 的启动代码配置向导将各个所需配置的功能模块以对话框方式展示,附加的提示说明帮助用户快速轻松地做出选择,生成完善的启动代码,免除手工写几百行汇编程序的繁琐,减轻开发者的工作负担。μVision3 IDE 的启动代码配置向导如图 10.2 所示。

2. μVision3 设备模拟器

μVision3 设备模拟器的功能强大,能模拟整个 MCU 的行为,使用户在没有硬件或对目标 MCU 没有更深了解的情况下,仍然可以立即开始开发软件。其仿真功能包括:高效指令集仿真;中断仿真片内外围设备;ADC、DAC、EBI、Timers、UART、CAN、I²C、外部信号和 I/O 仿真。设备模拟器视图如图 10.3 所示。

3. 性能分析器

性能分析器可实现如程序运行时间统计、被调用次数统计、代码覆盖率统计等高

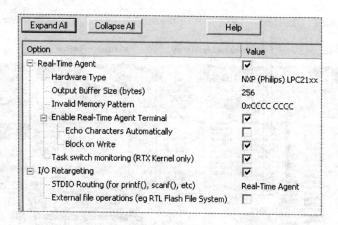

图 10.2　μVision3 IDE 启动代码配置向导

端功能,而这些功能对于快速定位死区代码、帮助优化分析等起到了关键的作用。性能分析器视图如图 10.4 所示。

4. RealView 编译器(RVCT)

RealView MDK 集成的 RealView 编译器(与 RVDS 使用一样的编译器)是业界最优秀的编译器之一,它能使代码容量更小、执行效率更高,使应用程序运行更快、系统成本更低。

5. MicroLib

为进一步改进基于 ARM 处理器的应用代码密度, RealView MDK 采用了新型

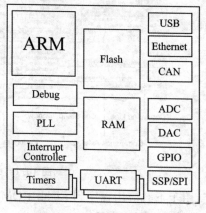

图 10.3　设备模拟器视图

MicroLib C 库(用于 C 的 ISO 标准运行时库的一个子集),并将其代码镜像降低到最小以满足微控制器应用的需求。Microlib C 库可使运行时的库代码密度大大降低。

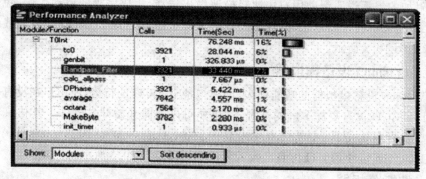

图 10.4　性能分析器

310

6. RealView Real – Time Library 实时库

RealView 实时库(RealView RL – ARM)是为解决基于 ARM MCU 的嵌入式系统中的实时及通信问题而设计的紧密耦合库集合。它可以非常方便地应用于所有 ARM7、ARM9 和 Cortex – M0 系列的处理器,使得在 ARM 处理器上运行实时程序非常容易。该实时库包含 4 个部分:RTX 实时内核、Flash 文件系统、TCP/IP 协议簇和 RTL – CAN(控制域网络)。

7. RealView 实时库

RealView 实时库可以解决嵌入式开发中的几个常见问题:多任务(可以在 CPU 上管理几个工作或任务);实时控制(可以控制任务在既定时间内完成);任务间通信(可以实现系统中的任务间通信);Internet 连接(通过以太网或串口(Modem));嵌入式 Web 服务器(包括 CGI 脚本);E – mail 公告(通过 SMTP)。

此外,RealView RL – ARM 还包括以下几个用于 RTX 实时内核与各种通信接口连接的驱动器:CAN 驱动,可用于 STR71x、STR73x、STR75x、STR91x 等设备上;USB 设备驱动,可用于 LPC2000 设备上。

10.2　RealView MDK 使用方法

10.2.1　创建一个工程

μVision 是一个标准的窗口应用程序,可以双击程序按钮开始运行。

(1) 选择工具集

μVision 可以使用 ARM RealView 编译工具、ARM ADS 编译器、GNU GCC 编译器和 Keil C ARM 编译器。当使用 GNU GCC 编译器或 ARM ADS 编译器时必须另外安装它们的编译集。实际使用的工具集可以在 μVision IDE 的 Project→Manage→Components,Environment and Books 对话框的 Folders/Extensions 页中选择,如图 10.5 所示。

Use RealView Compiler 复选框表示本工程使用 ARM 开发工具。RealView Folder 文本框指定开发工具的路径。

下面的例子显示了各种版本的 ARM ADS/RealView 开发工具的路径:

➢ μVision 的的的的 RealView 编译器编译器编译器编译器:BIN31\。

➢ ADS V1.2:C:\Program Files\ARM\ADSv1_2\Bin。

➢ RealView 评估版评估版评估版评估版 2.1:C:\ProgramFiles\ARM\RVCT\Programs\2.1\350\eval2 – sc\win_32 – pentium。

➢ Use Keil CARM Compiler 复选框表示本工程使用 Keil CARM 编译器、Keil ARM 汇编器和 Keil LARM 链接器/装载器。

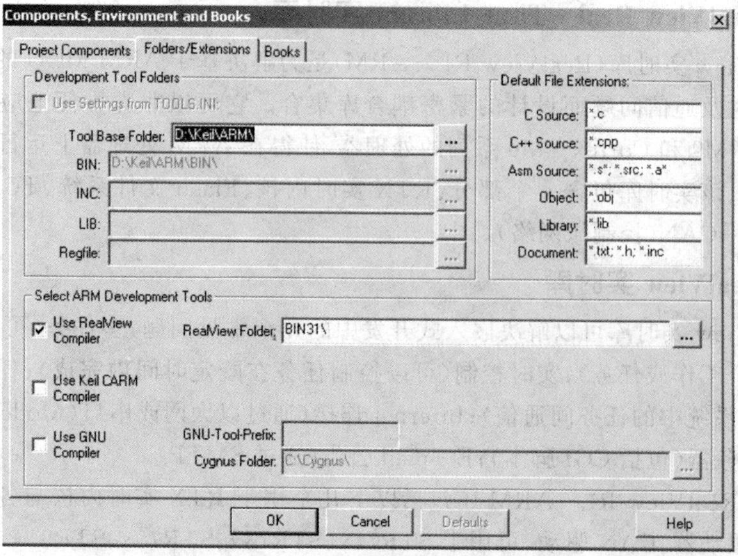

图 10.5　选择工具集

➢ Use GNU Compiler 复选框表示本工程使用 GNU 开发工具。Cygnus Folder 文本框指定 GNU 的安装路径。GNU – Tool – Prefix 文本框指定不同的 GNU 工具链。

下面是各种 GNU 版本的例子：

➢ 带 uclib 的 GNU V3.22：GNU – Tool – Prefix：arm – uclibc – Cygnus Folder：C:\Cygnus。

➢ 带标准库的 GNUARM V4：GNU – Tool – Prefix：arm – elf – Cygnus Folder：C:\Program Files\GNUARM\。

注意：Keil 根目录的设置基于 μVision/ARM 开发工具的安装目录。对于 Keil ARM 工具来说，工具组件的路径是在开发工具目录中配置的。

（2）创建工程文件创建

选择 Project→New→μVision Project 菜单项，μVision3 将打开一个标准对话框，输入希望新建工程的名字即可创建一个新的工程，建议对每个新建工程使用独立的文件夹。例如，这里先建立一个新的文件夹，然后选择这个文件夹作为新建工程的目录，输入新建工程的名字 Project1，μVision 将会创建一个以 Project1.UV2 为名字的新工程文件，它包含了一个默认的目标（target）和文件组名。这些内容在 Project Workspace→Files 中可以看到。

（3）选择设备

在创建一个新的工程时，μVision 要求为这个工程选择一款 CPU。选择设备对话框显示了 μVision 的设备数据库，只需要选择用户所需的微控制器即可。例如，选择 Philips LPC2106 微控制器，这个选择设置了 LPC2106 设备的必要工具选项、简化了工具的配置。设备选择方法如图 10.6 所示。

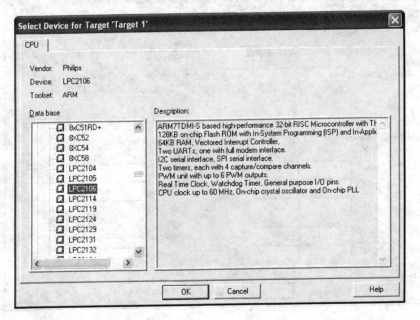

图 10.6　选择设备

注意：当创建一个新的工程时，μVision 会自动为所选择的 CPU 添加合适的启动代码；对于一些设备而言，μVision 需要用户手动地输入额外的参数。请仔细阅读图 10.6 对话框右边的信息，因为它可能包含所选设备的额外配置要求。

创建源文件以后，就可以将这个文件添加到工程中。μVision 提供了几种方法将源文件添加到工程中。例如，在 Project Workspace→Files 的文件组上右击，然后在弹出的菜单项中选择 Add Files，这时将打开标准的文件对话框，选择创建的 asm 或 c 文件即完成源文件的添加。

10.2.2　编译、链接工程

μVision 可以设置目标硬件的选项。通过工具栏按钮或 Project→Options for Target 菜单项打开 Options for Target 对话框，在 Target 页中设置目标硬件及所选 CPU 片上组件的参数。图 10.7 是一款 ARM 处理器 LPC2106 的一些参数设置方法。

表 10.1 描述了 Target 对话框的选项。

对于 GNU 和 ARM ADS/RealView 工具链来说，链接器的配置是通过链接器控制文件实现的。这个文件指定了 ARM 目标硬件的存储配置。预配置的链接器控制文件在文件夹 ..\ARM\GNU 或 ..\ARM\ADS 中。为了与目标硬件相匹配，用户可能会修改链接器控制文件，所以工程中的那个文件是预配置的链接控制文件的

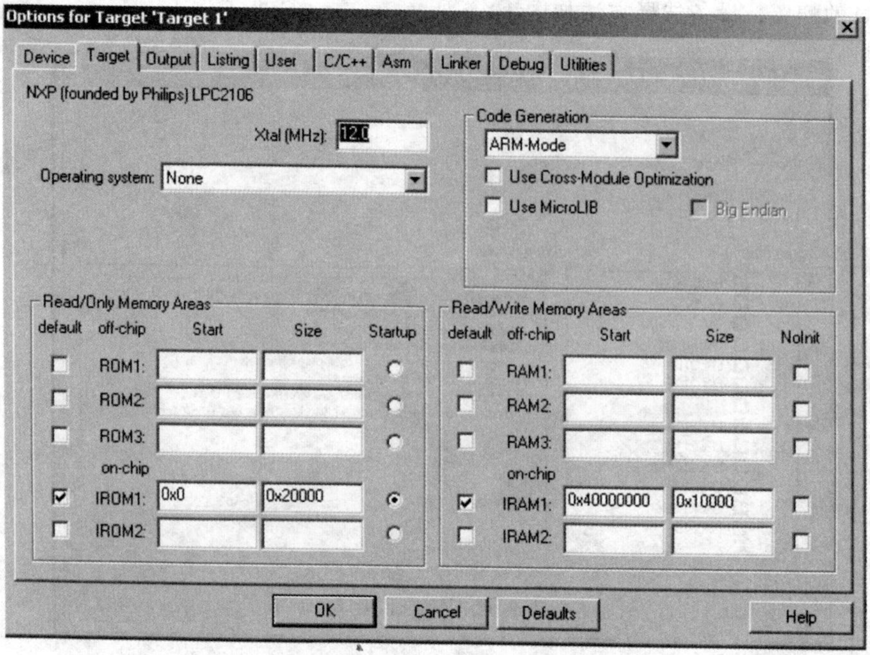

图 10.7　设置目标硬件

一个副本。这个文件可以通过 Project→Options for Target 对话框的 Linker 页添加到工程中。设置 Linker 选项方法如图 10.8 所示。

表 10.1　Target 选项

对话框项	描　　述
Xtal	设备的晶振(XTAL)频率。大多数基于 ARM 的微控制器都使用片上 PLL 产生 CPU 时钟。所以,一般情况下 CPU 的时钟与 XTAL 的频率是不同的
Read/Only Memory Area	配置片内、片外的 ROM 区地址及大小
Read/Write Memory Area	指定目标硬件的片内和片外的 RAM 区地址及大小
Code Generation	旋转产生 ARM code 还是 Thumb code

对于复杂的 Memory Layout 分配方式,应该采用 Scatter File;对于简单的工程,直接指定 R/O 和 R/W 的基地址即可。

在新建一个应用程序时,Options→Target 页中所有的工具和属性都要配置。单击 Build Target 工具栏按钮将编译所有的源文件,链接应用程序。当编译有语法错误的应用程序时,μVision 将在 Output Window→Build 窗口中显示错误和警告信息。单击这些信息行,μVision 将会定位到相应的源代码处。编译结果如图 10.9 所示。

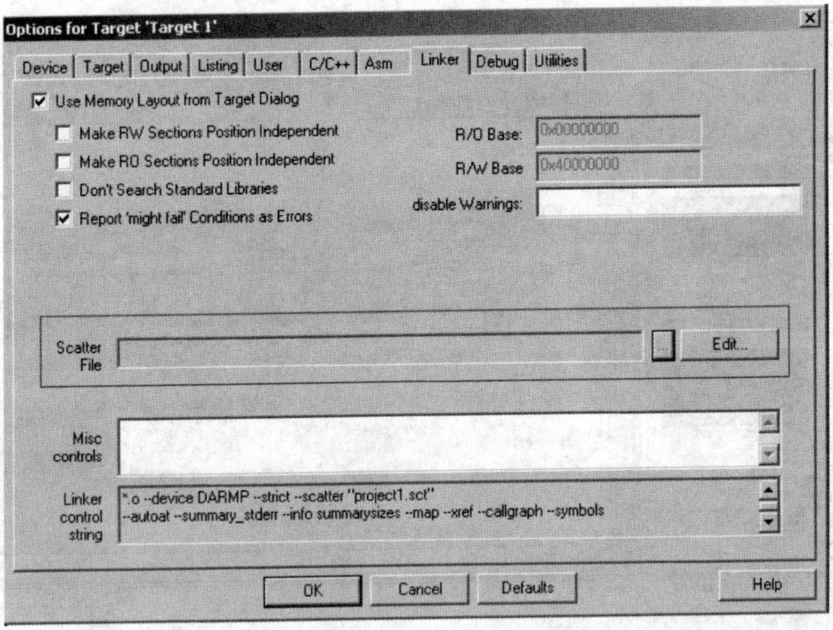

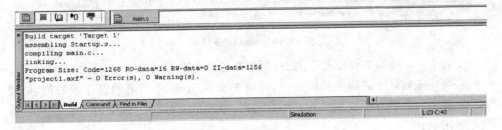

图 10.8　设置 Linker 选项

```
Build target 'Target 1'
assembling Startup.s...
compiling main.c...
linking...
Program Size: Code=1268 RO-data=16 RW-data=0 ZI-data=1256
"project1.axf" - 0 Error(s), 0 Warning(s).
```

图 10.9　编译结果

　　源文件编译成功产生应用程序以后就可开始调试了，选择 Debug→Start/Stop debug session（Ctrl＋F5）即进入调试模式。

10.3　程序调试

　　进入调试模式之后，可以选择单步、全速运行；可以设置断点等常规的调试。所有有关调试的操作都可以在 Debug 菜单下找到。Simulator 调试如图 10.10 所示。

　　常用的调试手段：

➢ 单步、全速运行程序；

➢ F10 单步运行；

➢ F5 全速运行；

➢ 对于各种模式下的寄存器，可以在左边的窗口查看；

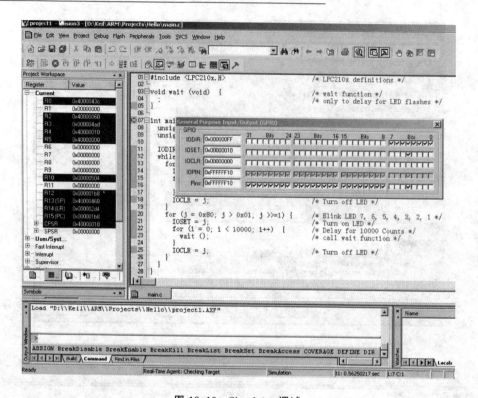

图 10.10　Simulator 调试

➢ 对于 ARM 的 7 种模式下的寄存器,都可以查看;

➢ 当处理器处于任何一种模式时,可以查看 Current 中所有的寄存器的值,处理器从一种状态改变到另外一种状态时,该模式下物理上独立的寄存器将会被用到;

➢ 设置断点;

➢ 选中需要设置断点的行,然后按 F9 即在改行设置断点,程序运行到此处就停止运行,查看变量的实时值;

➢ 对于 local 的变量,打开 View→Watch&Call Stack Window,在此 Window 中,选择 Locals tab 就可以查看所有的 local 变量;

➢ 对于全局变量,选择 Watch Window 中的 Watch #1,加入需要查看的变量就可以查看实时的全局变量的值;

➢ 外设模块仿真;

➢ 因为选择的是 Simulator,所以可以通过 RealView MDK 强大的仿真功能来调试程序。打开 Peripheral→GPIO 可以看到每一个 GPIO 引脚的实时状态信息,全速运行程序后,GPIO 的状态就按照程序的控制开始变化。

在 Project→Options 对话框可以设置所有的工具选项,所有的选项都保存在 μVision 工程文件中。在 Project Workspace→Files 窗口右击,在弹出的菜单中可以设置文件夹或单个文件的不同选项,这些选项在文件和文件夹选项中解释过。在这种情况下,可能有附加的属性页及仅与所选项相关的对话框页。表 10.2 概述了各种选项对话框的功能。

表 10.2　各种选项对话框的功能

对话框选项	描　　述
Device	从 μVision 的设备数据库中选择选择设备
Target	为应用程序指定硬件环境
Output	定义工具链的输出文件,在编译完成后运行用户程序
Listing	指定工具链产生的所有列表文件
C	置 C 编译器的工具选项,例如代码优化和变量分配
ASM	设置汇编器的工具选项,如宏处理
Linker	设置链接器的相关选项。一般来说,链接器的设置需要配置目标系统的存储分配。设置链接器定义存储器类型和段的位置
Debug	μVision 调试器的设置
Utilities	配置 Flash 编程实用工具

10.4　程序调试举例

本实例将建立一个汇编工程文件,汇编源程序实现两个变量求和操作,编译通过后调试。通过本实例使读者初步学会使用 μVision3 IDE for ARM 开发环境及 ARM 软件模拟器,掌握简单 ARM 汇编指令的使用方法。

步骤 1:新建工程。

首先在目录下建立文件夹命名为 Pro01,运行 μVision3 IDE 集成开发环境,选择菜单项 Project→New→μVision Project,系统弹出一个对话框,在"文件"文本框中输入 Exp01.Uv2,单击"保存"按钮,将创建一个新工程 Exp01.Uv2。

步骤 2:为工程选择 CPU。

新建工程后,要为工程选择 CPU,如图 10.11 所示,在此选择 SAMSUNG 的 S3C6410A。

步骤 3:添加启动代码。

在图 10.11 中单击"确定"后,会弹出如图 10.12 所示对话框,问是否要添加启动代码。由于本实验是简单的汇编实验,因此不需要启动代码,选择"否"。

步骤 4:选择开发工具。

要为工程选择开发工具,在 Project→Manage→Components,Environment and Books - Folder/Extensions 对话框的 Folder/Extensions 页内选择开发工具,如图 10.13 所示。从中可以看到,有 3 个开发工具可选,在此选择 RealView Compiler。

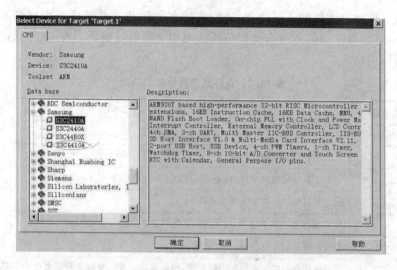

图 10.11　CPU 选择

图 10.12　ARM 处理器启动代码

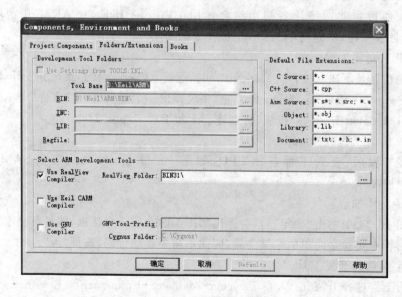

图 10.13　选择开发工具

步骤 5:建立源文件。

选择 File→New,系统弹出一个新的、没有标题的文本编辑窗,输入光标位于窗口中第一行,按照实验参考程序编辑输入源文件代码。编辑完后,保存文件 Exp01.s。

步骤 6:添加源文件。

单击工程管理窗口中的相应右键菜单命令,选择 Add Files to 会弹出文件选择对话框,在工程目录下选择刚才建立的源文件 Exp01.s。

步骤 7:工程配置。

选择 Project→Option for Target 将弹出工程设置对话框,对话框会因所选开发工具的不同而不同,Target 选项页的配置如图 10.14 所示,Debug 选项页的配置如图 10.15 所示。需要注意,实验中在 Debug 选项页内需要一个初始化文件 Debug-INRam.ini。此.ini 文件用于设置生成的.axf 文件下载到目标中的位置,以及调试前的寄存器、内存的初始化等配置操作,它是由调试函数及调试命令组成的调试命令脚本文件。

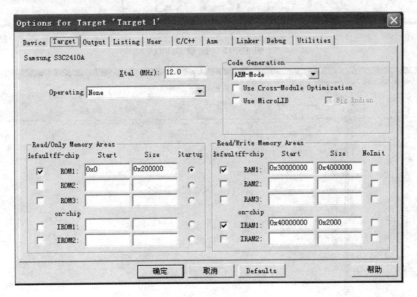

图 10.14　配置 Target

步骤 8:生成目标代码。

选择 Project→Build target 或快捷键 F7,生成目标代码。在此过程中若有错误,则进行修改,直至无错误。若无错误,则可进行下一步的调试。选择 Debug→Start/Stop Debug Session 或快捷键 Ctrl+F5,即可进入调试模式。若没有目标硬件,可以用 μVision3 IDE 中的软件仿真器。

确定后即可做如下调试工作:参看 PRO01 目录下的代码,如图 10.16 所示。

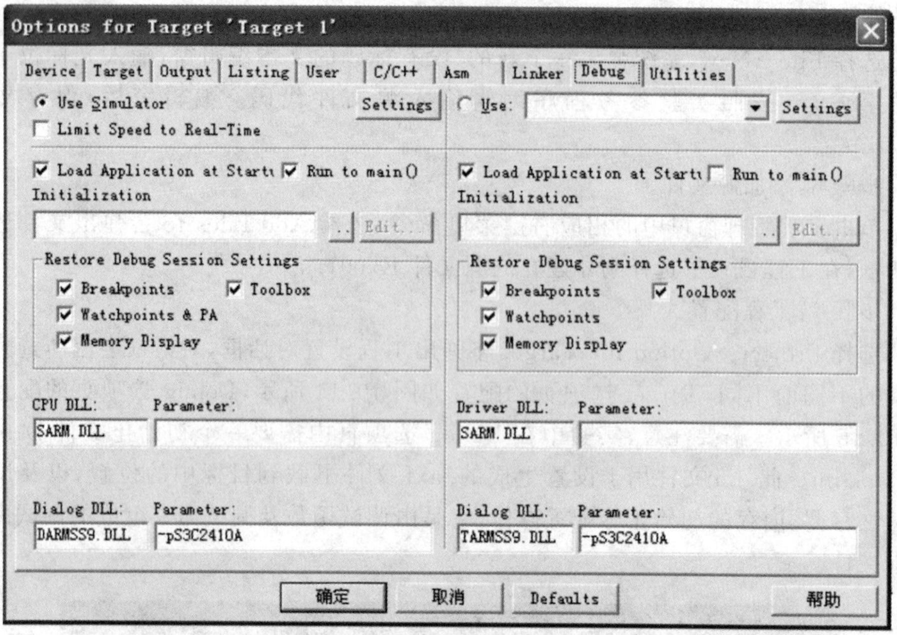

ARM嵌入式系统原理与应用教程（第2版）

图 10.15　配置 Debug

图 10.16　生成目标代码

步骤 9:编译,链接。

Options for Target 'Target1'中设置如图 10.14 所示。设置 Linker tab 选项卡勾掉 Use Memory Layout from Target Dialog,R/O B 文本框填入 0x00000000,R/W Base 文本框填入 0x4000000,如图 10.17 所示。之后进入调试模式,并注意查看寄存器的值,检查计算结果是否正确。

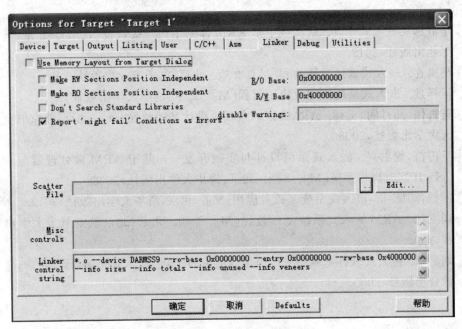

图 10.17　Linker 选项卡设置

10.5　本章小结

本章主要介绍了 ARM 处理器开发软件 RealView MDK 的简单使用方法,包括工程文件的建立、目标硬件的选择、程序的编译链接、Target 对话框参数设置方法,最后通过一个简单的求和汇编程序按步骤介绍使用 μVision IDE 开发程序的流程。

10.6　练习题

1. 熟悉 RealView MDK 开发环境。
2. 新建一个 RealView MDK 工程,编写一个汇编程序实现 5+10＝15 的操作。

参考文献

[1] 华清远见嵌入式学院. 从实践中学 ARM 体系结构与接口技术[M]. 北京：电子工业出版社，2012.

[2] 马洪连. 嵌入式系统设计教程[M]. 2 版. 北京：电子工业出版社，2009.

[3] 孟祥莲. 嵌入式系统原理及应用教程[M]. 北京：清华大学出版社，2010.

[4] 黄智伟，邓月明，王彦. ARM9 嵌入式系统设计基础教程[M]. 北京：北京航空航天大学出版社，2008.

[5] 王田苗，魏洪兴. 嵌入式系统设计与实例开发——基于 ARM 微处理器与 $\mu C/OS - II$ 实时操作系统[M]. 3 版. 北京：清华大学出版社，2008.

[6] 宁杨，周毓林. 嵌入式系统基础及应用[M]. 北京：清华大学出版社，2012.

[7] 周立功. ARM 嵌入式系统基础教程[M]. 2 版. 北京：北京航空航天大学出版社，2008.

[8] 刘易斯. 嵌入式软件基础——C 语言与汇编的融合[M]. 陈宗斌，译. 北京：高等教育出版社，2005.